Planning for Good Governance

中国城市规划学会学术成果

治理·规划

孙施文 等 著

中国城市规划学会学术工作委员会 编

中国建筑工业出版社

目录

序

论

孙施文，中国城市规划学会常务理事、学术工作委员会主任委员，同济大学建筑与城市规划学院教授

孙施文

治理与规划

一

国家治理体系和治理能力是一个国家的制度和制度执行能力的集中体现，两者相辅相成。国家治理体系是国家管理中的各种制度体系的总和，也是国家管理中各类制度要素、机制体制结构关系的组织；治理能力是国家治理体系的实际运行效能、执行能力的统称。国家治理体系与治理能力现代化是我国全面深化改革的总目标之一，中国共产党第十九届中央委员会第四次全体会议于 2019 年 10 月 31 日通过的《中共中央关于坚持和完善中国特色社会主义制度，推进国家治理体系和治理能力现代化若干重大问题的决定》（以下简称《决定》），对此作出了全面部署，并明确指出："加快建立健全国土空间规划和用途统筹协调管控制度"。在此前发布的《中共中央、国务院关于建立国土空间规划体系并监督实施的若干意见》（以下简称《若干意见》）中，明确提出："到 2025 年，……形成以国土空间规划为基础，以统一用途管制为手段的国土空间开发保护制度。到 2035 年，全面提升国土空间治理体系和治理能力现代化水平，基本形成生产空间集约高效、生活空间宜居适度、生态空间山清水秀，安全和谐、富有竞争力和可持续发展的国土空间格局。"

"国土空间规划是国家空间发展的指南、可持续发展的空间蓝图，是各类开发保护建设活动的基本依据。"根据《若干意见》对国土空间规划的定义以及提出的要求，国土空间规划制度的建立以及国土空间规划制定和实施工作的开展，与《决定》中所确立的制度体系中的大部分有着密切联系，既直接规定、制约国土空间规划工作的开展，也形成相互作用、相辅相成的关系，其中包括：党的领导制度体系、人民当家作主制度体系、中国特色社会主义法治体系、依法行政的政府治

理体系、社会主义基本经济制度、繁荣发展社会主义先进文化的制度、统筹城乡的民生保障制度、共建共治共享的社会治理制度、生态文明制度体系、党和国家监督体系等。由此也可以更加清晰地理解《若干意见》中关于建立国土空间规划体系的重大意义，"建立全国统一、责权清晰、科学高效的国土空间规划体系……是保障国家战略有效实施、促进国家治理体系和治理能力现代化、实现'两个一百年'奋斗目标和中华民族伟大复兴中国梦的必然要求。"

二

　　现代规划始自于公共管理。针对工业城市出现的拥挤、卫生、安全等问题，以英国 1840 年代的《公共卫生法》制订和稍后的豪斯曼巴黎改造为代表，标志着政府对城市建设进行干预的开始。尽管这两者的干预方式完全不同，而且巴黎改造更带有传统政府强制行动的痕迹，但无论如何都是对私人土地开发进行的公共管理，从而改变了过去城市建设的无政府状态，这就是现代规划的起源，而且对私人土地开发进行公共管理，也是现代城市规划的基本特征。所以，现代城市规划从一出现就是一种社会公共事务的管理。与此几乎同时的塞尔达的巴塞罗那扩建规划，先进行了扩展区的规划设计，然后再开始建设，可以说是开了风气之先，并成为 19 世纪末 20 世纪初以德国为代表的城市扩展规划（*Stadterweiterungen*）的滥觞，对现代城市规划的发展起了示范性的作用，但巴塞罗那扩建规划并不被认为是现代城市规划的主要源头，除了其直接传播的程度不是很高（Ward，2002）外，更为重要的原因在于其是对公共土地开发的预先安排，这基本上是传统规划方式的延续。与此相类似的还有维也纳的环城带，尽管与同时代的德国城市扩展规划相类似，但在现代城市规划史中却很少提及，倒是在建筑史中经常被作为先有整体布局安排再有单体建筑设计、然后分头建设的案例。

　　在现代城市规划形成时期，对各类新的开发建设进行管控的政府实务行为，与社会改革家们所倡导的改进城市尤其是工人阶级的居住条件、改进卫生状况、完善基础设施、增加开放空间、提高城市整体的生活状况等主张和零星的实践相结合，并逐渐归并合成了"城市规划"的名下。霍华德田园城市理论将这些基本内容重新组合，建立了现代城市规划的理论基础；1909 年英国的"住房和城镇规划等法"则在此基础上借鉴了德国城市扩展规划，赋予政府在新建设地区先编制规划并以此规制各类建设的权力，从而确立了城市规划作为公共政策的早期框架。德国的城市扩展规划也由早期的以工程技术和建筑学为主来建立城市秩序的做法，逐渐被赋予了更广泛的社会目标，在国际社会中广泛传播；而其最早创设的对土地使用进行分区管制的方法也为美国一些城市所借鉴。

北大西洋国家之间的广泛交流，推动着现代城市规划的形成和发展（Rodgers，1998）。早期城市规划在美国得到了全面的提炼，尽管美国的联邦制度并没有造就全国统一的规划体系，也没有将不同的规划类型合成为一个整体，很显然，在不同的城市中的探索和制度建设共同组成了当时相对成熟的规划类型，并对之后的发展产生影响。由私人机构主持并进而成为规约政府行为的 1909 年芝加哥规划，被称为是全球范围第一份覆盖整个城市的总体规划，基本奠定了此后城市总体规划的基本框架；由房地产经纪人、律师因借着地产事件发起的纽约区划法规，于 1916 年成为地方性法规，也成为此后土地使用规制的样板。罗斯福总统新政时期建立的规划委员会即后来的国家资源委员会，则推动了在州政府和城市政府中普遍设立规划机构，为各地规划的普遍化提供了机构的保障。与此同时，早期区域规划的两大类型——为解决大城市问题而开展的纽约区域规划和以改进落后地区发展、完善生产力布局为目的的田纳西河流域规划——也以两种不同的方式展开：前者由民间团体在进步主义基金会支持下完成，后者由国家机构开展。前者成为城市－区域规划的典范，并成为都市区规划的滥觞；后者则成为第二次世界大战后发展中国家区域规划的样板。也就是在田纳西河流域规划和国家资源委员会的工作实践，有官员兼学者撰文认为，规划应当成为国家"第四权"，即与立法、行政、司法三权并列的第四权，因为其他三权都是以过去和现实为依据的，缺乏有未来导向的、对社会未来发展具有引领性的机制，而这恰恰是国家的基本职责。

第二次世界大战结束之后，世界许多国家面临着重建和恢复的压力，并面对着由于战争而停顿下来的现代化进程，因此，快速建设住房、产业、交通以及主要的基础设施成为这一时期的重要任务。英国 1947 年通过的"城乡规划法"建立了以发展规划为核心的开发控制体系，并且第一次从法律上明确所编织的城市规划应当是覆盖整个城市地域的。之前，英国法律所确定的规划都是针对新建设地区的，已建成地区并无编制规划的要求。与此同时，解决大城市问题、疏解大城市人口成为城乡规划管控的重要内容，在英国以严格保护大城市绿带、建设新城为主要方式，而美国则在郊区化进程加剧的同时，开展了大规模的城市更新，在此过程中，两次世界大战期间在欧洲大陆现代建筑运动中发展起来的现代主义城市规划成为新城建设和城市更新的最主要方法。发展规划体系以及现代主义城市规划以"社会工程"（social engineering）为思想基础，运用科学方法认识和分析社会系统，通过适宜的设计来解决社会问题、实现想要的结果，并通过政府的管控来保证规划的实现。由此，政府意愿和实现这种意愿的权力被不断强化，但与此同时，尤其从 1960 年代后期开始，公众参与也逐渐引入到规划体系之中。

伴随着战后社会经济的快速发展和福利社会建设，为满足人口和汽车增长所导致的空间需求，城市扩展、新城市建设、郊区化、高速公路网络建设等全面开展，从城市出发的区域规划在欧洲、美洲等发达国家广泛开展，战后独立的民族国家、发展中国家则自主地或在国际组织的支持推动下，以经济布局、促进发展的区域规划制定也出现了高潮。区域规划、城市 – 区域规划、都市区规划、国家规划等在 1960 年代、1970 年代成为许多国家的规划制度中的组成部分。英国 1969 年"城乡规划法"也根据政府结构的改革，建立了由两个层级的规划所组成的发展规划体系，即结构规划和地方规划，其中的结构规划基本上就是以郡为空间单位的区域性规划；1970 年后，英国政府陆续制定了区域发展政策和次区域规划，如英格兰东南部地区规划等。这些区域性规划在解决城市问题、促进区域发展的基础上，建立了区域内人口和就业岗位分布、交通联系以及环境保护之间协同关系的空间框架，为各城市的规划开展提供区域性的背景。

1970 年代中期以后，为应对前一阶段的经济危机和福利国家建设的负担，强调市场作用和私人地产权益的新自由主义成为社会主流思潮，增加就业岗位和发展经济是包括整个 1980 年代的政府最基本的政策，而具有社会福利性质的政府住房项目等逐步退出。在社会思潮和实务要求的推动下，解除规划管制成为重要的手段，而其中英国尤为典型。但另一方面我们可以看到，中央政府的政策对规划的影响加剧，规划权力有向中央政府集中的趋向。如果说，"二战"之后英国的发展规划体系更加强调地方政府的作用，那么，在这一波解除规划管制的浪潮中，城乡规划领域的央地关系发生了重大的转变，而且中央政府通过城市开发公司（UDCs）以及设立企业区（Enterprise Zones）、简化规划分区（Simplified Planning Zones）等方式，直接从地方政府手中收缴了规划权。尽管此后一些做法有所改变，但加强中央政府对规划的管控能力在不断加强，直至近年才出现了强调区域主义（regionalism）和地方主义（localism）的力量作为纠正性的反弹，地方政府的规划和综合治理的权力再次得到强化。

1980 年代开始，在新自由主义思潮下，规划管制方式出现了一系列的改变，正如 D.Harvey 所总结的那样，由公共管理型的政府转变为企业家型的政府。在英国和美国，政府部门和私人部门进行合作成为公共事务管理中的突出现象，其中既有公共空间管理、环境卫生维护等方面的工作，由政府部门委托私人部门承担，也有由政府建设公共住宅和社会住宅等的政策基本终止，转而通过资助、协助支持私人部门开发并承担社会责任，也包括政府部门和私人部门合作进行城市开发和城市更新等。与此同时，在一系列社会运动的推动下，环境保护和基于环境的考虑成为规划中的重要内容，公众参与、社区参与等成为社会管制中的重要力量。可持续发展理念，以及在此基础上形成的经济增长、环境保护和社会包容逐步形成并付诸社会运行的过程。也正是在这样的背景下，"治理"作为一个社会观念在学术界和社会事务中成为热点话题，其所强调的是与传统的统治、管制和管理有所不同的，由政府、私人部门和公众共同协作进行社会管理的机制和方式。在这样的新机制下，不仅是规划编制过程中有大量的私人部门和公众参与，在英国，私人部门也可以组织编制地方邻里规划，并且引入了地方邻里规划论坛来决定地方规划事务；而且规划实施也更多采用公私合作的方式，尤其在城市更新、城市复兴的过程中，由伦敦战略规划首创的政府和企业的合伙制和利益相关者联盟等被许多城市借鉴，美国 2004 年最高法院的判例也支持了城市政府所推动的私人房地产开发权利，而布隆伯格担任市长期间所推动的以提升城市活力为主要目标的城市更新改造也已经成为广泛传播的创设。

正是在这样的基础上，Mark Tewdwr-Jones（2012）总结当今的空间规划是包括了规制过程（regulatory process）、战略评估（strategic assessment）、治理框架（governing framework）和未来计划（futures project）的综合体。从逻辑关系上讲，以未来为导向、预先安排未来行动和关系的"未来计划"是治理开展的基础；"治理框架"建立起了治理活动的组织机构及其各项组成内容的相互关系；"战略评估"是治理过程开展中对各项行动内容的评判，也就是其对战略目标实现的贡献，并以此决定采取行动的内容和方式；"规制过程"则是治理过程展开的一种方式，在现代治理的框架下，通过协商而制定的规划作为所有机构和个体共同遵守的指南，政府规制的过程其实质就是监督规划的执行，并且维护之间的关系的确定性（Baldwin，等，2010）。

三

说到规划和治理，最直接连接两者的就是"空间治理"。空间治理，在中国的语境中，至少包含着两层含义：一是针对各类空间构成要素的治理，二是基于空间地域的综合治理。前者往往是被用来进行职能分工或者限定特定部门的职责，这两者之间的区分，源自于体制中常年存在的所谓"条""块"矛盾。但就现代治理而言，这两者本就不该区分，只有基于地域空间的综合治理才是现代治理的基础。计划经济时期形成的我国社会管理体系及其结构，强调的是部门管理，"多规"矛盾、"多规"之争其实就是这种体制的反应，尽管每一个规划都强调是政府的规划；

而央地关系更多地体现在上级政府部门与下级政府部门之间的关系，而并不全是上级政府与下级政府之间的关系，之前曾被热议的"政令不出中南海"以及类似于高铁不能与城市的空间布局很好地结合等现象产生的原因。因此，国家治理体系，尤其是治理能力现代化的重要内容就应当是调整"条"和"块"的治理关系。

回到"空间治理"上来说，特定的空间都是唯一的、也是有限的，特定位置的空间被某人所占用就不能为他人所有，被作为某种用途使用后就不能再作为其他用途使用；同时，空间又具有多宜性的特点，也就是可以作为多种用途使用的，即使如山、河、湖等特殊地形地貌，既可以作为自然状况保留着，也可以通过挖、填等改造工程后作为种植农作物或者建造各类设施使用。因此，用经济学的术语说，空间是典型的短缺物品；既然是短缺物品，竞争就成为常态。因此，空间就具有法律属性来界定其拥有和使用，而空间又和其他许多短缺商品不同，除了具有经济属性之外，还具有社会属性、自然属性等等，这是空间本身的复杂性。

我们应该看到，我们日常的生产、生活活动都需要占据一定的空间才能进行，国土空间不仅转换成了住房、学校、商店、医院、办公楼、交通等设施，而且还提供了水、食物、能源、生物多样性等，并且为垃圾废物的堆放和处理提供了空间。如果从国土空间尤其是土地的直接生产性角度来看，城市的各类产物只能说是间接生产，而植物及其果实、矿产、水、森林甚至氧气等才是其直接产品。所以，国土空间的使用直接关系到我们生存和发展的必需物品，也关系到我们的生活质量。比如，为了提供更多的住房，就需要占用更多的国土空间，也就意味着要减少耕地、森林面积等，粮食供应、生态环境、空气质量、清洁水源等就有可能受到影响；如果建设用地的量不变，那么就有可能要减少供应给建设学校或者医院等的用地了。但是，如果住房用地供应少了，就不可能建更多的住房，房价也就会上升，在同样的收入水平下，生活质量就要下降。所以，任何国土空间的使用变化，不仅仅只是哪类用地增加或者哪类用地减少的问题，而是实实在在地与人类所需要的必要服务、生活质量等密切相关。因此，在不同的空间使用之间平衡，实质上是在权衡一个地区未来发展的各项要素之间的关系，资源配置的实质就是为了保障未来整体的社会福祉。由此可见，涉及空间使用的内容决策，绝不仅仅只是某个方面或者是某个部门的问题或者职责，任何从单一系统、单一维度出发的考虑都会导致其他系统和其他维度的问题，都需要放置在国土空间各类组成要素紧密结合、人类活动和需求不断变化、社会和国家未来目标和战略以及国土安全、生态安全、人类社会可持续发展的整体框架中进行综合权衡、综合治理。

面对这样的空间竞争与平衡，建立在"经济人"概念上的经济学并不能提供有效的分析和权衡的工具；以个体的人权为基础的现代学术知识内容，面对着集体乃至人类整体福祉的事项，也并不能提供可以用以解决问题的方法论；而在人与自然关系中的人类中心论为核心的现代思想体系，自 1960 年代环境运动，尤其是经历了后现代思潮和可持续发展理念之后受到了严重挑战。由此带来的是：一方面，从社会思潮到理论和知识体系再到具体方法，都面临着转型，这也是近年来学界繁荣、交叉学科和跨学科研究不同兴起的重要基础；另一方面，遍及全球各地的政府体制改革，从管理型政府到企业家型政府再到治理型政府转变的原因。正是伴随着这样的过程，世界各国的城乡规划也都面临着知识体系和社会过程的转型。

在实际的治理过程中，具体工作的开展是由各个部门、各类机构和单位甚至个人来开展的，从政府公共事务管理角度讲，也是由各个部门通过政策制定和实施、行政管理等方式开展的，各自都有各自的管控内容、逻辑和方式方法，但当由此而导致的各类活动落在具体空间上时就会有相互发生关系，因此，任何基于系统、"条"的政策、项目、活动的开展都有在具体空间、"块"上的再协调的问题，其评判的依据和逻辑也不再是基于各系统本身的完善，而是在具体空间中的综合效应。这是基于空间地域进行综合治理的原因，也是其工作的关键所在。在现代治理体系中，规划作为预先协调未来空间安排及行动纲领，可以为各类政策和行动计划的制定提供基础，并可为政策和项目的可能后果及其效应进行事先评价，同时通过规划管理和实施过程，保证各类政策、项目的实施以及各类行动的开展，同时也可为政策和项目的实施评估提供依据。

城乡规划或国土空间规划的一个重要特征就是，规划的实施并不是由规划师和规划决策者自己实施的，规划管理机构也只是在此过程中起到组织和监督实施的作用，具体的工作开展是由各类机构、各类组织、各类部门和人员按照各自的需求进行的，因此，如何将各类的活动转化为规划实施的活动，或者说，如何将规划的要求和内容转化为激发这些活动并且这些活动开展的过程及其产出的效应是能够符合规划所期望的结果，就成为整个规划过程中的关键性问题。一方面，在规划制定的过程中，需要集合各类组织、机构、部门和社会成员的未来意愿，把宏大的战略目标与社会成员们的生活质量、权利和责任等整合在一起，并充分协调好各方面政策、主张和愿望，达成基本的共识，预先对资源的配置、规制的方式及其边界、行动的方略和准则等进行充分的协调，形成社会各方都能接受的社会契约。另一方面，从政府角度而言，则是如何更好地动员社会各方力量来执行既定的规划，使各类组织、机构、部门和社会成员的项目和活动依照规划有序进行；规划实施和管理实质是对外部性的控制，因此要正确理解公共事务与规制的含义，只有对社会公众产生影响、超出规制边界要求的才是施行管控的基本职责；管理过程应当严格遵守既定规划，无论出于什么目的，包括公共目的也不能随意修改规划，要把规划的任何修订都当作既定契约的重新修订，对于所有出现的矛盾和冲突都应基于各方利益关系进行协调。

从这些方面可以看到，规划的完整过程应当是建立在不断协同和协商的过程基础上的：要从当前需要和长远发展乃至代际公平角度，进行全域全要素全使用方式的全面协同；要在公共理性的框架下实现全社会参与的公共协商。建立在工业文明、机器文化和现代主义思维基础上的控制式机制是存在严重缺陷的，是与治理理念相背离的。要把基于空间地域的综合治理的需要作为规划制定和实施的基本要求，把实现全社会高质量发展和高品质生活作为整个规划过程的基本目标，从而为中华民族的永续发展作出贡献。

四

去年年底，中国城市规划学会学术工作委员会的委员们在学习党的十九届四中全会决定的基础上，关注到国家治理体系和治理能力现代化建设对规划工作提出的新要求，为 2020 年中国城市规划年会策划了"面向高质量发展的空间治理"的主题。今年年初爆发的新冠疫情，突显了"高质量发展"和"治理"话题的重要性，而且也为城乡规划改革和发展再一次提供了反思的机会。在疫情期间，许多委员都撰写了相关的文章，通过中国城市规划学会网站、公众号以及其他公共平台发布，获得了广泛赞誉。也是在此期间，学术工作委员会的委员们克服种种困难，围绕着年会主题展开了相关的研讨，独自或邀集了相关同仁一起撰写了一批相关的学术论文，探讨空间治理和空间规划的改革和发展，这些原创性的论文结集于此首发。

本论文集根据内容，大致分为三部分：第一部分与治理体系和治理结构相关；第二部分主要涉及面向治理的规划改革方向；第三部分主要是与疫情防控以及健康城市与社区治理与规划改革完善方面的内容。这三部分的论文其实有很多的交叠，所有论文讨论的关注点都在"治理"与"规划"的相互关系上，因此，论文集只能依据其核心观点的某个方面及其内容进行区分并予以编排。

在第一部分中，以对两个不同时期的"明星城市"——东莞和杭州的讨论为开篇。之所以把东莞称为"明星城市"，是因为在其快速发展时期，深圳占尽风头，是那个时期的明星，但深圳发展是以建立国家特区制度为基础的，这在许多城市看来是无法企及的，而东莞除了区位上的特殊性和与香港血脉相连的关系之外，则完全是以自下而上的主动城市化实现了飞跃式的发展，所以是大量中小城市心目中的"明星城市"。袁奇峰等人的"战略引领、全域统筹——东莞市国土空间规划战略专题的探索"，就是剖析了东莞过去发展过程中的治理结构特征，指出在集体土地上实现了乡村非农化所形成的"半城市化"状况，是以镇、街为经济发展主体、由村组织掌控着空间资源配置权的直观反映。在新的发展条件和要求下，为谋求高质量发展、高品质生活，市域统筹成为一个核心话题。论文提出，以战略引领、以国土空间规划重构市域空间结构、以调整和完善治理结构强化市级政府的调控能力，将成为东莞市未来发展的关键性的举措。而与袁奇峰等人所设想的东莞治理结构转型方向不同的是，张勤等人在"筑牢底线、精控弹性、层级传导——国土空间用途管制创新与探索"一文中提出，杭州应当在国土空间规划体系中建立对应于分级事权的规划实施传导机制。根据论文的描述，杭州市级政府的职能更多转向如袁奇峰等人的论文中所说的"区域型政府"，也就是说，在"市级—片区级—单元级"的传导管控体系中，市级管控主要集中在结构和边界，片区级重在承上启下，制定细化管控要求和手段，而单元级则面向实施的精准性，如果以永久基本农田保护为例，那么，市级确定永久基本农田集中区，明确整体布局、规模和管制要求；片区级划定永久基本农田保护线；单元级则具体落实保护要求和负责实施。从表象上看，两篇论文所提出的治理结构改革的方向是相反的，东莞期望适度上收资源配置权，杭州意图适度下放资源配置权，但都可以认为是两个城市对于既有的治理结构的改进和完善。改革并不是重起炉灶的全面设定，而是针对既有治理结构所产生的问题进行的修正，东莞和杭州治理结构的不同路向，所反映的也是由其既有的治理结构所决定的，而且都在强调各层级之间的均衡。

在现代治理的框架中，政府的作为是构成治理结构的一个方面，市场和社群是其共同作用的两类主体。张京祥和杨洁莹的"市场资本驱动下的乡村治理应对"一文，针对当前乡村振兴中资本下乡的情况，以江西省婺源县篁岭村为例，从国家 – 社会整体视角分析评价了其资本入驻初期以及其后的发展，探讨了政府、非正式组织、市场、村民等在其中的角色和作用的变化，提出从保障村民利益、实现以村民为主题的善治，对于通过市场资本投入来驱动的乡村振兴，应当创新政策制度，建立由政府全局管控、中介组织担当双向反馈和村民为主体的治理结构，以避免企业利益、市场逻辑凌驾于村民利益至上。王瑾和段德罡的"乡村治理的柔性路径"一文，尽管主题集中在讨论乡村建设和村庄自治之间的互动关系以及如何实现柔性治理的路径，但从中可以看到，上级政府的介入方式及其程度直接影响到村庄自治能力的建设和提升，并直接关系到村民参与治理的积极性与可能性。文章提示了在乡村振兴过程中，乡村公共空间的营造、设施和环境的改善、产业培育技能培训、公众参与等，对提升村民凝聚力、自豪感和完善社会秩序有着重要作用，也是形成新型治理结构、更好发挥村民自治作用的重要基础，而非正式治理结构、柔性治理则在乡村社会秩序和治理建设中具有重要的作用。顾浩和黄建中的"协同治理视角下综合交通规划编制的若干思考"一文，尽管重点在探讨专项性的综合交通规划，但其涉及的实质是各类规划、各部门在规划编制、治理过程中的相互关系问题，其实质也是有关于治理结构关系，并从协同治理的角度提出了如何通过规划编制组织方式的协同，在规划内容上建立与国土空间规划相适应相协调的综合交通规划体系、注重综合交通规划与相关规划以及加强综合交通规划各子系统之间的协同，并针对规划实施的要求提出了建立协同的动态治理过程的具体建议等。

在特定的治理框架下，或者在谋求治理方式的转型过程之中，各地在已开展的具体实践中进行了大量的探索和完善，从而可以为更广泛的治理体制改革提供经验和借鉴。周岚等人的文章"探索新时代推动城市治理水平提升的实践路径"，以江苏省美丽宜居城市建设试点行动为例，介绍了省级政府推动实现目标路径转型的具体做法。其中最为显著的就是在试点工作的安排中，由省级政府制定目标和规则，由各城市根据自身的条件和需求进行申报，申报的类型包括以提升单项治理水平为主要内容的专项类试点，多项治理工作集成改善的综合类试点以及系统谋划统筹推进探索新机制的试点城市，从而将上级政府的组织推进与城市政府实施城市高质量发展、高品质生活和提升城市治理水平的具体工作有机地结合起来。王学海等人的文章"生态治理政策持续推进下，政府角色的演变"，则通过对云南大理州几个废弃矿山的生态修复过程进行了分析，探讨了在应对我国长期存在的矿山生态治理难产生的原因的基础上，通过政府角色转变，通过动员和协调市场和社会的力量，构建政府主导、企业主体、社会组织和公众共同参与的治理结构，通过具体针对性的治理措施，从而在生态修复中取得了相应的成效。

当然，根据不同的治理主题和不同地区的实际情况来塑造有效的治理结构和采用不同的治理方式至关重要，王学海等人的文章也显示了在大理州的不同矿区由于其尾矿不同而带来的后续资金配置等的处置方式也有所不同。任白霏和汪芳的"水资源适应视角的渭河流域城水关系研究"一文探讨了流域水系与城镇分布以及城镇集约度等的关系，探讨了在自然演变、人工干预之间的相互协同性，提出了水资源治理与城镇化发展之间应当紧密结合。而杨宇振的文章则从历史案例的分析中，提出了治理手段与具体的治理目标和结构之间的互动关系。他的"空间困境：民国时期的都市规划与治理现代化"一文，尽管讨论的是国家治理中作为技术手段的城市规划的命运，一方面，民国政府在设立市制之后，急于摆脱旧时的社会和物质形态，意图通过移植西方现代知识和技术，能够有效地生产出有经济活力和竞争性的都市，都市计划在此过程中被引入，并可以被认为发挥了很好的作用；但是另一方面，都市计划被作为单一性的垄断性行政手段使用，它的发展既脱离了社会经济体制的关联，又加剧了旧有的社会空间和孤岛般存在的现代都市之间的高度不均衡，直接导致了严重的社会经济政治后果，加剧了民国政府治下的地区间的空间困境。作者指出，都市计划如果仅仅作为科层制组织中使用的一个环节或手段，并不能促进都市治理现代化，只能改进都市治理技术的现代化，而对治理目标实现的作用非常有限甚至会走到整体治理目标的反面。这项研究尽管是历史研究，但是可以为我们当下的规划改革提供警醒，这也正是我们在第二部分中所要讨论的关键性的问题。

第二部分是面对国家治理体系和治理能力现代化，城乡规划未来发展的趋向和重要的关注点。王富海和曾祥坤的"城市营运与行动规划"的文章提出了一个整体性的变革方案，旗帜鲜明地提出规划体系的版本必须升级了！也就是以城市扩张为主要内容、以实现开发建设为目标、追求"好方案"的 1.0 版的规划体系，应当在新的历史条件下必须实现转型，真正迈向 2.0 版的规划体系：营建和营运并重，管理、经营和治理紧密结合，以管理机制作为主要手段调节各类资源要素的优化使用，规划要为城市整体可持续运行提供"好服务"。在此基础上，该文对正在建构完善中的国土空间规划体系提出建议：应当完善"法定规划 + 行动规划"的规划结构体系、建立"充分兼容、平异结合"的规划统筹机制和倡导"长短结合、做好当下"的规划思维方式。段德罡和陈炼的"乡村治理的价值导向与规划应对"一文，尽管针对的对象及其出发点有所不同，但其提出的"陪伴式的乡村方法"就是一种结合了营建和营运的、在尊重村民主体基础上的动态规划方法。

既然要做好"好服务"、做好当下，那么就需要有具体的检测来进行衡量。刘奇志和姜涛的"关注城市健康，做好城市体检"一文，介绍了武汉市近十年来在规划实施评估和城市体检方面的探索和经验。文章介绍了从规划实施评估到城市体检的转变，但我以为，这是两项完全不同的工作，目的不同而且对象也不相同：城市体检是城市状态的检测，而规划实施评估是对规划实施问题的检讨，所以建议武汉还是能够双举并行，而且两者的重复率应该是不高的。尽管如此，就城市体检而言，我同意该文中提出的各项建议，尤其推荐对"健康"和"健壮"区分的关注，也就是"正常"和"好"要区分开来，而这样的区分实质上还需要针对城市的状况做大量有关指标值的基础性研究，而如何由单项指标的检测向综合性评价推进也同样值得关注。周建军和田乃鲁的"公共服务配套视角下空间规划治理转型初探"，同样意图在回答"健康"和"健壮"的问题。该文介绍了舟山群岛新区自贸核心区的规划过程中对公共服务设施配套指标体系改革，提出纯技术型的空间指标化管理无助于满足建设发展需要和政府管理的目的，因此提出应当建立"技术指标 + 公共政策"的复合型指标体系，技术指标发挥基础保障托底和个性定制的作用，公共政策通过激励性的措施激发社会的供给力，从而整体地达到满足城市各类机构和市民的需求。尽管该文的行文更多地集中在为什么和怎么建立这样的复合型指标体系，但从另一个角度来看，我们同样可以把"技术指标"的达成看作是"健康"，而把"技术标准 + 公共政策"所推进形成的公共服务设施看作是走向"健壮"的关键。当然由此也对我们思考城市体检问题提出了新的问题，仅仅依赖于定量化的测量指标是否能够真正检测城市的健康程度。

　　而王富海和曾祥坤文章中所强调的另一个主题——城市营运，不仅关系到城市社会经济运行的决策，而且与城区的维护和更新密切相关。过去我们城乡规划的注意力主要集中在建成上，也即王富海和曾祥坤文中所说的以实现开发建设目标为重，对于建成后的维护、运营和更新缺乏应有的关心。本部分有四篇文章直接关注此类问题。张松的"城市保护与保护管理规划"针对历史文化名城保护中出现的困局，借鉴国际城市保护观念和思想，提出应当把历史文化名城保护放到城市发展战略决策的地位统筹考量，要打通保护与发展的各部门之间的隔阂，实现综合性的治理，将保护与活化利用相结合，并与住房保障制度、保障住房供给和管理方式等相结合，相得益彰。同时论文还建构了保护管理规划及其基本框架，作为融合城乡规划各专业领域以及跨学科研究和协同创新的平台，为与城市保护相关工作的开展提供行动纲领。李健、张剑涛等人的"城市更新推动产业转型发展研究"一文则在分析城市更新阶段迭代演替的基础上，提出了城市更新与产业转型互动发展的路径。文章提出的对上海城市更新工作的 8 条建议，如果和张松的文章结合在一起看，可以看到发展与保护、老城区的活化利用等可以有众多的可能性。但文化名城、历史街区和老城区的保护更新，还面临着诸多难题，因此，王世福和易智康的"赋权与共治——既有建筑的治理困境与出路"一文提出，这些地区的既有建筑，应当作为一种特定类型的对象来进行引导、干预和管制，需要有专门的规则和规划。而这样的规则和规划与建设性规划不同，强调的是运营性、维护性，因此规划制度就需要因应既有建筑及其地区治理的特殊性，从规划编制、设计控制等方面完善相应的技术规则，在权利设定、开发赋权、行政许可以及相应的规划管理程序等方面完善制度创新。邹兵等人的"产权共享、多元共治：深圳治理合法外空间的新型路径探索"一文，介绍了深圳特区建设过程中出现的、在特定制度安排下形成、与现行法律法规不相符合的开发建设地区，特别是农村集体土地上的旧工业区和城中村地区的更新改造的应对方式。尽管这是一种特例型的解决方式，而且也是深圳在特定条件下所采取的解决方式，但对许多城市而言，在治理思路上也是可以有许多借鉴的。除了有些城市也有城中村之外，历史街区、老城区中土地和房屋产权（使用权）多元混杂，发展权、交易权甚至修缮权缺失、建筑和环境衰退等，需要通过治理结构和制度设计合法、合理地予以解决，历史原因造成的当前困局应当尽早破解，这样才能对历史街区、老城区等复兴，从而实现城市整体的高质量发展和高品质生活。

第三部分是与疫情防控以及由公共卫生事件所引发的对未来城乡发展及规划的思考。公共卫生事件是现代城市规划发展的滥觞，为公共健康而规划则是城市规划的初心，因此，突如其来的新冠疫情引发了大家对发展模式、规划方式等方面的反思，而疫情防控的推进也推动着与治理相关的思考。李志刚和谢波的"透视危机下的城市治理：以新冠肺炎疫情下的武汉'人口流动性管控'为例"一文，运用武汉新冠肺炎高发期的数据，分析了疫情传播的特征及其形成的治理缺位因素，针对新冠疫情控制的最重要手段——"人口流动性管控"，对武汉城市治理效能进行了分析和评判，提出超大城市疫情防控应当采取精准施策、多元共治、以社区为阵地、大数据支撑等方面的策略，从而为完善城市治理、改进改善规划内容提出建议。周奕汐和邹兵的"应对突发公共卫生事件的城市空间治理与规划对策"一文，针对疫情防控中出现的空间治理短板，探讨了在城市、片区和社区不同层级的疫情防控中，各类防控措施与规划安排内容的相互匹配关系，尤其是深圳城市规划一直坚持的多中心组团式空间结构为应对突发公共卫生事件提供了非常好的空间基础。

"公共健康""健康城市""健康社区"是近年来城市研究中快速发展的一个领域，学术成果也大量涌现，世界卫生组织也一直在推进相应的实践活动。而伴随着疫情的发生和防控工作的开展，更成为学界和社会共同关注的热点。冷红和闫天娇的"公众健康视角下的公共空间治理"一文，从公共空间在推进公共健康方面的重要性入手，针对我国公共空间治理中所出现的问题，建构了基于"治"和"防"两大健康导向的、以全面提升公共空间治理能力和效率为导向的公共空间治理框架，并提出了明确全民健康目标，以提升空间品质和空间应急防控能力为落脚点，以空间管制标准化、公众参与多元化、制度机制精细化和技术驱动智慧化的实施路径，并以此来完善公共空间治理体系的韧性、实施性、协调性和战略性的基本方略。袁媛等人的"多类型的健康社区治理研究"一文，结合疫情防控时期社区治理的特点，从疫情突发时期和常态化防控期相结合的角度，在建构健康社区治理的理论框架的基础上，分析了广州市不同社区的治理模式的特点及其成效，揭示了多元主体协作的多种类型和方式以及在突发公共卫生事件时期和常态化防控时期的不同作用方式，以及外围协同系统为社区单元提供保障的工作模式，从而

将抽象的政府 – 市场 – 社会治理概念还原为健康社区治理的全系统协同工作的不同场景，为进一步认识社区治理及其完善提供了基础。

　　本部分的最后一篇论文是武廷海和张能的"城镇化、风险应对与面向城市治理的城市规划"一文。该文不仅直面新冠疫情所带来的冲击，并设想了后疫情时期城镇化发展的方向，而且统合了本书所涉及的主要话题，尽管其所说的风险包括了比新冠疫情更多的内容。所以，可以看作是本部分论文以及对本书内容所作的总结，而其所提出的未来规划体系的格局则进一步开放出治理体系和能力现代化建设的空间和维度，值得予以特别关注。该论文分析总结了中国自 1993 年以来的城镇化历程以及期间的风险应对策略，针对新冠疫情所暴露出的中国城市在安全、韧性、健康、宜居等方面的短板，探讨了疫情后我国城镇化发展策略方向，并着重研究了新时期城乡规划的作用，提出，城市规划应当发挥"社会规划"的功能，真正成为调节和规范空间行为、优化空间利用、化解城镇化风险的有力武器。

参考文献

[1]　Robert Baldwin，Martin Cave & Martin Lodge. 2010，The Oxford Handbook of Regulation. 牛津规制手册 [M]. 宋华琳，等译 . 上海：上海三联书店，2017.

[2]　Herman E. Daly & John B. Cobb，Jr.，1994，For the Common Good：Redirecting the Economy toward Community，the Environment，and a Sustainable Future，为了共同的福祉：重塑面向共同体、环境和可持续未来的经济 [M]. 王俊，韩冬筠，译 . 北京：中央编译出版社，2017.

[3]　孙施文，等 . 品质规划 [M]. 北京：中国建筑工业出版社，2018.

[4]　孙施文，等 . 活力规划 [M]. 北京：中国建筑工业出版社，2019.

[5]　Daniel T. Rodgers，1998，Atlantic Crossings：Social Politics in a Progressive Age，大西洋的跨越：进步时代的社会政治 [M]. 吴万伟，译 . 南京：译林出版社，2011.

[6]　Bishwapriya Sanyal，Lawrence J.Vale，and Christina D. Rosan（eds.）. Planning Ideas That Matter：livability，Territoriality，Governance，and Reflective Practice[M]. Cambridge and London：The MIT Press，2012.

[7]　Mark Tewdwr-Jones. Spatial Planning and Governance：Understanding UK Planning，Basingstoke and New York：Palgrave，2012.

[8]　Stephen V. Ward. Planning the Twentieth-Century City：The Advanced Capitalist World，Chichester：John Wiley & Sons Ltd，2002.

[9]　Rachel Weber & Randall Crane（eds.）. The Oxford Handbook of Urban Planning，New York：Oxford University Press，2012.

[10]　中国城市规划学会 . 中国城乡规划学学科史 [M]. 北京：中国科学技术出版社，2018.

[11]　中国城市规划学会学术工作委员会 . 理性规划 [M]. 北京：中国建筑工业出版社，2017.

袁奇峰,中国城市规划学会常务理事、学术工作委员会委员,华南理工大学建筑学院亚热带建筑科学国家重点实验室教授、博士生导师

黄哲,中山大学地理科学与规划学院博士研究生

侯天天,广州华南空间规划设计咨询有限公司助理规划师

康一林,广州华南空间规划设计咨询有限公司助理规划师

袁奇峰
黄　哲
侯天天
康一林

战略引领、全域统筹
—— 东莞市国土空间规划战略专题的探索[*]

改革开放前,东莞是一个每年都要向国家上交 4 亿多千克粮食的农业大县。近四十年来,凭借临近香港的区位优势,东莞以廉价的集体土地和全国的农村剩余劳动力吸纳国际资本,通过构筑具有全球竞争力的低成本产业区而成为"世界工厂",创造了用外源型产业推动经济发展、以农村集体土地推动工业化的"东莞模式"。长期依赖以香港为跳板的外源经济"招商引资"推动经济发展,塑造了东莞外向性、扁平化的市域城镇空间格局,在金融危机后又成为深圳的工业郊区。

东莞 1985 年撤县设市,1988 年又升格为地级市,通过"地级市 + 镇街"两级行政架构成功构筑了由多个主体分权竞争推动经济发展的体制。市政府类似于区域政府,负责市域基础设施建设;镇街作为经济发展的主体,负责推动招商项目的落地;村庄掌握了主要的空间资源配置权——乡村的非农化、自下而上的主动城市化交织而成了东莞市全域的半城市化。

然而,长期以来受到国家城市规划审批体制的掣肘,类大城市连绵区的东莞城市规划却只关注中心城区。为实现"湾区都市、品质东莞"的要求,当下的国土空间规划编制必须构筑战略共识,在顺应粤港澳大湾区一体化的前提下,以城市发展战略引领、推动市域空间结构的整体优化,适应经济的服务化和产业的创新化。

1　大城市连绵区的半城市化地区

沿着广州、东莞、深圳到香港的发展走廊,可以看到类似于戈特曼当年在从

---

*　国家自然科学基金项目(51878284)。

波士顿到华盛顿一带看到的大城市连绵区（Megalopolis）现象：大量城镇沿着海岸线高密度分布，大城市连绵区中主要城市之间的郊区迅速扩张。城市沿着高速公路和乡村道路迅速向外部扩展，土地的混合使用使它们看上去既像乡村也像城市。但大城市连绵区决不仅仅是单个都市区的过分膨胀或多个都市区的简单组合，而是有着质的变化的全新有机整体（GOTTMANN J，1957；史育龙，周一星，1996）。东莞就像是一个"两端开口的接管"，将广州、深圳和香港连接起来，与它们的经济联系远远超过市域本身内部的联系。

与美国基于"逆城市化"的城市蔓延不同，东莞成为大城市连绵区是在中国特殊的城市化政策、农村集体土地制度下主动城市化的结果。2000年前，由于受"控制大城市发展，积极发展中小城市"的城市发展方针约束，"离土不离乡、进厂不进城"的乡村工业化成为政策的主要方向，而先行先试背景下珠江三角洲集体土地大规模转用，导致了半城市化现象发育。东莞的城市化地区的基本特征是，产业结构和就业构成的非农化程度相当高，而二、三产业和非农就业人口在市域平均分布，在空间上的集聚程度仍比较低（郑艳婷，2003）。

1987年，麦基在研究亚洲发展中国家的城市化问题时，发现了一类分布在大城市城乡结合地带及城市之间的交通走廊地带，与城市相互作用强烈、劳动密集型的工业、服务业和其他非农产业增长迅速的原乡村地区——借用印尼语将其称作"Desakota"（desa即乡村，kota即城镇）。他认为，许多亚洲国家并未重复西方国家通过人口和经济社会活动向城市集中，城市和乡村之间存在显著差别，并以城市为基础的城市化过程（City-based Urbanization），而是通过乡村地区逐步向"Desakota"转化，非农人口和非农经济活动在"Desakota"集中，从而实现以区域为基础的城市化过程（Regional Basic Urbanization），指一种既像城市又像乡村的社会、经济与空间特征，是城乡两大地理系统相互作用、相互影响而形成的区域（MCGEE T G，1991）。

"半城市化"（Peri-urbanization）用于描述城市中心以外的农村地区，在形态、经济和社会方面，更加趋向于城市特征的过程（WEBSTER D，2002）。基于McGee（1991）的"Desakota"，Rakodi（1998）年提出了"半城市地带"（Peri-urban Area）的概念，指"位于完成城市化地区和农业地区之间，在空间和结构上动态演化的区域，以城乡用地混杂以及社会经济结构快速转型为基本特征"（RAKODI C，1998）。这些概念通常被用于描述发展中国家，与发达国家城乡二元转型相区别的城市化特征和城乡关系（CHAMPION T，2004）。

国际上普遍认为，与发达国家相比，发展中国家的城市化基于两大独特的背景：一是全球化、信息化带来的"时空压缩"（Space-time Compression）加速了城乡之间的要素流动（MCGEE T G，2008）；二是高人口密度背景下城乡之间更为剧烈的土地资源争夺（ZHU J，2009）。城市化也相应呈现出两大特征：一是城市经济活动"刺入"人口密度已经较高的乡村（SUI D Z，2001）；二是乡村地区自发地非农发展，向城市形态转化（WEBSTER D，2002、2011）。

发展中国家的城市普遍存在城乡混杂的"半城市地带"，但是该地带的物质形态、社会经济格局在国家之间、区域之间乃至区域内不同城市之间都有所差异（田莉，2015）。作为珠江三角洲农村工业化典型的东莞，"半城市化地带"在广泛程度、城乡空间混合程度等方面都呈现出与众不同的特征。村的政治权力、集体经济组织和村落居住形态，在集体土地上的社会治理也依赖村集体组织而非城市基层政府。

2 "世界工厂"的形成与面临的挑战

东莞充分利用临近香港的优势，长期通过"招商引资"发展外源型经济，四十年来累计实际利用外资 778 亿美元，创造了全国 4.4% 的进出口贸易。1978 年东莞县地区生产总值（GDP）6.11 亿元；2018 年东莞市实现地区生产总值 8278.59 亿元，按可比价格计算增长了 275 倍。2008 年世界金融危机后，深圳开始逐渐替代香港，成为以移动通信为主的新一轮产业扩散的源头。东莞虽然获得了新的发展动力，但是在世界产业体系中的实际地位却因此下沉。

2.1 "三来一补"成就"世界工厂"

"三来一补"是东莞成就"世界工厂"的起点。1978 年，国务院颁布《开展对外加工装配业务试行办法》，允许广东、福建等地试行"三来一补"。广东省决定将东莞、南海、顺德、番禺、中山作为先行试点。同年，全国首家"三来一补"企业——太平手袋厂在虎门开工，从此揭开了我国吸引和利用外资的序幕。1980 年代，连接穗港的两条南北交通干线——广深公路两侧、广九铁路站点的城镇率先获得发展。东莞构建起"香港接单、东莞生产"的"前店后厂"合作模式，成为香港的"产业飞地"、世界产业转移最早的受益者；1985 年后大量台资涌入，东莞更成为世界台式电脑生产基地。到 1987 年底，东莞已有"三来一补"企业 2500 多家，遍布全市 80% 的乡村，加工产品涵盖毛纺、服装、电子和玩具等 15 大类 4000 多个品种，创汇 214 亿美元，居全国县级单位之首（东莞市志，2013）。

1993 年，邓小平视察南方进一步推动了改革开放。随着京九铁路、高速公路、市镇村道路全面铺设，东莞全域成为穗港走廊物流成本最低的区位。东莞与香港地缘相近，继港资之后，又获得我国台湾、韩国和日本等台资和国际资本的青睐，在承接新一轮产业转移中占据了先机，以通信设备、计算机及其他电子设备制造业为代表的现代制造业和高新技术产业迅猛发展，外源型经济进一步发展壮大。全球资金、设备、技术以香港为跳板大举进入，成就了"东莞塞车，全球缺货"的"世界工厂"，创造了中国经济发展的"东莞奇迹"和"东莞速度"，也形成了外向型、扁平化的市域城镇空间格局。

2.2　世界金融危机下的转型

2007 年后，国家推出了激进的产业升级政策，开始向加工贸易企业收取空转多年的保证金，极大地压缩了"三来一补"的利润空间；2008 年，由美国次贷危机引发的世界金融危机席卷全球，人民币升值、海外市场萎缩、贸易保护主义抬头；而当年施行的《劳动合同法》又因为规范雇佣方式而大幅提升了劳动力成本，导致很多加工贸易企业关停工厂或将生产线向东南亚、非洲等地转移。多重因素的影响下，"三来一补"退潮，东莞经济遭受重创。一方面进出口总值断崖式下降，订单流失；另一方面，一年内高达 4000 家中小制造企业倒闭。2009 年东莞的 GDP 增速跌到谷底，经济增长从金融危机前的 20% 以上跌至 −2.5%，城市人口从 2008 年的 1300 万减至 2013 年的 700 多万（沈泽玮，2013）。长期低于广东省平均增速（图 1）。

为调整优化产业结构以寻找新的经济增长点，东莞市政府力图进一步推进出口主导型经济向创新主导型经济转变。2010 年松山湖开发区升格为国家高新技术产业开发区；2012 年又开启"三重"（重大项目、重大产业集聚区、重大科技专项）建设。2018 年，中国迄今最大的国家重大科技基础设施——中国散裂中子源（CSNS）在东莞投入使用。

截至 2017 年，在东莞曾开展过加工贸易，现在还存在的 10572 家外资企业中，有 5912 家转化为一般贸易企业。另外 4660 家工业企业中，43% 的企业建立起自

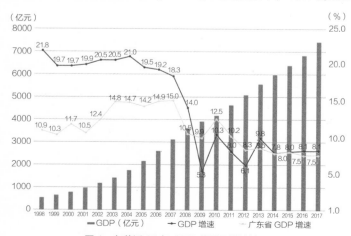

图 1　东莞近 20 年 GDP 总量及增速情况

主品牌，36% 的企业设立了研发中心或内设研发机构；其中 464 家成为高新技术企业。大批"加工贸易"企业完成了从 OEM（贴牌生产）到 ODM（原始设计制造）再到 OBM（自有品牌生产）的转型（界面新闻，2018）。直到 2015 年后，东莞第二产业的增速才超过广东省平均水平（图 2）。

2.3 产业被深圳"结构化"

正当东莞仍然因为在全球产业网络中的边缘位置而饱受困扰时，深圳已经走上了自主创新的道路，率先完成了产业"引进—消化—吸收—创造"的转型。深圳市政府将大量财政资源投入创新产业的培植上：利用证券市场培育风险投资为枢纽的创新生态、基于全球"开源"数据技术基础上的移动通信和电子信息发展，让深圳实现了科技创新的弯道超车。以华为、腾讯、顺丰等为代表的许多科创型中小企业迅速壮大为行业巨头，支撑起深圳创新城市的格局。但是，深圳因为房地产的繁荣，目前高企的地价已经不能支撑制造业规模扩张的需求。仅 2018 年深圳就有 91 家规模以上工业企业出现外迁情况，约占规模以上工业企业总数的 1.1%；累计在深工业总产值 599.7 亿元，占当年全市规模以上工业总产值的 1.95%。

东莞具有完善产业配套和地理临近的优势，其南部临深圳的片区已然受到深圳产业的辐射，房地产价格已经明显高于东莞中心城区。深圳近三年外迁的 192 家企业中，移动通信和电子信息制造企业共计 27 家，占全部外迁企业的 37.5%，大部分流向东莞，填充了当年香港"三来一补"企业 2007 年退潮后留下的厂房。从虎门、长安、大岭山、松山湖、大朗、黄江、樟木头、塘厦、凤岗到清溪，在东莞南部形成一条"不在深圳、就是深圳"的电子信息产业带。而未来两市轨道交通网络化、公交化将进一步扩大深圳的虹吸效益，让东莞的产业和空间资源进

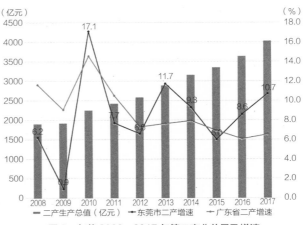

图 2　东莞 2008—2017 年第二产业总量及增速

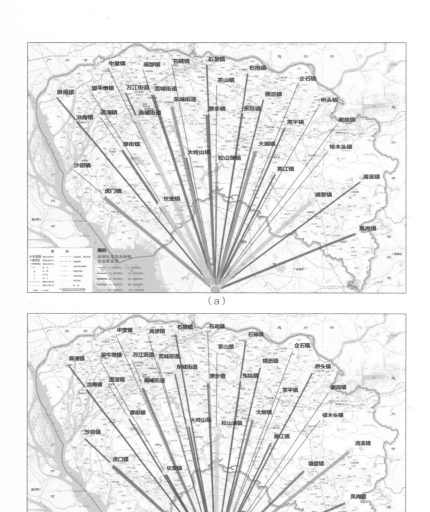

图3　近年深圳与东莞各镇联系情况

（a）近年深圳与东莞各镇企业联系量；（b）近年深圳对东莞各镇街投资量

一步被深圳"结构化"（图3）。

2014年以来，华为研发总部继其南方工厂之后落户松山湖，成就了东莞多年的梦想，国家级高新技术开发区终于实至名归。仅仅这个项目就为东莞带来了3万研发人员，超过100亿的税收，并带动相关上下游关联产业搬迁。深圳以移动通信设备为主的电子信息产业企业大举迁入东莞，推动了产业链再造，综合配套率超过90%。

产业扩散给了东莞经济发展新的动力，一方面是工业借深圳的产业转移再次起飞，符合东莞重点发展先进制造业，大力发展现代服务业，积极培育战略性新

图4　东莞 2008—2017 年各行业工业增加值占比及变动

兴产业的战略。另一方面则是产业的进一步单一化和资源的"被结构化",电子信息产业在东莞经济中的占比越来越高,手机相关产业占比不断升高(图4)。在移动通信领域已经形成了深圳负责研发设计、东莞负责制造的产业合作格局,东莞面临着产业价值链分工低端锁定的危险。产业的单一化,使得由于科技产品快速迭代可能带来的风险加剧。由于距离较近,高端人才和企业高管并不会选择留在东莞,而选择两地通勤,东莞南部地区正在成为深圳的工业远郊。

3　城市规划:从中心城区到市域

东莞市政府出于鼓励镇街经济发展的目的,将中心城区之外的城市规划权也赋予了各个镇街。由于城市建设从计划经济时代政府单方面的责任,演变为市场经济条件下政府、市场、社会、村庄和个人共同参与的一个个项目,而城乡二元土地制度更导致了"自上而下"和"自下而上"城市化模式的并置,使得更多的利益主体获取了城市空间资源的配置权。

3.1　城市规划偏重中心城区

1989 年前东莞编制了 3 版城市总体规划:1982 年东莞县莞城镇编制的《莞城总体规划》(图 5a);1985 年东莞县改市后编制的《东莞市城市总体规划》;1989 年东莞升级为地级市后修编的《东莞市市区城市建设总体规划》(图 5b)。

这个时期,外源经济正强势取代莞城的经济中心地位,镇街成为东莞工业化与城镇化的主战场。然而,市级规划仍将城市空间发展重点放在原莞城周边,试图扩容东莞市区,没有对市域的规划建设做出任何刚性的安排。市政府放手给镇街、分权竞争的结果是各发展主体"各显神通",导致了城镇发展的无序扩张和空间资源的过度消耗。

另外,以中心城区为发展引擎的规划设想事后也被证明过于"理想化"。东莞地处穗港交通走廊上,"三来一补"企业、外资企业都以香港为商务和物流服务中心,其他高级商务需求多由深圳和广州提供,这些企业最初沿广深公路、广九铁路分

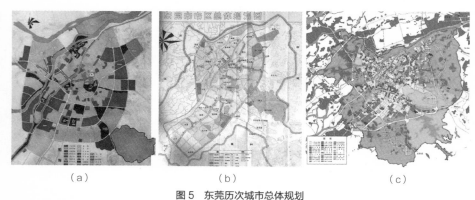

（a）　　　　　　　　　　（b）　　　　　　　　　　（c）

图 5　东莞历次城市总体规划

（a）《莞城总体规划》（1982 年）；（b）《东莞市市区城市建设总体规划》（1989 年）；
（c）《东莞市城市总体规划》（2000—2015 年）

布在包括中心区在内的各个镇街的国有土地和村社集体建设用地上，形成一个"人"字形的市域城镇空间。虽然处在"人"字形的顶端，东莞的中心城区在相当长的一段时间里，事实上只是市域的行政服务中心，想依赖其拉动市域经济发展无异于"小马拉大车"。

2000 年编制的《东莞市城市总体规划（2000—2015）》受到住房和城乡建设部以"城市规划区"为审批对象的约束，仍然将管控的重心放在 1998 年人口占市域 20%，GDP 却只占 14% 的"中心城区"（图 5c）。

2000 年全市的建成区面积仅 147.68 平方千米，2005 年达到 620.31 平方千米，扩大了 4.2 倍，年均扩展速度达 94.53 平方千米 / 年。由于 1999 年版规划对中心城区外各镇街的规划只限于职能、规模和空间结构等引导性要求，又没有合适的市域空间刚性管控工具，让东莞再次错失了在城市大拓展中优化市域空间结构的最佳机会。

由于东莞的外源型经济特征，分权改革背景下，市域所有镇街都成为"香港指向"的出口加工企业集聚地，呈现典型的大都市区"工业郊区"形态。2000 年后，随着高速公路网络的完善，外源经济的辐射力、乡镇发展的内源动力耦合在一起，东莞市域沿着农村社区工业化的发展惯性呈现整体繁荣，32 个镇街野蛮生长、各自精彩，市域城镇结构整体呈现扁平化、多极核的"城镇群"格局。但是历次的城市总体规划都将其作为一个"核心—边缘"结构的城市来看待，过度强化原莞城周边"城市中心区"的地位，与实际发展趋势相悖（图 6）。

3.2　市域统筹困难重重

为提升发展质量，推动产业转型升级，东莞市政府早在 2001 年就提出了市域"一网两区三张牌"的战略：将市域 2465 平方千米作为一个整体，建设高质量的基础设施网络；加大中心城区建设力度，"五年见新城"；准备从"农村社区工业化"走向"园

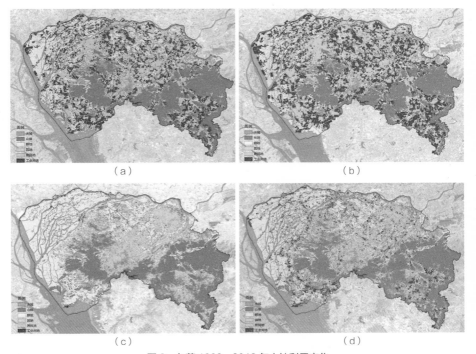

图 6　东莞 1982—2019 年土地利用变化
（a）1982 年土地利用情况；（b）1989 年土地利用情况；（c）1999 年土地利用情况；
（d）2019 年《东莞市全国第三次土地调查》现状图

区工业化"，重点打造松山湖高新技术开发区、虎门港开发区（2003 年又提出东部工业园）等市级重大产业平台；打好城市、外资和民营经济三张牌（袁奇峰，2008）。

但是在市镇（街）两级、分权竞争发展的惯性下，统筹发展举步维艰。市政府从镇街划地设立市级产业平台，在松山湖园区、虎门港开发区通过投入巨资征用土地，获得了其空间资源配置权和经营权；而东部工业园，工业用地建设指标早就被所涉的三个镇街瓜分一空，至今都没有形成基础设施统筹建设的体制机制。由于市域分散发展，空间破碎、低效均衡的格局已经形成，统筹发展只能在极其复杂的既有利益格局中开辟新路。

2005 年编制的《东莞市市域城镇体系规划（2005—2020）》体现了市域统筹的思路，按照分区统筹、整合空间的路径，展开了全域规划，提出以专业中心体系为支撑、由五大片区组成的生态型的空间结构。然而，这个规划与东莞长期以来市与镇街两级分权的行政管理模式存在巨大冲突，片区统筹缺乏体制机制支撑和政策保障（图 7）。

2016 年东莞再次开启新一轮城市总体规划，虽然因为国家规划体制改革未获审批，但却是东莞历史上第一次全域的城市总体规划。该规划提出了"分区统筹，强心育极，融入湾区，对接广深"空间策略，构建"三心六片"的发展格局，并

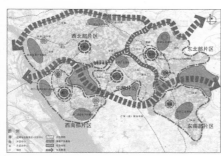 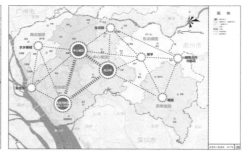

图7 《东莞市市域城镇体系规划》　　　　　图8 《东莞城市总体规划》
（2005—2020年）：空间结构规划图　　　（2016—2035年）：市域城镇空间结构图

确立了"全域管控＋分区指引""底线管控＋结构引导"的技术路线，这个规划为正在编制的国土空间规划打下了较好的基础（图8）。

4　集体土地上的大城市连绵区

一方面是经济的普遍繁荣，另一方面却又为自身发展的惯性锁定。那么，东莞四十年来高速发展的密码究竟是什么？导致其发展路径锁定的困境又是如何形成的呢？

1980年代，东莞为尽快摆脱贫困，通过分权改革将发展权和土地开发权逐级下放，鼓励各镇街、村社自主发展，形成了从产业税收到土地批租收益分成、共享的市镇（街）两级财政体制。"以市带镇"的扁平化的市域行政管理架构能够充分调动基层积极性，各镇街发展成果的集合就是城市的经济总量，而各镇的经济总量又是各村级工业园发展成果的集合。结果众多的村庄背对背招商引资，竞相降低土地租金，意外地创造了一个世界级的产业成本洼地，推动了东莞四十年的经济超速增长（袁奇峰，2009）。

东莞市级政府在不断分权的情况下转变成为一个类似于区域政府的组织，真正推动经济发展的其实是镇街，而镇街又把空间资源配置权下移到村庄，放手让村庄使用农村集体土地直接招商引资（杨廉，2009）。正是这样一种治理架构，形成了多中心网络化的利益格局，支持了市场经济的普遍繁荣。这也让市域空间成为一个个非农化村庄、镇街和园区的简单拼合，造成了整体低效的半城市化和市域总体结构的"合成谬误"。四十年来，东莞建设用地增长了15倍。2019年，东莞全市工业用地面积为426.8平方千米，其中农村集体工业用地310.79平方千米，占72.82%。在34个发展主体中，只有7个（含松山湖园区、滨海湾新区）的集体工业用地占比低于57%（图9）。

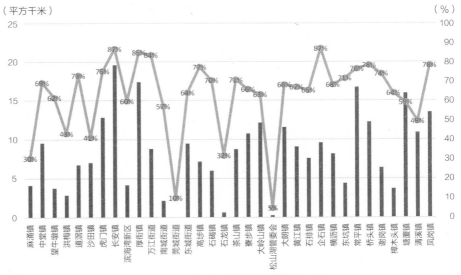

图9　东莞各镇街集体工业用地面积及占比

4.1 "非农化村庄"的拼贴

因为人民公社时代"三级所有、队为基础"的制度,合作社(生产队)是集体土地实际的"土地产权"拥有者,也是村民统一管理、经营土地资源的基本单位。农村集体经济组织将集体内部人际信任制度化,逐步形成了以宗族文化为基础、集体经济为纽带、村庄自治为基本单元的"三位一体"的"村社共同体";具有极强内聚性和排外性,通过经营领域内的集体土地获取租金收益,提供村庄公共服务和给村民分红,形成了大量不再依赖农业为生的"非农化村庄"(袁奇峰,等,2009)。

外源经济、外来人口和农村集体土地合力推动了"村村点火、户户冒烟"的"农村社区工业化"。农村集体经济组织直接在农地上招商引资建设工厂,大量在集体土地上的村级工业园在市域均质分布、遍地开花,成为东莞经济发展的主体,市域工业发展的主战场。

大量的就业机会让东莞成为全国吸纳农民工最多的城市,流动人口最多时超过1000万。面对巨量的住房需求,村民们纷纷突破"一户一宅"的规定公然违章建筑,形成大规模的城中村、城边村和园中村。2019年全市居住用地312.22平方千米,其中村居用地占67%,达到209.98平方千米。如此巨量的农宅成为农民工落脚城市的低租金住房。

每个集体经济组织(村的联社、组的合作社),不管大小,都是一个独立的土地资源发展主体,随意在村内开发工业用地、建设房屋的情况直到2006年国家强力保护耕地后才被扭转。作为土地开发的基本单元,每个"非农化村庄"都是一个微观尺度上功能布局合理的"细胞"。多个"非农化村庄"拼贴成行政村，多个行政村又拼贴成镇街，最终塑造了"马赛克"式的、工业用地与农村居民点混杂交错的均质化土地利用景观（杨廉，2009）。

基于农村集体土地资源的全域工业化导致了整体的半城市化。集体靠出租土地维系分红，村民也靠住房租金。基础设施靠挖掘存量起步，环保设施匮乏，工人租住村屋。各镇街缺乏合理的职能分工，"麻雀虽小，五脏俱全"，公共设施重复建设，导致了市域整体空间结构的"合成谬误"。

4.2　集体建设用地的低效使用

按照相关法律，只有城市政府才有征地开发的权力，农村集体的土地仅限于自用。但是改革开放就是一个破旧立新的过程，在早期"先行先试"的背景下，已经形成了一个以农地违规转用、出租、出让的隐形土地流转市场，存在大量一次性收取 20—40 年租金，变相"卖地"的情况。

不管农地转用的地块是否得到了地方政府的批准，村庄出租集体土地以盈利，严格按国家政策讲都是违法的，因此是一种"非正式"的制度安排。正是因为产权的不完整性和模糊性，集体建设用地长期被"二元土地政策"锁定在资产层面，无法通过银行抵押获取金融支持，集体经济组织只能通过出租土地和物业的方式获取租金收入（袁奇峰，2008）。这就锁定了东莞农村经济严重依赖土地和房屋租金，"以土地换资金，以空间换发展"的发展路径。

大家习惯说东莞市是"世界工厂"，其实大量的"三来一补"和台资企业都是小型的代工厂，是国际制造业产业价值链切割中的"车间"，"工厂"的管理、技术开发、金融、流通、品牌、营销等环节多不在本地。这些低资本、低技术、高污染、不愿意支付环境治理成本的"车间"以生产成本最小化为原则，难以通过公开出让的方式从政府手中拿到国有土地，只能租用廉价的农村集体建设用地。由于无法获得金融支持，他们难以有长期的打算，只能在租来的廉价土地上建设简易的临时厂房，导致了土地利用效率的低下和景观的混乱（袁奇峰，2009）。

大量小而散的村级工业园只能在村域尺度布局，往往沿现有公路和乡道布局，各类具有互斥性的用地混杂，各权属主体的宗地边界相互穿插，即便是同一性质、空间连片的土地往往被不同权属主体持有，导致了相比物质空间更为严重的权属空间破碎，形成了大规模低质城市空间。集体建设用地资源低效化、形态碎分化、权属割裂化、环境低质化，导致了土地利用和产出效率双双低下。2018 年东莞建设用地地均产出 6.9 亿元／平方千米，处于珠三角平均水平（8.1 亿元／平方千米）之下，远低于深圳（24.3 亿元／平方千米）和广州（12.2 亿元／平方千米）（东莞市统计局，2019）。

5　以国土空间规划重构市域空间结构

对于一个通过农村社区工业化成功完成了四十年大转型的城市，国土空间规划如何才能让东莞制胜新时代？

在大都市区时代，必须摆脱发展惯性，要有更为宏大的战略眼光。国土空间规划编制必须回应粤港澳大湾区一体化的要求，通过"湾区都市、品质东莞"推动市域空间结构的优化、产业结构的升级，实现经济的服务化和产业的创新化，开启大都市区经济。

为保障能够构筑一个统一而又有弹性的"国土空间规划体系"，在地级市、镇街两级行政体制下，笔者倡导的"政府主导、部门参与、战略引领、片区统筹、市镇（街）互动、全域管控"的技术路线为东莞所接受，并因此主导了市域战略专题研究。所谓城市发展战略，无非在错综复杂的现实中，通过城市研究把握东莞城市发展的历史规律以及趋势，处理好目前发展面临的、迫切需要解决的挑战和关键性问题；面对未来十五年的急剧变化，东莞需要通过构筑省市、市镇（街）之间的共识，应对国际、国内、区域发展态势，找到自身的定位、目标，以优化自身的空间资源配置。

5.1　"龙蟠虎跃"的市域人文山水格局

东莞于东晋咸和六年（331年）立县，初名宝安县，隶属东官郡。唐至德二年（757年）更名东莞县，县治从芜城（今宝安南头）移至到涌（今莞城）。明万历元年（1573年），新安县（今深圳市）从东莞县分立。莞城选址于山水节点，背靠莲花山系的旗峰山，面向西北部的东江三角洲，扼守东江经济区与滨海经济区交汇的枢纽，同石龙和太平两镇距离相当，能够最有效控制县域治安和贸易孔道，更便于征税。

作为东江出海口，东莞县城扼守东江流域市场与海洋贸易的口门，历史上拥有两个重要的贸易城镇。一是石龙镇，东莞东北部东江流域的贸易中心，明清广东四大名镇——"广（州）、佛（山）、陈（村）、（石）龙"之一，是珠江三角洲的东江流域最重要的米市，"石龙涨水，广州米价要涨"。自东而西转向北部莲花山与东江的围合，使得以石龙为贸易中心的东江台地（埔田区）形成了"龙蟠"之势。二是太平镇（现虎门镇），东莞西南部滨海平原（沙咸田地区）的海洋贸易中心，广州"一口通商"时代位于十三行与澳门外港之间的海上民间国际贸易节点，1840年鸦片战争"虎门销烟"的历史场域。珠江主航道的虎门本是兵家必争的"险要之地"，伶仃洋两岸在此突然收束，似乎老虎都有可能一跃而过。

东莞市域北部以东江为界，西部是伶仃洋，东南部多山，中南部为低山丘陵台地区,丘陵台地占 44.5%,冲积平原占 43.3%,山地占 6.2%。在这次战略研究中,我们发现东南部的一系列自东向西而来的山地隆起竟然是武夷山的余脉——莲花山脉是东江流域与南中国海的分水岭,其中银瓶嘴山主峰(高 898.2 米)是东莞市最高峰。我们知道自然地理上的"岭南",是由云贵高原、武夷山脉和南岭山脉所围合,由西江、东江和北江所构成的"珠江流域"。武夷山系的莲花山脉的发现,让我们获得了对东莞新的自然地理认知,即这是一个拥有大山(莲花山)、大江(东江)、大海(伶仃洋)的城市。

深圳、东莞两市共情于莲花山脉,花开两朵,各表一枝。其中一支过了黄江在东莞南部西进巍峨岭,再从大岭山、同和水库向北延至莞城东侧的旗峰山,有"黄旗岭顶挂灯笼"的祥兆;另外一支从樟木头向南由大屏嶂转进深圳,经大顶岭、阳台山、塘朗山到莲花山成为福田中心区中轴线依托的主山,莲花山上耸立着中国改革开放的总设计师——邓小平的塑像。深圳作为改革开放的前沿,围绕莲花山脉南端进行了三十多年的中心城市建设,已经成为一个超大城市。东莞的城市发展战略也必然要遵循自然地理和历史地理的脉络(图 10)。

珠江干流的东江自东向西汇入伶仃洋,和莲花山脉共同将东莞切割成四种自然地理类型:

图 10　东莞大山、大江、大海,"龙蟠虎跃"的人文山水格局
资料来源:作者自绘、自摄

（1）东北部与惠州相连的"东江台地"，该区岗地发育，陆地和河谷平原分布其中，是易于积水的埔田区；为以石龙为中心的"龙蟠"之地。

（2）西北部冲积而成的"东江三角洲"，是水网纵横的围田区，东莞中心城区就处于莲花山脉向东江三角洲倾斜的高地上。

（3）西南部是濒临珠江口与深圳相连的"滨海平原"，是受潮汐影响较大的沙咸田地区；为以虎门为标志的"虎跃"之所。

（4）南侧是与深圳北部连接的山地、东南侧则是深莞惠盆地的丘陵台地，除了这个地区的樟木头、清溪、凤岗镇以客家方言为主外，东莞其他29个镇街都讲粤方言。

"一城（莞城）两镇（石龙、虎门）"的历史地理格局，莲花山脉、东江和伶仃洋所形构的大山、大江、大海的自然地理格局，共同塑造了东莞"龙蟠虎跃"的人文山水格局，孕育了历史上的商品经济传统。更体现了改革开放以来，作为广东改革开放"四小虎"之一的东莞更加形成了奋发向上、"虎虎生气"的城市人文精神。

5.2　以开放式的网络结构融入大湾区

经过四十年的超速发展，珠江三角洲已经从一个以农业为主的地区演化成一个超级复杂的大城市连绵区（Megalopolis）。2014年，为了推动内地和港澳协同发展，中央政府设立中国（广东）自由贸易试验区。2019年发布的《粤港澳大湾区发展规划纲要》明确要求"构建极点带动、轴带支撑网络化空间格局"。

在大城市连绵区进一步一体化的时代，东莞必须摆脱发展惯性，要有更为宏大的战略眼光。广州将南沙定位为唯一的城市副中心；深圳全力在城市西部、伶仃洋东岸围绕机场枢纽建设前海深港现代服务业合作区、海洋新城和新的国际会展中心；而珠海则努力将横琴建设为"境内关外"的开放高地。以香港—深圳极点为核心辐射伶仃洋西岸的"环伶仃洋大都市区"格局已初步显现（图11）。

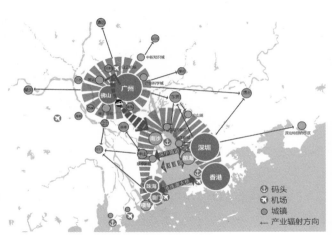

图11　粤港澳大湾区两大都市区、三个极点的空间格局

资料来源：作者自绘

随着港珠澳大桥通车、南沙大桥贯通、深中通道开工、沿海高铁越江方案确定、深珠通道开始谋划，西岸的中山和珠海逐渐纳入港深1小时通勤圈。东莞显然正在从穗深港唯一通道变更成为"之一"（图12）。

因应区域格局的急剧变化，为避免被边缘化，东莞应摆脱依附性的经济结构，通过产业链的本地化锚固更多的优质企业；城市结构也应该从被动依赖港深的产业扩散，转变为主动谋划与香港、广州、深圳和惠州联通的网络化组团式城市结构，营造开放协同的区域格局。在粤港澳大湾区一体化时代，城市间的竞争逐渐转变为区域功能节点之间的竞争，城市节点之间将形成多层级网络结构（图13）。

图 12　两座跨海大桥开通前（a）、后（b）的广州、深圳交通等时圈

资料来源：作者自绘

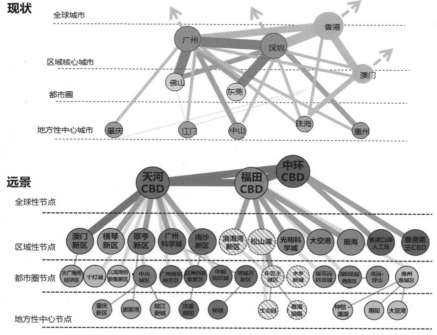

图 13　从城市竞争到节点竞争

资料来源：作者自绘

　　战略规划确定了南借、北接、东合、西融的发展战略，主动构筑多条垂直于穗港走廊的东西向发展轴，将东莞放入穗港深惠的网络格局，并在搭建网络中主动"结节"（图14），主动打造更多像松山湖那样具有区域价值的"城市功能节点"以致胜湾区。

　　南借深圳：南部全面对接自深圳中心城区北进的三条城市产业扩散轴，继续赋能优势产业：①重点推动松山湖—大岭山—大朗—黄江片区与深圳光明新区共建湾区"巍峨岭科学城"，打造国家级科学中心；②将东南临深的"樟木头—塘厦—凤岗—清溪"四镇整合提升，进一步融入深圳、寻求更高分工的功能板块。

　　北接广州：改变单纯依赖港深的"核心—边缘"轴向，发展动力自南向北递减的"通廊"模式。主动寻求更多与广州合作的资源与区域机会，连接广州"东进轴"的黄埔开发区、增城开发区，勾连"南拓轴"的大学城、创新城、广州新城、南沙片区，把握发展服务业和科创的重大机会空间。

　　东合惠州：①在"东江台地"（埔田区），借力松山湖整合大岭山、大朗、寮步、东坑、横沥、茶山、石龙、石排和企石镇的工业园区；②以"松山湖—常平—大朗"为东部服务中心，重提东部工业园，打造从粤海银瓶合作区、常平东部、桥头西部到企石的"东部工业带"；③与惠州市的仲恺高新技术产业开发区共同打造"银瓶—潼湖高质量融合发展试验区"，共建"莞惠融合先导区"。

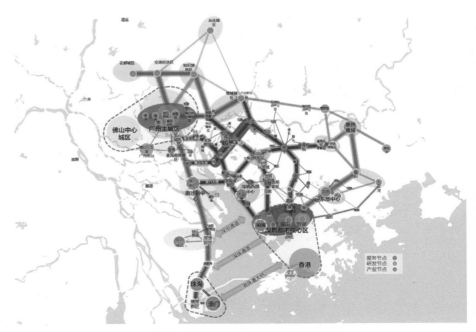

图14　东莞"湾区都市"区域结构解析

资料来源：作者自绘

西融湾区：①将"东江三角洲"（围田区）——水乡片区建设为粤港澳大湾区的"东江大湿地"，打造为主题休闲娱乐、绿色发展示范区，注意跨江连接广州大学城、创新城，相继发展知识经济；②在和深圳西岸共处的"滨海平原"（沙咸田地区），摆脱被动分工情况，主动把滨海湾新区建设成东莞重新接入世界网络、面向世界的国际化高端现代服务业集聚区、高质量发展示范区。借力深圳机场、前海，西联南沙，构筑湾区核心节点。

5.3 辨析中心体系，优化市域空间结构

为响应"湾区都市"的目标，2016 年开始编制的新一轮《东莞城市总体规划（2020—2035）》（未批）提出构建"三心六片"的市域空间战略：将市域分为六大统筹片区，通过"三心一体"将中心城区、滨海湾和松山湖整合为强核（图 8）。并据此展开了一系列行政事务调整，已经形成了滨海湾、水乡和松山湖等片区的发展统筹和规划协调机构。

"三心一体"体现了东莞市域空间三个功能互补的区域节点共同承担"湾区都市"的远大抱负，在市域中心体系中的重要性不言而喻。但是在物理空间上，中心城区、滨海湾新区（虎门镇、长安镇）和松山湖（大岭山镇、大朗镇）围绕大岭山连绵近 100 千米，不可能是一个完整的城市建设区域，在功能上三者也各有任务。本次战略规划在承接既有规划基础上，因应新的发展战略目标，提出了"三心一体，一轴两极，三个副中心"的城市中心体系（图 15）。

（1）东莞城市主轴——顺应地铁 2 号线建成后城市空间结构的自然演化，打造东江南岸从厚街（会展中心）到南城、莞城、东城、石龙（火车站），北岸从万江、高埗、石碣到石龙，约 27 千米长的东莞城市主轴（图 16）。

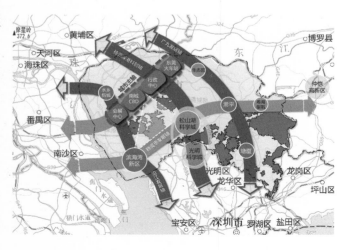

图 15　东莞"三心一体、一轴两级、三个副中心"结构解析
资料来源：作者自绘

图 16　东莞周末人群活动目的地聚集程度
资料来源：作者根据百度慧眼数据绘制

　　对比莲花山南部的深圳，经过近四十年的高速发展，沿深南大道从前海到罗湖的东西向城市主轴的距离也不过 30 千米（图 17）。东莞中心城区建设如果能够借力地铁 2 号线的推力、善用东江南支流开辟水上公交、加强平行于东莞大道的快速路建设，用 10~20 年时间，打造一个从厚街国际会展中心到石龙东莞（火车）站的"东莞城市主轴"应该是有可能的。

图 17　"花开两朵，各表一枝" —— 深圳、
东莞共情于莲花山脉
资料来源：作者自绘

（2）"松山湖"极——作为东莞的国家级高新技术开发区，松山湖已经有着清晰的发展定位，即与深圳光明新区共同打造国家级的"巍峨岭科学城"。因此，松山湖无论如何也不能成为一个一般意义上的城市中心组团，而应该是大湾区科技创新基地和东莞的高新技术产业区和生产组织中心。

（3）"滨海湾"极——作为东莞加入湾区核心区、参与环伶仃洋大都市区产业分工最重要的功能组团，其产业优势不如深圳机场经济区，空间资源不敌南沙，价格高过中山翠亨科学城。但是其区位的不可替代性是因为身后有东莞完善的产业链和近万亿 GDP 的支撑。因此，滨海湾应该成为东莞重新回归世界经济网络，对接世界的窗口。

（4）三个副中心，分别是水乡片区的水乡新城、东南临深片区的塘厦和东部地区的"常平—大朗"。

5.4　推动片区统筹，构筑区域竞争力

在分权竞争发展中形成的扁平化城镇体系格局下，东莞的基本公共服务设施勉强能够做到均等化，服务品质却维持在低水平的均衡，而高等级的公共设施却过于集中在中心城区，导致了与人口分布和需求的错配。东莞与其说是若干镇街的简单拼合不如说是一大批非农化村庄的集合（方远平，等，2009）。东莞不是一个"核心—边缘"的城市结构，也不是一个独立的"城镇群"，而是一个由 34 个镇街和园区共同构成的、镶嵌在穗深港走廊上的、开放的大城市连绵区（图 14）。

（1）要打破改革开放四十年以来所形成的利益格局锁定，推动市域产业结构的升级，实现经济的服务化和产业的创新化，市级政府必须优化市域治理模式，必须通过片区统筹摆脱半城市化的锁定，构筑区域竞争力。因应新的城市发展战略，东莞的片区划定可以略作调整，但是改革思路应该可以借鉴深圳行政区划优化的做法。

1979 年建立的"深圳经济特区"就是所谓深圳的"关内"。"关外"就是属于深圳市管辖而不属于深圳经济特区的区域，所以也称"特区内""特区外"。"关内"包括罗湖区、福田区、南山区、盐田区，"关外"包括宝安区、龙岗区。关内、关外社会经济差距一直很大。特区内外单位工业用地地均产值相差较大。特区内外的商业、公共服务和住房发展水平相差更大。隔离关内、关外的"二线关"的存在对深圳人而言，不仅是一些物理上的阻隔，还是心理的隔阂。

1996 版深圳城市总体规划将城市规划区拓展到全市域，确立了以特区为中心，以西、中、东三条放射发展轴为基本骨架，轴带结合、梯度推进的全市组团结构，适应了高速增长阶段城市空间拓展需求。为推动关内、关外一体化，深圳市创新

行政区划，通过在原行政区切块设立功能新区，统筹空间资源。2007 年在宝安区境内设立第一个功能新区"光明新区"；2009 年将原大工业区和原龙岗区坪山街道、坑梓街道，整合为坪山新区；2011 年在宝安和龙岗又新增两个功能新区，分别为"龙华新区"和"大鹏新区"。在功能新区发展到一定水平后，改设行政区：2016 年 10 月，国务院批复同意设立深圳市龙华区和坪山区；2018 年 9 月，又同意设立光明区。同时设立两个特别区：2016 年设立面向深港全面合作的前海特区；2011 年设立面向深（圳）汕（尾）市际合作以"飞地经济"模式发展的深汕特别合作区。

（2）由于长期的分权竞争发展模式，东莞大部分土地资源的配置权在农村集体经济组织手中，依赖集体建设用地推动"农村社区工业化"，导致了市域整体的"半城市化"。

目前东莞建设用地 178.9 万亩（1193 平方千米），占市域总面积的比重已达到 48.5%。未来东莞正面临从增量规划到存量规划的转型，东莞的空间发展已经从相对单纯的空间供给转向土地效益，依赖增量土地招商引资的发展模式已经难以为继。随着东莞空间发展由简单的用地扩张走向综合性的空间治理，规划的实施越来越依赖政策和体制机制的全域统筹。

近年来，市政府提出了"湾区都市、品质东莞"的目标，湾区都市就是要在空间架构上找到着力点，而品质东莞则涉及城市生态修复、和谐社会与经济结构的优化等，并以面对存量用地的"拓空间"战略作为抓手。但是，要在利益格局错综复杂的存量改造中取得成功，首先要有明确的城市发展战略共识，通过合理的分区统筹和强有力的规划管控，在保障既有利益的前提下通过增量利益诱导资本、农村集体和土地使用者按照城市发展战略方向重置利益格局（袁奇峰，等，2012）。整套的体制机制和政策设计在改造中至关重要：通过片区统筹、整村算账的方式，明确城乡利益边界，实现高品质基础设施与公共配套前提下的城市更新，让城市空间更加宜居、产业用地效率更高。

参考文献

[1]　GOTTMANN J. Magalopolis or the Urbanization of the Northeastern Seaboard[J]. Economic Geography, 1957, 33（3）: 121–132.

[2]　史育龙，周一星. 戈特曼关于大都市带的学术思想评介 [J]. 经济地理，1996（3）: 32–36.

[3]　郑艳婷，刘盛和，陈田. 试论半城市化现象及其特征——以广东省东莞市为例 [J]. 地理研究，2003（6）: 760–768.

[4]　MCGEE T G. The Extended Metropolis: Settlement Transition in Asia[M]. Honolulu: University of Hawaii Press, 1991.

[5]　WEBSTER D, MULLER L. Challenges of Peri-urbanization in the Lower Yangtze Region: The Case of the Hangzhou-Ningbo Corridor[J]. Working Paper, Asia/Pacific Research Center. Stanford, Stanford University, 2002.

[6]　RAKODI C. Review of the Poverty Relevance of the Peri-urban Interface Production System[R]. London: DFID Natural Resources Systems Research Program Department for International Development, 1998.

[7]　CHAMPION T, HUGO G. New Forms of Urbanization, Beyond the Urban Rural Dichotomy[M]. London: Ashgate Publishing Ltd, 2004.

[8]　MCGEE T G. Managing the Rural-urban Transformation in East Asia in the 21st Century[J]. Sustainability Science. 2008, 3（1）: 155–167.

[9]　ZHU J, HU T. Disordered Land-rent Competition in China's Periurbanization: Case Study of Beiqijia Township, Beijing[J]. Environment and Planning A, 2009（41）: 1629–1646.

[10] SUI D Z，ZENG H. Modeling the Dynamics of Landscape Structure in Asia's Emerging Desakota Regions：A Case Study in Shenzhen[J]. Landscape and Urban Planning，2001（1-4）：37-52.

[11] WEBSTER D. An Overdue Agenda：Systematizing East Asian Peri-urban Research[J]. Pacific Affairs，2011（4）：12.

[12] 田莉 . 我国半城市化地区土地利用的区域比较：时空模式与形成机制 [M]. 北京：中国建筑工业出版社，2015.

[13] 东莞市地方志编纂委员会 . 东莞市志（1979-2000）[M]. 广州：广东人民出版社，2013.

[14] 沈泽玮 . 世界工厂神话破灭：东莞转型牵动中国 [N]. 联合早报，2013-12-22.

[15] 界面新闻 . 东莞 40 年："世界工厂"的进与退 [EB/OL].（2018-07-16）. https：//baijiahao.baidu.com/s?id=1606103109492490245&wfr=spider&for=pc.

[16] 袁奇峰 . 改革开放的空间响应——广东城市发展 30 年 [M]. 广州：广东人民出版社，2008.

[17] 袁奇峰，杨廉，邱加盛，等 . 城乡统筹中的集体建设用地问题研究 [J]. 规划师，2009，25（4）：5-13.

[18] 杨廉，袁奇峰 . 基于村庄集体土地开发的农村城市化模式研究 [J]. 城市规划学刊，2012（6）：34-41.

[19] 东莞市统计局 . 2018 年东莞市国民经济和社会发展统计公报 [R/OL].（2019-05-31）. http：//www.dg.gov.cn/zjdz/dzgk/shjj/content/post_356522.html.

[20] 方远平，袁奇峰 . 基于休闲商务功能视角的 RBD 规划初探——以转型中的东莞市东城区为例 [J]. 规划师，2009，25（1）：53-58.

[21] 杨廉，袁奇峰，邱加盛，等 . 珠江三角洲"城中村"（旧村）改造难易度初探 [J]. 现代城市研究，2012，7（11）：25-31.

潘蒋张
蓉迪勤
 刚

张勤，中国城市规划学
会学术工作委员会副主
任委员、区域规划与城
市经济学术委员会副主
任委员，杭州市规划和
自然资源局副局长

蒋迪刚，杭州市城市规
划设计研究院规划师

潘蓉，杭州市城市规
划设计研究院副总规划
师、规划研究中心主任

筑牢底线，精控弹性，层级传导
—— 国土空间用途管制创新与探索

  党的十八届三中全会把"完善和发展中国特色社会主义制度，推进国家治理体系和治理能力现代化"作为全面深化改革的总目标。国家空间治理体系重构和治理能力现代化是其重要组成。国土空间总体规划是推进空间治理现代化的重要途径，亟需建立完善的体系和机制。过去几十年的快速城市化进程中，总体规划在综合部署安排城市的各类开发建设活动中发挥了重要的作用。当前，总体规划的改革要适应宏观发展形势，也要符合城市发展规律，通过创新实践持续发挥战略引领和刚性控制作用。

  规划科学是最大的效益，规划失误是最大的浪费，规划折腾是最大的忌讳，要善于运用底线思维的方法，凡事从坏处准备，努力争取最好的结果。这段话辩证地阐述了空间规划在调配空间资源中的统筹和约束作用。面向现代治理，现行空间总体规划统筹全域的战略引领和刚性控制能力有所不足，主要表现为三点。一是缺乏基于资源环境承载力发展底线的科学评估，全域刚性管控体系不健全。二是规划制度设计和调整的弹性赋予不足，适应变化的精准调控机制不健全。三是对应政府分级事权的规划编制和实施路径不明，全过程管理体制机制建设不到位。现行生态保护红线和城镇开发边界底线管控工具落实难，城镇空间扩张需求强烈、城镇郊区地带和农村地区管控薄弱、生态空间不断被侵占等问题依然突出。以全域用途管制制度建设为主要抓手，尝试创新国土空间总体规划面向现代治理适应性改革，对于探索未来大都市地区空间治理具有重要意义。

1　新时期对空间治理和空间规划的基本认识

1.1　空间规划演变与"多规合一"探索

空间规划在经历了不同阶段的改革发展，形成了以"分治"即"分部门、分层级、分阶段"为主要特征的空间规划体系，在实践中规划政策工具成了不同部门有力的博弈工具（张京祥，等，2019），政出多门、规划打架的情况屡见不鲜，大大降低了总体规划对调配城市空间资源的统筹能力。纵观空间规划演变历程，对"多规合一"的探索也从未停止（图 1），由计划经济时期过渡到"双轨制"和"增长主义"时期，权力下放催生了大量空间规划。而"多规"出现伊始，便已有部门开始进行"合一"的理念探索。"调控—刺激"反复期的诸多不确定因素，使得更多地区开始了自下而上的实践探索，却又停留在技术层面的合一。2012 年后治理体系重构下推动了"多规合一"的试点实践，形成了不同模式的"合一"创新（图 2），逐步从技术整合转向面向治理转型的体制机制重构。机构改革后空间治理体系全面重构，市级国土空间总体规划第一次实现了市级空间规划权限的统一，即市级层面由一个规划统领空间管控与引导职能，协调不同部门、不同层级政府的事权划分，建立清晰合理的治理逻辑和长治有效的管理机制，这是"多规合一"面向现代化治理的改革之道，也为建立全域统筹管理制度和全过程规划实施监管创造了必要条件。

图 1　空间规划和"多规合一"演变历程

资料来源：根据参考文献 [1] 改绘

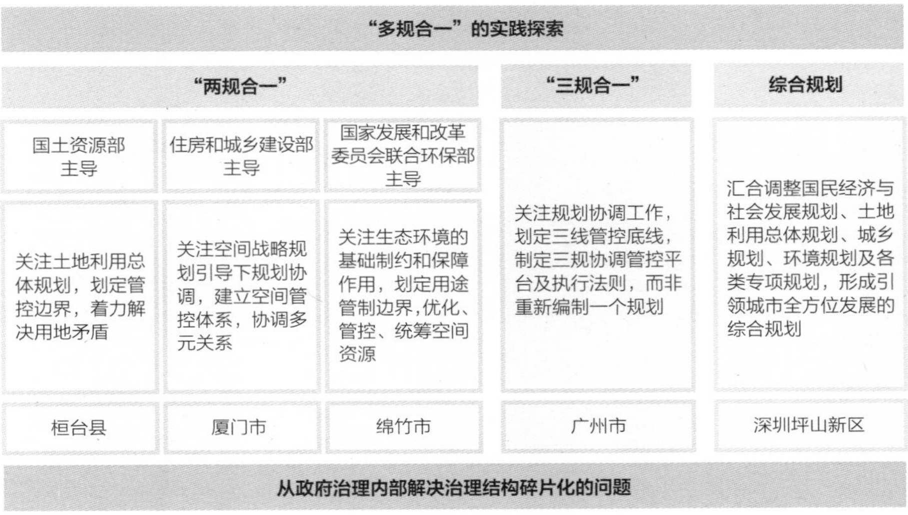

"多规合一"的实践探索				
"两规合一"			"三规合一"	综合规划
国土资源部主导	住房和城乡建设部主导	国家发展和改革委员会联合环保部主导	关注规划协调工作，划定三线管控底线，制定三规协调管控平台及执行法则，而非重新编制一个规划	汇合调整国民经济与社会发展规划、土地利用总体规划、城乡规划、环境规划及各类专项规划，形成引领城市全方位发展的综合规划
关注土地利用总体规划，划定管控边界，着力解决用地矛盾	关注空间战略规划引导下规划协调，建立空间管控体系，协调多元关系	关注生态环境的基础制约和保障作用，划定用途管制边界，优化、管控、统筹空间资源		
桓台县	厦门市	绵竹市	广州市	深圳坪山新区
从政府治理内部解决治理结构碎片化的问题				

图 2　不同模式的"多规合一"创新实践

1.2　空间治理与空间规划的重新审视

空间治理是将资源配置作为治理方式，对国土空间进行科学、高效、公平和可持续的利用，同时实现地区之间相对均衡的发展（刘卫东，2014）。由于空间是一切行为的载体，空间治理通过对国土空间要素进行控制和引导的一系列制度安排，直接或者间接地影响政府治理、市场治理和社会治理的结构和过程，使之全方位地体现出在优化国土空间开发格局、促进经济社会可持续发展的战略意图和价值取向（张兵，2019）。

十八届五中全会明确了建立由空间规划、用途管制、差异化绩效考核等构成的空间治理体系。"多规合一"的国土空间规划是改革的核心内容，是构建现代空间治理体系的基础。基于空间的尺度性和管理的多层级性，国土空间规划的全过程管理应当分层分级，针对原有多规矛盾，明晰层级政府事权、协同横向部门、协调多元主体，以覆盖全域的空间管制为重点，向上承接宏观战略意图，向下分级分类精准传导，实现空间规划体系的完整性和治理的有效性。针对落地实施难的痛点，建立全过程实施监测—评估—更新机制、面向高质量发展的弹性适应机制，更重要的，贯穿规划编制、审批、实施、监测、更新全过程的制度设计都应与层级政府事权协同，建立清晰的目标实现和评估考核机制，逐步形成一个整体性的空间治理新范式（图 3）。

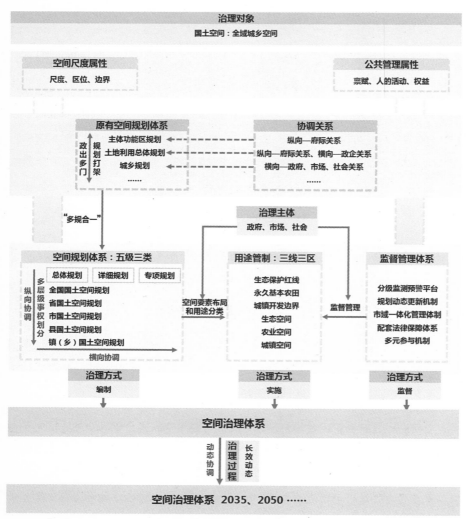

图 3　空间治理体系示意

2　面向现代治理的空间规划问题与反思

过去二十年是杭州城市化快速推进、城市空间规模急剧扩张的时期，总体规划预期与实际发展的不适应性，导致总体规划在对城市空间布局引领和刚性控制上的不足，尽管在规划管理和规划编制本身不断探索与完善，也始终陷于被动。

2.1　规划结构性控制与政策性引导缺乏全域层面统筹

过去总体规划按照"市域城镇体系 + 中心城市"的总体框架开展规划编制，表现为管控内涵和强度的差异，对中心城区的管控较细较实，对外围郊区地带和农村地区的管控较弱。就杭州市而言，对主城六区的管理限定至建设用地的结构、规模、类型、分布等，对萧山、余杭、富阳、临安四区的管理主要为城乡结构、建设用地总规模和城市开发边界等的管控，对外围桐庐、建德、淳安三县（市）仅从城镇规模、等级结构等提出指引，而对用地布局只提出原则引导，对于空间规划的关键性问题，诸如统筹市域空间资源配置、空间管制分区、底线管制、强制性内容管制等的战略指引缺失。空间规划的事权分级不清晰，赋予地方的自由裁量权过大，造成中心城区外围建设大量突破规划边界，根据总体规划实施评估报告，中心城区外围仅萧山、余杭两区突破达到百余平方千米，多为一些区域性基础设施建设，难以落实精细化管控的乡村旅游休闲、村民建房和工业企业等建设。

从实际发展来看，中心城区与外围郊区的边界在城市急剧扩张中不断重构，多中心组团化的城市空间意向结构，在实践中更多地表现为大都市区化的连绵发展。因此，对于杭州这样的大都市地区，未来的空间治理要面向全域统筹，体现空间治理的结构性控制和差异化政策制度设计，而非有无之分、主次之分。

2.2　规划应对发展不可见性和市场灵活性的弹性不足

总体规划对城市未来发展的战略引领较多反映在对土地使用的具体安排，现行缺乏层级体系和弹性预留下对土地使用规模刚性和功能用途的严控，是技术理性与实际发展脱离的主要矛盾，弱化了总体规划的权威性。

杭州市总体规划对中心城区的管理存在着"越位和缺位"的现象，具体表现在对主城六区的部分用地管控过于严格和对于周边四区的部分用地管控不能适应变化的发展需求。对于主城六区用地功能和布局的严控，一定程度上提高了总体规划面向实施管理的效率，但由于缺乏弹性制度的配套，适时适度调整用地的灵活度不够，掣肘了旧城有机更新和新兴业态的用地开发。对于周边四区，缺乏针对变化的发展形势的适应性和弹性更新机制，减弱了总体规划刚性管控和结构性引导效能。

面对复杂变迁的发展形势，在深化要素市场化配置改革的背景下，空间规划的制度安排应做到放活与管好有机结合，在符合空间规划和用途管制要求前提下，通过规划弹性制度设计和建立动态维护更新机制，降低规划实施成本，同时提升监管和服务能力，以此确保总体规划实施的持续有效。

2.3　规划实施缺乏与事权匹配的传导体系与监管机制

总体规划应当是城市发展蓝图和实施行动的统一，分阶段规划目标的实现需对应相应的规划实施领域、主体和政策安排，这就要求不论是规划编制成果，还是规划实施过程都需要建立与事权的对应联系。

杭州现行总体规划一则编制成果缺乏与事权的对应，如体现总体规划公共价值导向的强制性内容的管控，在实施中同样需要规划体系的整体传导，而实际上无论认识层面还是操作层面，都在试图直接实现总体规划对微观层面的实施指导，甚至于规划监督执法也过度依赖总体规划。二则规划实施缺乏与事权对应的传导机制，目前已建立起基本完备的分级规划体系，在总体规划之下编制分区规划和专项规划，详细规划已基本实现控规单元全覆盖，并按照"单元—街区—地块"三个层次建立管控体系，在非集中建设地区开展了郊野单元规划试点。但仍存在总体规划传导不顺的问题，未形成从市级到分区、再到控规的传导与兼容性原则，造成层次不清晰、实施内容繁杂或缺位、总体规划作为上位规划和编制依据的作用发挥不足等问题。三则管理体制不顺导致实施监管的缺位，杭州主城六区规划分局属于市局的内设机构，由市局统一管理；萧山、余杭、富阳、临安四区规划分局属于市局的派出机构，具备相对独立的规划管理权限；桐庐、建德、淳安规划管理机构与市局保持互相独立的关系，市局仅提供业务指导。在未建立全市域一体化管理体制机制的情况下，势必增加总体规划实施传导和监管的难度，导致总体规划对周边区、县（市）空间资源开发利用管控力度不足，总体表现为中心城区对总体规划的落实远高于外围地区。

总体规划要作为城市多主体共同的行动纲领，最关键的是要指明各类主体按照总体规划的要求需要坚持什么立场、需要具体做什么和怎么做。因此，重点梳理清晰与事权匹配的规划实施主体的职责和任务尤为关键，分层分类的传导体系将是行之有效的实施手段。

3　治理导向统筹规划的理论架构

空间规划要面向统筹管理和过程治理。首先，要形成底线思维和战略思维的统合，要基于"一张底图、一个平台"充分研究认识自然规律和社会经济发展规律，以此形成结构性管控的战略部署，并守牢生态底线、环境底线、粮食安全底线、城市安全底线。其次，要形成以人民为中心和高质量发展理念的统合，《生态文明体制改革总体方案》明确"构建以空间规划为基础、以用途管制为主要手段的国土空间开发保护制度"，解决的是因无序开发、过度开发、分散开发导致的优质耕地和生态空间占用过多、生态破坏、环境污染等问题，是对可持续发展的价值重构、对高质量发展的全新定义，通过用途管制统一规则、凝聚共识，通过弹性机制精准要素供给、提质增效。再者，要形成全方位协调和分级管理的统合，基于国土空间尺度和公共管理属性的多层级性，变革性的制度设计要面向政府、市场、社

图 4   统筹规划下的空间管制
       与实施传导体系示意

会多元主体，面向部门之间、层级之间，按照事权形成多层级的规划编制和实施
传导体系。最后，要形成全过程治理和动态适应的统合，建立对应分级事权的规
划批后监管机制是保障规划实施的关键，是统盘城市整体发展利益和地方发展诉
求的保障，同时建立应对城市发展复杂性和不确定性的规划动态纠错和更新机制，
是规划战略性、权威性和可操作性的重要保障（图 4）。

4   治理导向统筹规划的创新实践

4.1   夯实空间治理基础：统一底图与规律遵循

空间治理要面向长远有效的基础是统一多元主体的行为准则，国土空间具有
物理空间固定的基本属性，基于国土空间"一张底图"的规划编制、决策部署和
各项应用，是形成共同行动纲领的最基本依据和保障。杭州探索了科学有效的国
土空间"一张底图"建设，以第三次全国国土调查成果作为底层，运用系统集成
的理念，结合基础测绘和地理国情监测成果，集成"空间基础数据 + 经济社会数
据 + 专项调查数据 + 大数据"形成的数据体系（图 5），形成坐标一致、边界吻合、
属性多元的"一张底图"，为科学把握自然和经济社会发展规律、信息共享建立基础，
为现阶段国土空间现状评估、各项应用和面向长远空间治理的基础信息平台建设

图 5　基于空间本底的"一张底图"数据体系集成思路

提供支撑。同时作为数字之城，杭州探索利用"城市大脑"等智慧城市数字平台，监测收集集成难以统计的特征数据、消费数据、行为数据等，为合理配置公共资源、科学决策、提高治理效能等提供精准支撑。

4.2　聚焦空间治理重点：管制分区与分级传导

4.2.1　构建覆盖全域空间的用途"准入—转用—兼容"管制制度

杭州市探索建立了"三线五区"用途管制体系，通过在市域层面划定生态保护红线、永久基本农田保护线、城镇开发边界三条控制线以及划分生态保护红线区、一般生态保护区、永久基本农田集中区、农林乡村区、城镇发展区五大基本用途分区，实现统筹布局生态、农业、城镇三类空间，根据三类空间管控重点与目标的差异，建立差异化的空间管制规则，其中生态地区重点探索空间准入制度、农林乡村地区重点探索用途转用制度、城镇集中建设地区重点探索用途兼容制度。其目的是在明晰保护与开发总体价值导向下，区分不同功能主导的政策分区管控制度设计兼顾"刚性"和"弹性"的边界与合理性，直面解决现阶段生态空间管控缺位、农林乡村地区管控不到位、城镇集中建设地区管控缺乏弹性机制等问题，通过系统重构提升空间治理准心和效能。

生态地区采取用途准入管制制度。对不同层级的生态空间采取不同的管制手段（表 1），生态保护红线区与生态保护红线空间边界一致，是构筑区域生态安全格局的核心区域，实行最严格的准入制度，严禁任何不符合主体功能定位的开发活动，保障自然生态系统功能持续稳定发挥，不断改善退化的生态系统功能。其中核心保护区禁止人为活动；一般控制区仅允许对生态功能不造成破坏的有限人为活动，包括符合国家战略需要的重大项目、地质勘察、灾害防治、科学研究、文物保护，符合民生保障需要的必要种植、基础设施、适度旅游，符合生态保护需要的生态修复活动。一般生态保护区作为生态保护红线的备用地区，是开展生态修复的重点地区，在不降低生态功能、不破坏生态系统的前提下，允许发展适量的生态农业、生态旅游、生态文化休闲等功能，并结合发展需求和时序安排优化功能准入，建立退出机制。

生态地区空间准入制度　　表1

生态空间		管制规则	管制方式
生态保护红线区	核心保护区	禁止人为活动	刚性管控名录管理
	一般控制区	严格禁止开发性、生产性建设活动，在符合现行法律法规前提下，除国家重大战略项目外，仅允许对生态功能不造成破坏的有限人为活动	刚性管控名录管理
一般生态保护区		允许生态保护红线区内一般控制区的各类活动；在不降低生态功能、不破坏生态系统的前提下，允许发展适量的生态农业、生态旅游、生态文化休闲等功能，并结合发展需求和时序安排优化功能准入，建立退出机制	名录管理指标管理

　　农林乡村地区采取用途转用管制制度。农林乡村地区是落实乡村振兴战略的重要载体，应以促进农业和乡村特色产业发展、改善农民生产生活质量为管制目标，按照"用途转用＋约束指标"的管控方式，统筹协调区内生态保护、村庄建设、农林业以及农村新业态的发展。探索建立建设用地、耕地、园地、林地、水域湿地等各类资源要素的约束性转用规则（表2），严格控制林地、湿地、水域等自然资源和耕地的用途转用，在不造成生态影响、保障粮食安全的基础上，允许开展为改善农村人居环境、提供公共服务和保障民生而进行的村庄建设和整治，农业和乡村特色产业发展及其配套设施建设，交通、能源、水利等区域性基础设施廊道，军事、殡葬、综合防灾、矿产资源等特殊建设项目，严禁集中连片的城镇开发建设，以引导合理布局和有序发展。永久基本农田集中区内针对不破坏或促进粮食生产的有限人为活动建立正面清单，同时通过采用用途转用制度对集中区内建设用地之间的转换加以限制，做到从严管控非农建设占用永久基本农田。

农林乡村区用途转用规则　　表2

拟转用途＼现用途		农林用地				自然保护与保留用地		建设用地				
		耕地	园地	林地	其他农用地	湿地	水域	居住用地	工矿用地	旅游用地	交通市政用地	其他建设用地
农林用地	耕地	/	1	1	2	3	3	3	3	3	3	3
	园地	4	/	4	4	4	4	5	5	5	5	5
	林地	6	6	/	6	6	6	7	7	7	7	7
	其他农用地	8	8	8	/	8	8	9	9	9	9	9
自然保护与保留用地	湿地	×	×	×	×	/	×	×	×	×	×	×
	水域	10	10	10	10	10	/	10	10	10	10	10

续表

拟转用途 / 现用途		农林用地				自然保护与保留用地		建设用地				
		耕地	园地	林地	其他农用地	湿地	水域	居住用地	工矿用地	旅游用地	交通市政用地	其他建设用地
建设用地	居住用地	11	11	11	11	11	11	/	13	14	12	14
	工矿用地	11	11	11	11	11	11	12	/	14	12	14
						……						

注：表中 × 表示不允许转用，▨ 表示较难转换：

1. 对生态造成影响的耕地可转为园地、林地等农林用地和湿地、水域等自然保护与保留用地。

2. 在保障粮食安全、不造成生态影响的情况下，耕地可转为其他农用地，如耕地可转为设施农用地，但需遵守《自然资源部　农业农村部关于设施农业用地管理有关问题的通知》中的管理规定。

3. 严格控制耕地转为建设用地，在不影响粮食安全、不造成生态影响、保障民生需求和国家、省市级等要求的情况下，允许转用。

……

城镇发展地区采用土地用途兼容制度。城镇开发边界内按照城镇集中建设区、城镇弹性发展区和特别用途区进行分类管理。在制度设计上，特别用途区原则上禁止任何城镇集中建设行为,实施建设用地总量控制,采用"详细规划＋规划许可"的方式进行管控，同时明确可准入的项目类型，区内涉及的山体、水体、保护地应分别纳入山体、水体、保护地名录进行专项管理。在对生态、人文环境不产生破坏的前提下，特别用途区可适度开展休闲、科研、教育等相关活动（表3），为城镇居民提供生态、人文景观服务。

特别用途区土地用途兼容制度　　　　　　　　表 3

	特别用途区功能规划分类					
	风景名胜区类	山体类	水体湿地类	景观廊道类	交通廊道类	重大基础设施廊道类
设施农用地	▲	▲	▲	×	▲	▲
居住用地	▲	▲	▲	×	×	×
公共设施用地	▲	▲	▲	▲	×	×
工业用地	×	×	×	×	▲	▲
仓储用地	×	×	×	×	√	▲
城镇村道路用地	√	√	√	▲	√	√
城市轨道交通用地	▲	▲①	▲①	▲	√	√
交通枢纽用地	▲	×	×	×	√	√
交通场站用地	√	√	√	√	√	×
公用设施用地	▲	▲	▲	▲	▲	▲

续表

	特别用途区功能规划分类					
	风景名胜区类	山体类	水体湿地类	景观廊道类	交通廊道类	重大基础设施廊道类
绿地与广场用地	√	√	√	√	▲	×
铁路用地	×	×	×	×	√	√
	······					
有条件兼容的必要说明	①：轨道线穿越特别用途区需进行相关技术论证、符合相关规划要求。②：公路用地不得大面积占用山体		①：轨道线穿越特别用途区需进行相关技术论证、符合相关规划要求。②：公路用地不得直接穿越水体、湿地		—	—

注：√为可兼容，×为不可兼容，▲为有条件兼容。

对集中建设区的刚性管控，在划定的九类主导功能分区的基础上，确保各区严格按照国土空间总体规划控制建设用地规模，采用土地用途兼容制度适当增加管控弹性（表 4）。在保证各功能区主导功能下，有条件兼容并控制其他不影响主导功能的用地类型比例，同时叠加管控政策线如城市绿线、蓝线等，做到刚性与弹性相结合。在规则制定上，针对已建区更新中需充分体现公共利益，对居住生活区、商业商务区、综合服务区内绿地与广场用地占比下限严格把控，保证城区空间人居环境的品质，居民能够享有足够的城市开放空间；绿地休闲区内严格限制居住用地、公共设施用地占比，防止市场化行为导致绿色空间被侵占。针对目前城市面临产业升级和功能置换等问题，工业物流区在保证工业用地占比占主导的情况下，允许兼容一定比例以内的公共设施用地、居住用地等。

集中建设区土地用途兼容制度　　　　　　表 4

兼容土地用途类型		城市功能规划分区						
		居住生活区	商业商务区	工业物流区	综合服务区	绿地休闲区	交通枢纽区	公用设施集中区
建设用地一级分类	居住用地	≥ 50%	≤ 30%	≤ 20%	≤ 20%	≤ 20%	×	×
	公共设施用地	①，≤ 15%	≥ 40%	≤ 10%	≥ 40%	≤ 5%	×	×
	工业用地	×	×	≥ 40%	×	×	×	×
	仓储用地	×	×	≤ 35%	×	×	×	×
	道路与交通设施用地	②，≤ 15%	②，≤ 15%	≤ 25%	②，≤ 15%	②，≤ 5%	≥ 30%	≤ 10%
	公用设施用地	③，≤ 5%	③，≤ 5%	≤ 20%	③，≤ 5%	③，≤ 5%	③，≤ 5%	≥ 70%

续表

兼容土地用途类型		城市功能规划分区						
		居住生活区	商业商务区	工业物流区	综合服务区	绿地休闲区	交通枢纽区	公用设施集中区
建设用地一级分类	绿地与广场用地	≥ 25%	≥ 25%	≥ 15%	≥ 25%	≥ 75%	≥ 5%	≥ 5%
	……							

1. 土地用途兼容类型：按照国土空间规划用途一级分类对城市功能规划分区进行土地用途管控，×表示禁止进入。

2. 土地用途兼容条件：①表示不存在干扰、污染和安全隐患的医疗、教育等公共设施允许兼容；②表示不存在干扰、污染和安全隐患的停车场站等交通设施允许兼容；③表示不存在干扰、污染和安全隐患的通信、供电等公用设施允许兼容。

3. 土地用途兼容控制指标：≤ X% 表示准入土地用地面积占比上限；≥ X% 表示准入土地用地面积占比下限。

4.2.2　构建对应分级事权的规划实施传导体系

总体规划实施体现的是各级政府的事权，由于其内容的全局性、战略性、复杂性的特点，实施传导更多体现总体价值和管控宗旨的传导，并非"一竿子打到底"或是面面俱到什么都管，如此只会流于形式而什么都管不好。杭州探索构建了市级—片区级—单元级的实施传导体系，市级层面侧重统筹协调全域全要素，对城市发展的战略方向、目标定位、总体布局等进行把控，因此以结构管控、边界管控为主；片区级层面对上衔接市级国土空间规划，向下引导单元级规划的编制实施，因此主要细化深化市级规划的管控要求和手段；单元级规划面向实施，以控制性详细规划、村庄规划、生态等各类创新型单元规划为抓手，在管控上更多体现面向实施的精准性（图6）。在具体制度设计中，控制指标成为不同层级的空间规划相互衔接的重要纽带，而基于特定空间的控制体现了实施的精准。如城市集中建设地区对于绿地系统的实施传导，市级总体规划管控结构性绿地和绿地休闲主导功能区布局，片区层面细化绿地休闲区内绿地占比控制和布局引导，单元层面落实具体位置和指标要求。又如永久基本农田（以下简称永农）管理，市级总体规划划定永久基本农田集中区，明确整体布局、规模和管制要求，片区级根据管控指标要求结合实际情况划定永久基本农田保护线，单元层面具体落实保护要求。再如一般生态地区管控，市级总体规划划定边界，制定准入和指标控制要求，片区级细化落实边界和正负面清单、制定管理名录，单元层面落实具体管控要求。

4.3　完善空间治理保障：长效管理与机制创新

4.3.1　治理有效：建立分级监测预警平台

以保障规划实施为重点，杭州市探索了与规划分级传导体系相对应的实施监

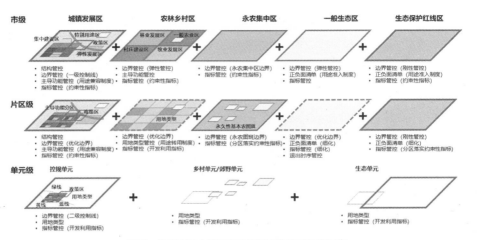

图 6　杭州市国土空间总体规划实施传导体系示意

图 7　杭州市国土空间规划实施监测体系

测机制，建立市域—片区—单元规划分级实施监测平台（图 7）。各级政府作为规划实施和监测主体，对下层级政府和相关部门实施规划进行监管，规划实施监测内容与所在层级政府事权相对应，整体形成"橄榄型"的监测体系，国家、省级层面重垂直的刚性管控，乡镇重面向项目型的具体实施，市级、区级的管理相对宽泛。国家、省级重点监测刚性管控和跨域协调的内容，包括城市总体定位、规模、三线、跨区重大基础设施等。市级重点监测发展战略、"三线五区"、主导功能、公共服务设施、基础设施、绿地等与城市战略和民生相关的内容，避免过度刚性和弹性导致规划管控引导失效。区级重点对规划用地落实和各类指标进行监测，如相关项目用地边界坐标、项目类型、指标等。监测实行"定期体检 + 定期评估"方式，包括过程监测和结果监测，同时建立风险预警机制和限期整改机制，以辅助决策和保障规划实施。

4.3.2　治理科学：建立规划动态更新机制

由于城市发展存在不确定性，诸如疫情、地质灾害等突发事件、重大发展性事件等，可能导致国土空间规划实施的预期目标和手段的不适应性，则需要对规划进行动态维护，建立规划动态更新机制，保证规划更加科学有效地实施。同时，在保证空间规划战略控制和用途管制的前提下，为更大地释放市场的活力，弹性制度的设计本身也需要适应性调整，以提升规划服务效能，促进更高质量发展，使得规划常用常新、行之有效。

4.3.3　治理民主：建立多元主体参与机制

空间治理是协同不同层级、不同部门、不同主体的过程。作为空间治理的参与主体，政府、市场、社会具有不同的利益诉求。因此，在技术基础上、法律框架内，完善全过程多元主体参与机制，提升规划编制的公平性、规划实施监管的公正性，使得空间利益面向多元主体的最大化，以形成共治共享的国土空间治理新格局。

5　结语

空间治理体系改革面向空间治理层面的系统性问题，诸如全域统筹管控下的空间保护与开发调优、市场决定资源配置下的空间规划弹性、面向空间规划管控有效的全过程实施监督机制建设等，从根本上解决这些问题是空间管理体制改革和总体规划制度性变革的出发点。本文以分级事权下的总体规划编制和实施传导为切口，以探索建立全域空间管制制度为重点，在审视杭州市现行总体规划编制和实施管理的基础上，提出了面向现代治理的统筹规划整体架构，围绕空间治理的基础、重点和保障三个层次，重点探讨了城镇、乡村和生态地区差异化的空间管制制度设计，提出了与事权匹配的实施传导和监测更新机制，以充分发挥规划的统筹引领和刚性管控作用，提升综合治理和长效治理效能，以期为类似大城市空间治理改革提供思路参考，后续管理和制度的精细化仍需在实践中不断探索完善。

参考文献

[1] 张京祥，夏天慈. 治理现代化目标下国家空间规划体系的变迁与重构 [J]. 自然资源学报，2019，34（10）：2040-2050.

[2] 刘卫东. 经济地理学与空间治理 [J]. 地理学报，2014，69（8）：1109-1116.

[3] 张兵. 国家空间治理与空间规划 [M]// 中国城市规划学会学术工作委员会. 理性规划. 北京：中国建筑工业出版社，2017.

[4] 中共中央国务院. 生态文明体制改革总体方案 [Z]. 2015.

[5] 杭州市城市总体规划实施评估 [Z]. 2018.

[6] 现代治理体系下杭州总规实施机制研究 [Z]. 2019.

张京祥，中国城市规划学会常务理事、学术工作委员会委员，南京大学建筑与城市规划学院教授

杨洁莹，南京大学建筑与城市规划学院博士研究生

杨洁莹

张京祥

市场资本驱动下的乡村治理应对
—— 江西省婺源县篁岭村的实证研究

1 引言

我国城乡关系长期置于"城市目标导向"的逻辑框架中，乡村发展处于生产要素净流出的弱势境况。乡村三大传统要素（劳动力、资金、土地）的长期单向流出（温铁军，杨殿闯，2010），使城乡发展失衡，城乡差距不断加大，乡村的衰败成为城市发展的负面代价（赵晨，2013）。党的十九大报告中提出乡村振兴战略，高度重视"三农"问题。然而，由于中国基层政府财力紧缺、村民资金匮乏、基层治理弱化等现实原因（杨华，王会，2011），单纯依靠村集体或村民力量很难实现乡村振兴。在此背景下，吸引外部市场资本进入乡村，发展乡村旅游，是新常态下乡村经济发展新的增长点（黄震方，等，2015），也是缩小城乡差距的重要手段之一（马勇，等，2007）。

由于市场资本具有双面性，针对外来资本进入乡村发展乡村旅游，支持者认为精英阶层通过对乡村发展的干预，利用自身社会网络资源提高乡村品质和知名度（何慧丽，等，2014；渠岩，2013），有利于活化乡村物质空间，村落建筑得以修缮和改造，乡村物质景观得到改变和重构（张娟，王茂军，2017）。资本下乡提高了乡村消费供给，有利于改善村民家庭环境、提高村民自豪感和素质（Nilsson，2002）、改变村民传统观念（Chen，2017）、增加村民收入（Long，等，2016）、改善乡村贫困和环境破坏等问题（Chaudhuri，Banerjee，2010），是市场资本与村民的双赢（杨水根，2014）。而持反对态度的学者则认为，资本下乡发展旅游是以对村庄空间侵占为目标，村庄民宿改造的本质是营造乡村消费空间（张京祥，邓化媛，2009；张京祥，姜克芳，2016），资本下乡使村庄用地具有了资本

属性（魏开，等，2012），一定程度上是为非农盈利项目做铺垫（焦长权，周飞舟，2016；王海娟，2015）。市场资本下乡后，基层政府和市场资本形成联盟，分享项目利润和土地增值利润（张良，2016）。基层组织成为资本的代理人，承担雇工管理、租金发放、土地流转等任务（冯小，2014）。村民的合法权益在权利博弈中受损严重，实质权利难以得到足够的保障（曾博，2018）。基层政权的民意基础遭到削弱，治理资源利用趋向内卷化，故认为市场资本下乡不利于乡村振兴。

总体而言，关于资本下乡的争论，在于是否保障了村民的利益，实现了以村民为主体的乡村善治。不少研究关注了政府、非政府组织、市场和村民之间的治理关系，有学者指出了政府与市场之间存在的强强联盟的合作模式，以及村民应对联盟的自发抗争，但忽略了非正式组织在其中的协调作用。也有学者关注了市场运作下非正式组织的协调作用，但是常常忽视了政府的制度安排在其中的作用。在公共治理领域盛行的"法团主义"理论，强调国家与社会关系间的一种制度安排，是以政府为主导通过非正式组织将社会不同主体进行有序集中，实现对市场和社会的干预和协调，从而达到多方共赢、维护社会团体效益的目的。这能够适用于分析我国乡村振兴战略下，政府引导市场资本介入乡村后的治理关系。文章以江西省婺源县篁岭村为典型案例，基于法团主义理论视角，研究其内在的治理关系，进而探讨如何善用资本，为乡村振兴提供治理新模式。

2　相关研究综述

学术界一直重视资本下乡对乡村治理的影响研究，不少学者指出由于基层政府的显性政绩导向，其倾向于与下乡资本结盟，侵蚀弱势群体以获得更大利益。具有双重身份的村干部在政府和村民之间难以同时兼顾双方利益，或采用"欺上瞒下"的做法（李云新，王晓璇，2015），或成为协助政府管理村民的代理人，基层政权的民意基础遭到削弱（张良，2016），村庄治理公共性面临解体风险（安永军，2018）。被动处于治理弱势角色的村民，往往采取"规则维权"和"日常抗争"两种理性抗争模式（李云新，王晓璇，2015）。此观点侧重于政府和资本的联盟以及村民的"反抗"，但忽略了非正式组织在其中的协调作用。

不少学者关注到资本下乡过程中非正式组织的协调作用。他们指出村社组织是企业和村民之间的中介，在资本下乡中处于了主要地位。如村社组织利用自身权威构建了企业和村民之间缔结契约的信任基础，通过压缩资本盈利空间和运行界限来保障村民利益（陈靖，2013），促进实现了土地流转低成本交易，同时保证了契约合同、制度安排的有效性（曾博，2018）。此外，乡村精英凭借社会网络资源以及经济资本的优势，更敏锐察觉乡土人情关系和共容利益，在资本下乡中抓住投资机遇以及政治同盟机会，通过其在乡村关系网络中的核心位置，协调土地流转后的雇工关系、制定更合理的利益分配制度，以协调企业、村民和政府等多方利益关系（李云新，阮皓雅，2018）。这些侧重于非正式组织对相关治理主体间的利益协调作用，但忽略了政府制度决策安排的协调作用。

目前，针对资本下乡后的乡村治理格局的研究，还较少将政府、非正式组织、市场、村民主体和政策制度因素全部联系起来，从国家—社会的整体视角来观察资本下乡后的治理格局，以及政府—市场—社会之间的互动反馈机制。

3　法团主义分析视角的可行性和分析框架

法团主义又称统合主义，是解释国家与社会关系的经典理论之一。施密特将其定义为国家机关与社会关系的一种制度安排（Schmitter，Grote，1997），关注的核心问题是如何将社会不同利益以各方都同意的方式进入到国家体制中，这样的组合既代表了其成员的利益，又可以作为政府政策执行的一种手段而运行（Jessop，1990）。该理论有以下特征，一是关注国家与社会之间的关联，二是承认除了地方机构之外的非正式组织，三是将不同类型的治理主体包括在内，四是重视政策制度的协调作用。虽然法团主义起源于西方社会背景，但是从中国的现实情况来看，中国传统政治文化与法团主义有很多契合的地方，运用法团主义研究资本下乡后的乡村治理问题具有一定的现实性（翟羽，2011）。首先，中国拥有权威的政体。在中国的乡村治理中，国家和政府一直主导着乡村的发展，乡村有关社会矛盾的解决也离不开国家的强力影响。第二，中国拥有稳定的中介化组织。乡村中的"村两委"属于非正式的中介组织，其双重身份承担着连接国家和村民双重传达的作用。第三，政府政策制定是协调各主体的主要手段。在资本下乡中政府为了协调各主体，通常通过制度设定支持各利益主体间相互合作。

因此，基于法团主义的治理格局研究，主要包括以下部分：一是相关主体，如政府组织、市场资本和村民等；二是中介组织，如村委会和合作社；三是政策制度，主要指政府的具体决策和制度安排。

4　实证研究

4.1　案例区的基本情况

篁岭村隶属江西省婺源县，距婺源县城约39千米，至今已有近600年历史，是婺源具有独特风格的徽派古村落之一。受地形限制，村庄房屋建在一个陡坡上，房屋高低错落呈半环状分布。篁岭村周边有千亩梯田环绕，村前和后背山周围红豆杉、枫香、香樟等千棵古树簇拥，形成了该村独特的景观资源。村内可用地十分稀少，村民晒晾农作物只能使用竹簟晒在自家屋顶木架上，收获季节，房前屋后成了晒簟的世界，形成婺源特有的篁岭"晒秋"农俗特色景观。由于村庄交通不便、村民生活生产资料大部分都在山下、传统农耕生活难以满足村民对物质条件的追求，外出务工成为年轻村民的主要谋生出路，只有老人和小孩留守村庄。有条件的村民逐步外迁，部分闲置房屋因年久失修开始腐烂，有的甚至倒塌，整个村庄呈半空心化的萧条景象。

直到 2009 年婺源县乡村文化发展有限公司介入篁岭村，情况才开始有了转机。公司斥资 1200 万在山下新建安置新村（图 1），搬迁安置在住村民。篁岭古村景区建设过程中，公司按照 5A 景区标准投资 3 亿元进行深度开发和打造，收购散落民间的 20 多栋徽派古建筑在篁岭村进行异地保护，将 120 栋原址民居改造成精品度假酒店，打造了商业一条街。经过 10 年的持续建设，如今的篁岭村（图 2）已成为一个远近闻名的 4A 级景区，先后被评为"中国最美休闲乡村""最美中国符号"等。迁居山下的村民生产生活更加便捷，家家住新房，交通便利，小孩就近读书，供水供电等基础齐全，有条件的村民还开起了农家乐，做起了游客生意，村民生活水平显著提高。

类似于篁岭村，近年来不少市场资本方希望参与乡村建设，政府一方面采用优惠政策吸引资本进入，另一方面通过制度设计对资本进行约束，以保证村民的权益，此外还积极利用中介组织协调减少社会矛盾。我国不少自然风光秀丽、文化底蕴深厚、旅游资源丰富的乡村正面临衰败，因此，本文以篁岭村作为实证案例，运用法团主义理论视角，深入探讨政府如何通过制度安排吸引市场资本进入乡村，非正式组织在其中作用，以及各主体间的治理关系，以期为探究资本下乡的乡村治理模式提供借鉴。

图 1　篁岭新村
资料来源：作者自摄

图 2　篁岭古村
资料来源：作者自摄

4.2 法团主义视角下的篁岭村治理格局解析

在资本下乡的驱动下，篁岭村的治理体系表现为图 3 所示的格局：

4.2.1 中介组织：协调经营权转让与土地流转

在资本入驻的初期阶段，村委会、合作社等中介组织积极介入，在政府、企业和村民中发挥了很好的协调作用。中国的村委会不仅是国家政权在乡村延伸的"准行政机构"，也是代表村民自下而上传达意见的机构，承担着政府与村民间协调的中介作用。在篁岭村的开发阶段，村委会不仅会采取常规的行政指令方式，而且会动用个人威望以及熟人关系的带头作用。非正式组织的介入，构建了村民与政府间洽谈的平台，在协助政府鼓励村民向山下搬迁，宣传"以房换房"的标准时，非正式的角色增加了操作性和弹性，使建筑经营权的转让以及搬迁工作顺利进行。

农村经济合作社是企业与村民共同组建的中介组织，它构建了村民和企业间的交流平台。合作社采取生态入股的方式，将村庄的水口林、古树等生态资源纳入股本。企业与村民通过合作社平台进行协调，逐步将农民的山林、果园、梯田等资源要素进行流转，统一打造古树群、梯田花海等景观。政府作为裁判员身份参与企业与村民之间的协商，最终促使双方以每亩 400 斤稻谷的市场价达成协议。

4.2.2 企业政策保障：明晰产权和配套旅游设施

国家对产权的"排他收益权利"有效性的保护，决定了政府在乡村中的主导地位（周其仁，2004），制度作为一种合法契约式的安排，保障企业的合法权益。在开发阶段，政府首先将宅基地进行征收，然后通过"招拍挂"的方式将集体用地转为国有用地，接着协助企业获取村建设用地，篁岭村建设用地现已经成为企业资产。此外，政府还支持企业采用老建筑"寄养"模式，将其他地方老建筑整体搬迁至篁岭村进行维护修缮，也支持通过收取老屋木构件，在村中进行新建。明晰的产权设置为企业整体运营景区提供了制度保障，解决了婺源县旅游开发 1.0 模式中的弊端❶。

在运行阶段，县政府为了缓解篁岭景区交通拥堵难题，提供了大量的人力、物力和财力。2017 年投资建设停车场；2018 年投入 1500 万扩宽修缮进入景区的道路，构建区域交通小循环，舒缓旅游旺季交通压力。2019 年 3 月的旅游旺季，周六周日所有交警和城管无偿进行交通疏导，镇党委书记会在交警指挥大厅进行调度，通过打电话方式对区段负责人进行车辆的放行，目的是保证景区的运行流畅。制度保障和人力支持，使得篁岭景区发展良好，2018 年篁岭景区旅游总收入突破 2 亿元，企业缴纳总税收 3000 多万，企业年利润超过 6000 万元，篁岭景区成为婺源旅游的新名片。

---

❶ 婺源景区开发"卖资源"阶段被称为"1.0 模式"。村落公共景观、村民私人住宅等注入旅游经济体系后，产生的复杂产权纠葛引发了企业和村民间的不和谐。

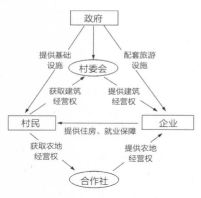

图 3　篁岭村治理格局模式图
资料来源：作者自绘

☐ 相关主体　　○ 中介体　　→ 制度保障

4.2.3　村民制度保障：附着在企业上的住房就业安排

在搬迁阶段，政府在住房安置、就业安排和资源使用费等方面制定了规章制度，用以约束企业行为，保障村民的居住、工作等权益。2009 年婺源县乡村文化发展有限公司投资 1200 万元，在篁岭村山下的交通公路旁建设了新的安置房，对村内 320 余名村民进行整体搬迁，户均住宅建设面积约 200 平方米。政府通过新农村建设、民政搬迁扶持、国土地质灾害整治等项目资金，解决了新村的公共基础设施配套问题，供水、供电、排污、硬化等均达到了新农村建设规范标准，村民居住水平和生活条件得到了极大的改善。

附着于企业开发上的社会协调责任将企业与村民联系起来，不仅实现了对村民的基本保障，也避免了企业行为完全背离村民利益。在开发阶段，公司需贯彻本地化原则聘用员工，按照"每户至少一人"的标准进行返聘，近些年，公司向村民发放工资年均每人超 3.5 万元。此外，景区在经营旅游时需要向拥有篁岭村户籍的村民支付使用当地公共资源（如祠堂、古树等）的费用，具体金额根据景区经营情况按议定的比例浮动，近几年数据大概为年人均 500 元。资本的入驻使得村民获取了现代住宅、租金收入和返聘工资等直接的收入来源，同时基于景区影响力的扩大，村民获得了许多外部性收益，例如向游客提供农家乐、租车服务等。篁岭新村 68 户居民，开设客栈、餐饮、便利店的农户有 39 家，年户均旅游收入约 10 万元；此外还有 8 户人家经营旅游载客摩托和载客面包车，年户均收入 5 万元。旅游开发以来，篁岭新村居民人均收入从旅游开发前的不足 3500 元提升到了 4 万元，户年均收入从 1.5 万元提升到了 12 万元，村民的生活条件与收入水平得到了显著的改善。

4.3　资本影响下的篁岭村治理绩效评价

在资本入驻的初期阶段，篁岭村形成了以政府为主导，村委会、合作社等中介组织积极协调的乡村治理模式，附着在企业上的社会责任制度的设定维护了村民的部分权益。然而，当企业完全获取了古村经营用地产权后，中介组织平台效能缺失，乡村治理模式发生了重构。政府的行为逻辑受制于企业，篁岭村逐渐呈现以市场逻辑为主导的发展模式，政府与市场角色的倒置，使政府权威性不断下降，村民权益难以得到保障。如旅游开发初期，企业承诺将门票收入的 6% 交给村集体，但是此承诺并未兑现。基于篁岭景区对婺源整体旅游带动的效益等原因，政府并未选择让企业按该标准支付，而是放弃此利润。

资本下乡后，篁岭村建设用地成为企业资产，村民脱离村发展与管理的主体角色，成为"局外人"，被排除在村庄发展风险共担的圈子外。一个没有风险共担的系统会慢慢积累不平衡（安永军，2018），虽然村民经济收入得到提高，但是相比于企业获益，两者之间差距悬殊，不少村民心理产生不平衡感，尤其是没有从旅游开发中获益的村民，感到日常生活被侵蚀，有明显的剥夺感。村民间贫富差距的拉大，也加速了传统社区关系的解体，不良社会现象与问题显现。

5　资本下乡背景中的乡村治理应对

通常情况下，资本在自身利益导向下会忽略其他弱势主体（如村民）的权益。基于市场资本下乡后的乡村善治目标，通过对国内案例的总结以及国外典型案例的借鉴，笔者认为，针对资本下乡，需要加强政府对乡村的全局掌控，通过中介组织的嵌入，构建政府与相关主体间的双向反馈模式，同时政府需要通过制度保障相关主体利益，维护合法权益。

5.1　加强政府的全局管控

乡村的发展离不开政府的主导，在资本下乡过程中，政府应强化对相关利益主体的协调，以社会利益最大化为总目标，积极掌握乡村发展全局，促进乡村可持续建设。如日本的乡村发展以政府为主导，在尊重地方特色的基础上，支持"一村一品"项目发展，因地制宜利用乡村资源推动乡村发展，培育具有地域色彩的乡村发展模式（沈费伟，刘祖云，2016），该项目通过地方政府将企业和村联系起来，构建企业、村庄共同体。德国巴伐利亚州政府针对村庄更新经验制定《土地整理法》，将乡村文化价值、休闲价值和生态价值与经济价值等同，用于指导村庄开发以实现村庄可持续发展。在资本下乡中，由于村民自身认知水平不足的现实状况，村民自下而上传达的反馈意见常表现为思考不够长远，在市场化背景下往往处于劣势地位。韩国政府在乡村中开展国民精神教育活动，提高乡村知识文化水平，创造性地让农民自己管理村庄和建设村庄。该乡村治理模式一方面塑造了良好的政府形象，另一方面，从本质上提高了农村不发达的核心问题，有助于使村民成为主动掌握村庄发展的主体。

5.2　中介组织协助政府构建双向反馈模式

中介组织的介入为政府与村民和企业之间构建了交流沟通的桥梁，在协调过程中，中介组织利用自身的弹性和灵活性特征，不仅能够吸纳对弈双方的观点，还能降低谈判成本，顺利完成谈判。有学者指出，没有中介组织的介入，乡村地区难以克服资本入驻后的市场失灵（Valentinov，Baum，2009）。通过积极运用中介组织，一方面能构建村民和政府的反馈格局，构建低交易成本的治理模式（陈靖，2013）；另一方面能保证对资本的监督，为村民和企业之间提供一个全新的对话平台，使冲突和矛盾有一个正常的化解渠道。日本的乡村振兴阶段，充分发挥中介组织农协的作用，积极吸纳村民通过参股方式加入农协组织，农协组织不仅能代表村民向上反馈意见，而且能自上而下传达消息，还担负着阻止市场资本对农民剥夺的责任（晁伟鹏，乐永海，2012）。意大利特伦蒂诺自治省构建了由利益主体组成的中介管理组织，此中介组织在乡村治理中负责使用制度经济方法参与决策，以克服社会经济障碍并协调各种利益主体。美国拉斯维加斯成立的"乡村治理与充权委员会"，以及加拿大纽布朗斯维克省成立的"地方服务地区"咨询委员会（类似我国的村委会），都是充分利用非正式的中介机构，构建了新乡村治理模式，用以缓解地方性冲突（王培刚，庞荣，2005），维护村民的利益。集体经济的落后，使得话语权逐渐消失，在资本下乡过程中，可通过壮大中介组织权威，如将建筑和用地产权交由村委会或合作社接管，收益由村委会等中介组织上收，然后进行分配。如此一来，村集体能在其中发挥重要的作用，并将村民意愿与村庄未来连接起来。

5.3　创新政策制度保障企业和村民权益

国家对产权的"排他收益权利"有效性的保护，决定了政府在乡村中的主导地位（周其仁，2004），制度作为一种合法契约式的安排，对企业和村民不仅是约束也是保障。企业的逐利性导向，往往忽略村民和村集体的利益。欧利文·谢尔顿提出的"企业社会责任"理论，主张把企业的社会责任与企业经营者满足社会需要的责任联系起来。乡村振兴的目标是社会效益最大化，政府可以通过制度安排，使企业担负一定的社会职责，使其能够更紧密地联系村民群众。日本的"一企一村"运动就是通过地方政府将企业和村庄联系起来，构建企业、村庄共同体。大多数日本企业家认为"只考虑追求利润而不实践企业的社会责任，将无法得到利益攸关方信赖，也将无望实现持久发展"。

　　塔勒布从经济学角度指出，只有主体成为风险收益的共担者，建立权利和责任相互平衡的机制，才能避免缺失"风险共担"造成的村民认识缺失和进化缓慢的现象。因此，需要警惕资本下乡成为新一轮的资本圈地活动（王京海，张京祥，2016），注重乡村发展中居民的参与。如英国注重居民愿望和规划思想的有效结合，将居民参与乡村的规划设计作为农村区域规划制定和实施的基本模式。加拿大政府 1998 年颁布的《加拿大农村协作伙伴计划》，通过定期举办农村会议、学习交流和在线讨论等活动，及时掌握村民想法，构建了政府与农村有效的对话平台；通过在欠发达的农村地区建立信息服务系统和电子政务网站，为村民提供信息咨询服务和专家指导意见（沈费伟，刘祖云，2016）。加拿大政府和农民的合作不仅有效提高了村民的认知水平和反馈意识，还极大地推动了乡村地区的发展和社会繁荣。日本 1946 年通过的《自耕农创设措施特别法案》和《农地调整法修改方案》中为了保障村民的耕作权，指出土地买卖和借贷需得到市町农地委员会的认可，法制化的管理，为市场和社会之间提供了制度基础。

6　结论与讨论

　　资本下乡进行乡村旅游开发不可避免会重构人地关系，以及改变传统的乡村治理格局。市场主体的介入为乡村发展提供了资金要素以及人力资源，解决了乡村发展的主要难题。法团主义理论视角的构建为分析资本下乡后的治理格局提供了新的思路，为了实现乡村善治目标，首先，政府应时刻以社会利益最大化为导向，主动对乡村进行全局掌控，避免与资本形成强强联盟，或被动受制于资本，而导致忽略弱势村民的利益；其次，政府需充分利用中介组织的灵活性特征，协调巩固各方主体的利益，积极接收利益主体的意见反馈，形成双向互动的反馈模式；第三，政府应发挥政策制度工具效益，通过制度将社会责任附着于企业上，维护村民的合法权益，同时也应制定合理的制度保障企业主体的合法权益；第四，政府应主动协助村民提高认知意识，可通过为村民提供学习平台和培训教学知识，使村民能够真正有能力参与到治理的博弈环境中。

　　目前，资本下乡进行旅游目的地打造的势头迅猛，催生了一批以追求利益为目标的乡村景区，村民利益受损、社会结构冲突等问题显现。乡村振兴的主要目的是在于让村民受益，旅游开发过程中，政府、市场、村民和中介组织是核心治理主体。如何维护政府对村庄发展方向控制权，减少资本越权行为？如何发挥中介组织效益，让其持续发挥作用？如何协调各方利益主体，构建以村民为主体的可持续治理模式？这些问题都值得学者们进一步深入探讨。

参考文献

[1]　Chaudhuri, S., Banerjee, D. FDI in agricultural land, welfare and unemployment in a developing economy[J]. Research in Economics, 2010, 64（4）: 229-239. doi: https: //doi.org/10.1016/j.rie.2010.05.002.

[2]　Chen, X. A phenomenological explication of guanxi in rural tourism management: A case study of a village in China[J]. Tourism Management, 2017, 63（3）: 383-394.

[3]　Jessop, B. State Theory: Putting Capitalist States in their Place[J]. Journal of Critical Realism, 1990, 16（3）, 165-169.

[4]　Long, H., Tu, S., Ge, D., Li, T., Liu, Y. The allocation and management of critical resources in rural China under restructuring: Problems and prospects[J]. Journal of Rural Studies, 2016, 47（47）: 392-412.

[5]　Nilsson, P. K. Staying on farms: An Ideological Background[J]. Annals of Tourism Research, 2002, 29（1）: 7-24.

[6]　Schmitter, P. C., Grote, J. R. The Corporatist Sisyphus: Past, Present and Future[J]. Papers.

[7]　Valentinov, V., Baum, S. The institutional economics of rural development: beyond market failure[J]. Journal of Central European Agriculture, 2009, 9（3）: 457-462.

[8]　安永军. 政权"悬浮"、小农经营体系解体与资本下乡——兼论资本下乡对村庄治理的影响 [J]. 南京农业大学学报（社会科学版）, 2018, 18（01）: 33-40+161.

[9]　曾博. 基于组织形态发展的工商资本下乡合作模式研究——兼论农户主体权益保障. 学习与探索, 2018（03）: 133-137.

[10]　晁伟鹏, 乐永海. 发达国家（地区）农业现代化进程中农户与市场对接模式比较 [J]. 资源开发与市场, 2012, 28（10）: 926-929.

[11]　陈靖. 村社理性: 资本下乡与村庄发展——基于皖北 T 镇两个村庄的对比 [J]. 中国农业大学学报（社会科学版）, 2013, 30（03）: 31-39.

[12]　冯小. 资本下乡的策略选择与资源动用——基于湖北省 S 镇土地流转的个案分析 [J]. 南京农业大学学报（社会科学版）, 2014, 14（01）: 36-42.

[13]　何慧丽, 程晓蕊, 宗世法. 当代新乡村建设运动的实践总结及反思——以开封 10 年经验为例 [J]. 开放时代, 2014（04）: 149-169+148-149.

[14]　黄震方, 陆林, 苏勤, 等. 新型城镇化背景下的乡村旅游发展——理论反思与困境突破 [J]. 地理研究, 2015, 34（08）: 1409-1421.

[15]　焦长权, 周飞舟. "资本下乡"与村庄的再造 [J]. 中国社会科学, 2016（01）: 100-116+205-206.

[16] 李云新，阮皓雅. 资本下乡与乡村精英再造 [J]. 华南农业大学学报（社会科学版），2018，17（05）：117-125.

[17] 李云新，王晓璇. 资本下乡中利益冲突的类型及发生机理研究 [J]. 中州学刊，2015（10）：43-48.

[18] 马勇，赵蕾，宋鸿，等. 中国乡村旅游发展路径及模式——以成都乡村旅游发展模式为例 [J]. 经济地理，2007（02）：336-339.

[19] 渠岩. "归去来兮"——艺术推动村落复兴与"许村计划" [J]. 建筑学报，2013（12）：22-26.

[20] 沈费伟，刘祖云. 发达国家乡村治理的典型模式与经验借鉴 [J]. 农业经济问题，2016，37（09）：93-102+112.

[21] 王海娟. 资本下乡的政治逻辑与治理逻辑 [J]. 西南大学学报（社会科学版），2015，41（04）：47-54.

[22] 王京海，张京祥. 资本驱动下乡村复兴的反思与模式建构——基于济南市唐王镇两个典型村庄的比较 [J]. 国际城市规划，2016，31（05）：121-127.

[23] 王培刚，庞荣. 国际乡村治理模式视野下的中国乡村治理问题研究 [J]. 中国软科学，2005（06）：19-24.

[24] 魏开，许学强，魏立华. 乡村空间转换中的土地利用变化研究——以滘中村为例 [J]. 经济地理，2012，32（06）：114-119+131.

[25] 温铁军，杨殿闯. 中国工业化资本原始积累的负外部性及化解机制研究 [J]. 毛泽东邓小平理论研究，2010（08）：23-29+86.

[26] 杨华，王会. 重塑农村基层组织的治理责任——理解税费改革后乡村治理困境的一个框架 [J]. 南京农业大学学报（社会科学版），2011，11（02）：41-49.

[27] 杨水根. 资本下乡支持农业产业化发展：模式、路径与机制 [J]. 生态经济，2014，30（11）：89-92.

[28] 翟羽. 统合主义视角下的农民利益表达机制研究 [D]. 南京：南京大学，2011.

[29] 张京祥，邓化媛. 解读城市近现代风貌型消费空间的塑造——基于空间生产理论的分析视角 [J]. 国际城市规划，2009，23（01）：43-47.

[30] 张京祥，姜克芳. 解析中国当前乡建热潮背后的资本逻辑 [J]. 现代城市研究，2016（10）：2-8.

[31] 张娟，王茂军. 乡村绅士化进程中旅游型村落生活空间重塑特征研究——以北京爨底下村为例 [J]. 人文地理，2017，32（02）：137-144.

[32] 张良. "资本下乡"背景下的乡村治理公共性建构 [J]. 中国农村观察，2016（03）：16-26+94.

[33] 赵晨. 要素流动环境的重塑与乡村积极复兴——"国际慢城"高淳县大山村的实证 [J]. 城市规划学刊，2013（03）：28-35.

[34] 周其仁. 产权与制度变迁：中国改革的经验研究 [M]. 北京：社会科学文献出版社，2004.

王瑾

段德罡

王瑾，西安建筑科技大学建筑学院讲师、在读博士研究生

段德罡，中国城市规划学会理事、中国城市规划学会学术工作委员会委员、乡村规划与建设学术委员会副主任委员，西安建筑科技大学建筑学院教授、博士生导师

乡村治理的柔性路径
—— 基于新冠疫情期间两个村庄的观察与启示

1　乡村柔性治理理念的提出

刚性治理手段（规则明确、自上而下强制实施的行政命令、法律、规划等）数十年来在城乡事务中起到的作用在下降，而以具体任务为导向，以委员会、自组织网络等为组织特征的"柔性治理（Soft Governance）"则在欧洲各国的规划和治理中持续增强（Martino Maggetti，2015）。所谓"柔性治理"，是一种通过采用非强制性方式，在决策层级间纳入多种主体进行开放性协商以激发治理伙伴与治理对象的主动性与创造性的治理方式（谭英俊，2014）。"以人为本"的柔性治理因其内在治理价值的前瞻性和创新性，顺应后工业时代的发展要求，成为21世纪乡村治理变革的重要走向（胡卫卫，等，2018），正如最近比较热门的"地摊经济"，便是政府推行柔性治理的一个方面。关于乡村"柔性治理"，已有学者尝试从其概念、特征和路径展开了研究，其中，刘祖云（2014）认为乡村柔性治理是指多元乡村治理主体在协商民主的治理平台上，以软法和软权力为主要治理手段，以农村社区文化、人心和价值观为重点治理对象，运用调解、协商、讨论等柔性执法手段形成治理合力；郜艳丽（2015）认为我国传统社会的宗法制度、伦理纲常等非正式渠道的治理路径形成了兼具约束性和激励性的"柔性"治理制度，而当代乡村治理在城乡分治的基础上形成以土地为本的刚性制度，需要通过各种手段还原社会伦理秩序，鼓励乡村仪式、认同感的培育，为构建新型乡村秩序奠定基础；陈昭博士（2017）通过南京江宁的案例提出乡村治理要改变从"现代化要素投入"为特征的刚性治理转为以"现代化经验赋予"为特征的柔性乡村治理新模式，实现政府、市场、乡村等多元主体参与。总之，在基层治理能力和治理体系现代化

背景下，拓宽乡村自治弹性空间的柔性治理理念响应了乡村振兴"治理有效"的基本要求（胡鞍钢，等，2018）。

柔性治理的核心是多元参与，从国内外学术理论前沿来看，基于奥斯特罗姆（Ostrom）夫妇的"多中心治理理论"（Multicenter Governance Theory）常常被运用到乡村治理模式建构的研究中，乡村柔性治理的实现可通过外部嵌入和内生整合的方式（胡卫卫，等，2019），实现治理主体多元化，主体多元化是以各利益方平等协商、互惠互利为基础，这要求农民要有足够的话语权（李争鸣，2012），而农民话语权缺失是乡村柔性治理面临的深层次难题，需要通过激励性制度建构、村民能力培育和社会网络重构来强化村民"主体"参与意识（邻艳丽，2017），形成乡村柔性治理的路径。基于以上观点，本文结合新冠疫情期间对村庄日常生活的观察，尝试分析"现象"背后的原因，从乡村建设的角度提出柔性治理路径。

2　疫情期间两个村庄日常生活的观察

这场春运期间爆发的疫情影响到乡村生产生活的众多方面，在2020年2—3月，我们通过微信、电话访谈的形式对两个村庄（杨陵区王上村和延川县太相寺村）展开持续观察，并借助微信群发放了线上问卷，有效回收179份（其中，王上村68份，太相寺村101份）❶。

王上村西距杨陵城区约12千米（杨陵西距西安82千米），杨陵区从2014年开始启动美丽乡村建设三年行动，主要围绕农村环境整治的"四化三提升"工程，2016年基于全域分级分类研究，选取了8个示范村（王上村列在其中）启动了美丽乡村试点示范村建设；太相寺村在延安市区东北约89千米处，西距延川城区约18千米，太相寺村2019年被列入第五批中国传统村落名录，同年启动了人居环境整治和美好环境与幸福生活共同缔造项目（图1），两村通过乡村建设分别建立了多方参与乡村空间、产业建设的长效机制。通过在线对比观察，分析不同乡村建设模式下不同的诉求与现象。

2.1　王上村

王上村从2016年被列为区级示范村以来，逐渐形成了区政府引导+村庄自治的混合治理模式。疫情期间，区政府委派包村干部展开宣传、信息报送、交通管制、发送物质等疫情防控工作，村三委配合交通管制、登记测温的基础工作，

❶　由于是2020年2月底之前展开的线上调研，因此村民的一些认识可能与疫情中后期有所区别。

杨陵区王上村　　　　　　　　　　　　　　延川县太相寺村

图 1　两个村庄的航拍图

并成立村志愿服务队义务帮群众解决生产生活问题，此外，政府除了发布管控类政策外，还出台了保障基本生活物质供应、市场价格稳定、春耕农资供应以及面临复产复工的社区防控工作实施细则等一系列文件，做到了分区分级分时差异化疫情防控和服务。

2.1.1　疫情对家庭收入的影响较大，对复产复工的诉求急迫

在家庭收入方面，参与调研的农民人均纯收入小于 3750 元 / 年的占到41.2%，少于 7000 元 / 年的占到 53%，说明大多数村民家庭并不富裕（图 2）；有 29.4% 的人选择了收入受疫情影响减少大于 70%，有 21.2% 的人选择了影响在 50%—70% 之间，问卷显示 55.9% 的人选择了此次疫情对家庭生活影响较大（图 3），其中选择影响大于 50% 的人以外出务工和在本地经营农家乐或相关服务业为主；由于疫情对生活影响较大，有 29.4% 的村民选择正在考虑是否要更换职业，考虑更换职业的主要原因为选择离家近的工作以及中青年对网络销售平台的青睐，参与社交电商销售，大家对复工的愿望都表现得较为强烈，希望半个月内复工的比率为 63.8%。

2.1.2　疫情期间一些中青年开始发挥正能量

在日常生活方面，有 44.1% 的人选择了对日常公共交往活动影响较大，有26.5% 的人选择了影响非常大，日常交往活动显著减少，以居家活动为主，可喜地发现一些青年人利用假期对自己充电（图 4，多选）；在交通出行方面，17.7%

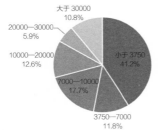

*小于 3750 *3750—7000 *7000—10000 *10000—20000 *20000—30000 *大于 30000

图 2　王上村参加调研的农民人均纯收入统计
（单位：元）

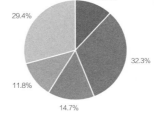

*影响小于 10% *影响 10%—30% *影响 30%—50% *影响 50%—70% *影响大于 70%

图 3　疫情对王上村家庭收入的影响情况

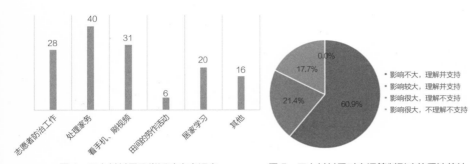

图 4　王上村村民日常活动内容调查　　　　图 5　王上村村民对交通管制影响的看法统计

的人选择实施交通管制对自己造成很大影响，能理解但不支持，有 21.4% 的人认为对自己造成较大影响（图 5），说明交通管制对少部分人的生活产生了较大的利益损害；虽然疫情极大地影响了村民的生产生活，但在调研中发现，89.1% 的人选择了非常愿意参与村庄的志愿者防治工作，有 41.2% 的人参与了志愿者防治工作，辅助巡查、采购物资，保障村庄的后勤供应，过程中有热心群众捐赠物资，并负责维护村庄公共空间的绿化。

2.2　太相寺村

太相寺村在疫情期间以村庄自治模式为主，以镇政府引导为辅（包括防疫工作和组织村庄公共空间节点建设），驻村帮扶团队在线参与村庄事务讨论，呈现出多元参与的局面，在微信群的日常聊天中可见正能量的传递，如相互鼓励问候，关心村庄产业发展、积极谋划集体经济，发布各种招工信息、谋划生计等，展示出熟人社会的良好秩序。

2.2.1　具备自给自足的能力，但公共服务设施的短板显现

在物资供应方面，有 64.7% 的人选择了基本用药受到了影响，表明村庄医疗保障显现出短板。而基本物资供应上，王上村和太相寺村的结果存在较大差异，王上村有 32.4% 的村民反应出现过部分物资中断现象，有 2.9% 的人表示非常担心未来能否稳定提供物资，33.9% 的村民提出了比较担心；而在太相寺村这一数据就低很多，原因在于太相寺村农户家庭农产品自给自足率达到了 63.4%，王上村的自给自足率仅为 23.6%（图 6）。

2.2.2　疫情影响了劳动力对就业的选择

有 52.5% 的人选择了收入受疫情影响减少大于 70%，有 20.8% 的人选择了影响在 50%—70% 之间（图 7），而影响大于 70% 的人以外出务工为主，占 42.3%，影响的主要因素是延迟开工和交通管制带来的影响（图 8）；两村对疫情影响就业收入的焦虑程度基本相似，可能由于太相寺村人均耕地面积较大，因此

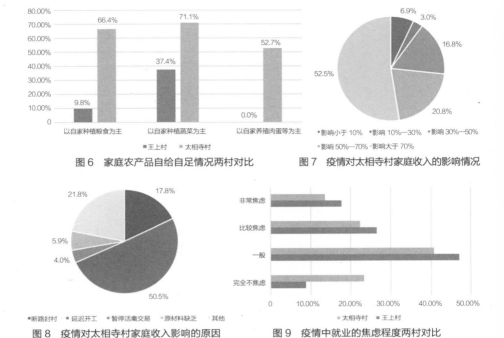

图 6　家庭农产品自给自足情况两村对比　　　图 7　疫情对太相寺村家庭收入的影响情况

图 8　疫情对太相寺村家庭收入影响的原因　　　图 9　疫情中就业的焦虑程度两村对比

完全不焦虑的比重较王上村高（图 9）。从外出务工的情况来看，王上村外出务工的人数仅为 45.6%，而太相寺村这一数值为 68.9%，疫情影响了人们对职业的选择，问卷显示有 56.2% 的人疫情前的主要收入来源是外出务工，而选择疫情过后外出务工的人为 47.4%（其中，太相寺村为 53.4%）（图 10），11.6% 的人希望疫情结束流转部分土地集中种 / 养殖，3.9% 的人希望通过网络视频等平台进行农产品直播售卖。

2.2.3　疫情中社会力量呈现出积极作用

在对邻里情况的调查中发现，有 55.9% 的人发生过日常生活必需品（口罩、生活用品）互助，有 2.9% 的人帮忙照看过邻家老人、小孩等（图 11），说明大家在疫情期间邻里关系相处融洽，还保留有熟人社会的特征；疫情封村期间，针

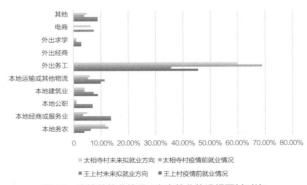

图 10　疫情前就业情况 / 未来就业的设想两村对比

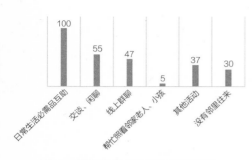 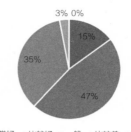

图 11　疫情期间太相寺村邻里互助情况　　　　图 12　太相寺村村民对村庄社会秩序的评价

对村庄社会秩序，有 14.7% 的人选择了非常好（图 12），对于各种防疫要求，89.1% 的人选择了完全赞同、愿意配合，整体上看村庄社会秩序良好、群众情绪稳定、有一定凝聚力，对后疫情时期的乡村治理奠定了良好的基础。

3　两个案例的解释：乡村建设对社会秩序的影响机制

3.1　王上村——混合治理模式的影响机制

政府推动的乡村建设系统性强，村庄整体环境品质较高、公共服务配套完善，通过空间建设和产业培养提升了政府与村庄之间的黏度，也提升了村民的认知水平（图 13），因此在疫情期间表征出村民对个体能力提升的诉求。

3.1.1　项目打包精准投入实现政府有效嵌入

区政府下设乡村振兴办公室作为王上村示范建设的组织者，将多部门的乡村项目进行打包，提升乡村建设的系统性，集中资金推动建设；形成了包抓领导（区委

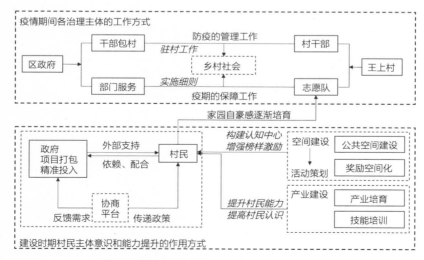

图 13　乡村建设过程对王上村社会秩序的作用机制

常委）—项目管理办公室—规划设计方—村领导班子—村民代表的协商平台，村民日常以微信群、聊天或代表会等方式通过驻村规划师将需求上传，再通过协调会确定项目；在规划建设过程中以 15—30 天为周期，乡村振兴办公室会同十余个职能部门和乡镇展开项目联络会，互通有无，适时纠偏。这种项目打包精准投入的方式，集中力量解决了村庄急需解决的问题，提升了村庄的整体环境，使得政府获得大部分村民的认可，实现外部支持性力量的有效嵌入，也有助于国家政策融入基层社会。

3.1.2　共同参与空间建设强化村民主体意识

规划建设过程有意识地制造村民参与机会，培育和提升村民参与信心和能力，尤其从日常最易接触的公共空间切入，易于激发村民的参与兴趣；重视"面子"在乡村治理中的价值，通过公共空间展示荣誉村民，以发挥榜样激励作用。建成的公共空间可以策划开展村庄文化活动，促进沟通和行动共识（哈贝马斯认为公共空间还可以起到调节社会冲突的作用），同时还可承载村民的售卖活动，增强村庄活力。共同参与村庄建设提高了常住村民的凝聚力，也增强了在外务工青年人的自豪感，此次疫情志愿队以外出常年不在村的中青年人为主就是很好的体现（图 14）。

3.1.3　产业培育及技能培训增强村民综合能力

坚持以村民为主体推动乡村产业发展，驻村规划团队通过专人授课、座谈讨论、动员大会调动村民积极性，深入调研了解村民的能力特征及发展愿景，整合现有资源、统筹产业发展体系、构建组织框架、建立运营模式，有意向的村民采取"自

儿童参与空间建设　　　　　展示村民荣誉的空间　　　　　　　　售卖活动

文化展演活动　　　　　村庄空间环境变化对外出青年人的积极影响

图 14　王上村村民共同参与建设的过程和效果

主申报"的方式参与到村庄产业建设中,并针对性地组织辅导、展开技能培训。以"最美庭院"为例,首先设置奖补标准,村民自愿报名(49 户),并进行公开评比,以现状庭院状况、运营计划完成度、投资预算作为评价标准(图 15),选出前 20 名作为一轮晋级名单,再通过后期的深入调研及农户的发展意愿,采用"以奖代补"的分担机制,选择 10 家"最美庭院",以庭院经济为抓手,充分发挥其示范引领作用,

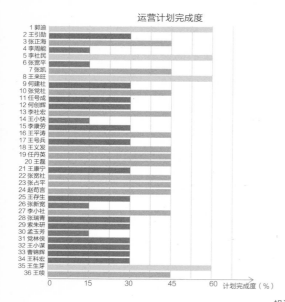

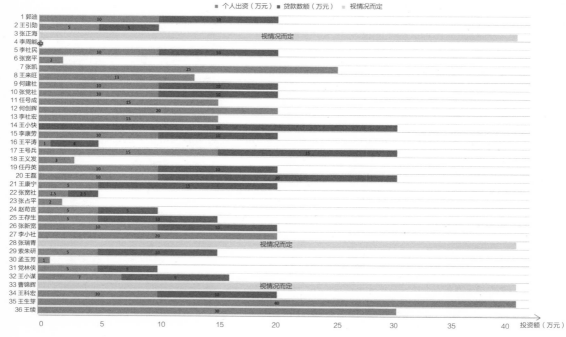

图 15　最美庭院评选过程

政府作为协助者组织专家上门指导以技术咨询、技能培训、外出实践等方式培训农家乐经营户或盆栽种养户等，为村民参与产业建设提供保障和指引。此次疫情也更加坚定了一些准备在村中自主创业人的信念，据调研统计有超过 1/4 的人正在考虑是否要更换职业，并且对人生有了更高的追求，疫情期间选择居家学习了解社交电商、新零售等新型产业。

3.2　太相寺村——自治模式的影响机制

太相寺村的乡村建设主要依托共同缔造的帮扶项目，以村民投工投劳为推动方式，提升了村民之间的黏性，也拉近了在村村民与在外村民之间的联系。虽然在物资建设方面的程度比较低，相关配套设施也不健全，但通过共同参与推动了乡村"善治"（图 16）。

3.2.1　公共空间自主建设激发村民内生动力

太相寺村的公共空间节点建设走出了巨额财政投入的依赖模式，探索了一条可持续的乡村建设路径，即最大限度节约成本的设计方案 + 村民义务的投工投劳，财政支出几乎为零，更是发挥了熟人"面子情感"的功能激励村民保持优秀、约束村民的行为，进而夯实村庄的凝聚力，形成稳定的乡村治理秩序。以参与场地选择为起点，强化村民的空间"主体"意识，收集废弃材料，平整场地，投入建设；借助微信群展示建设效果，激发群众的家园自豪感，进而有更多的人投入到活动建设中，并开始有意识地与帮扶团队讨论设计方案。驻村留守的村民义务性的投

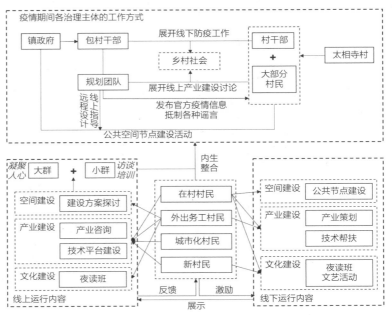

图 16　驻村帮扶过程对太相寺村社会秩序的作用机制

工投劳，在微信群的外出务工人员不间断的支持鼓励，时而回村的人们自发性的送水送饭，在村不在村的人通过"公共空间自主建设"这一纽带联结在乡村社会关系中。因此在疫情期间，太相寺村在包村领导及村两委的带领下自发展开了第二轮公共空间节点建设活动，帮扶团队通过网络提供了设计图纸，村民根据实际情况做了灵活的调整，在第一轮建设的经验基础上，很好地完成了预期目标，将四个过去无人管理的消极空间建设成供村民活动的小广场（图 17）。

3.2.2　线上线下交流平台促进多元沟通协商

由于村庄的中青年劳动力大都常年不在村，因此微信平台很好地将村中的四类人群联结起来（在村村民、外出务工村民、城镇化村民和新村民），并通过线下行动、线上展示的方式，将村庄好的变化传递给不在村的人，使这些无偿投工投劳的人成为村庄微信群的榜样，而"榜样"本身作为乡村熟人社会的柔性激励机制，又会不断约束这些榜样人物的个人行为。帮扶团队采用了线下 + 线上的方式对村庄的空间、产业和文化进行深度交流，随着线上线下不断涌现出一些有思想的群众，进而结合这些村民的诉求分为若干微信小群，来针对性地进行答疑和帮扶，在疫情之前，已经形成稳定的线上工作方式，因此在正月十五疫情期间，为了缓解群众为生机担忧的焦虑情绪，帮扶团队与村镇干部以线上交流的方式组织村民研讨，

村民参与空间建设方案讨论

村民参与节点建设

村民分享建设成果

疫情期间村庄自发建设成果

图 17　太相寺村民共同参与建设

共同思考乡村发展，过程中不乏一些对村庄产业发展的深度思考，体现了村民们思想意识的转变，由过去的被动接受者逐步转变为村庄事务的参与者乃至主导者。

空间不仅被社会关系支持，也生产社会关系和被社会关系所生产（David Harvey，2003），同时，作为一种社会产物，空间建设既是社会行为和社会关系的手段，又是社会行为和社会关系的结果（Edward Soja，2004）。因此，通过空间建设可以重塑社会关系网络，形成有序的社会秩序。但是长期以来我国社会资源与政治热情集中在上层未能落地，乡村社会的主体性建构不断弱化，归根结底是空间治理的软秩序不完善甚至缺乏所致（李郇，2016），而此次疫情中，王上村和太相寺村两个案例所呈现出的良好的社会秩序，即是源于在早期的空间建设中较好地实现了外部嵌入与内生整合，摆脱单一"要素下乡"为"实践下乡"，形成了线上线下多元沟通渠道，提供了"干中学"的能力赋予机制所致。

4 柔性治理的启示

4.1 基本公共产品建设是获取信任的前提

乡村公共服务按照人们需求的公益性程度可分为"基本公共服务""准基本公共服务"和"非基本公共服务"，其中水、电、路、环卫设施、公园绿地、教育设施和医疗设施等属于基本公共服务，政府是基本公共服务的提供者。针对"基本公共服务"这些民生项目在疫情期间的使用情况和满意程度进行调查（王上村），虽然 5.6% 的村民选择有过断水现象、有 17.7% 的村民选择存在网络中断的现象、有 6.7% 的村民选择有过垃圾未处理的情况，但非常担心的比值都小于基础设施实际出现问题的比值（图 18），说明整体上村民对于政府治理能力充满信心。通过民生性项目的公共投入，解决村民实际问题，获得村民认可，是政府有效嵌入乡村社会的前提。同样，作为驻村规划师，协调解决村民基本公共产品存在的问题，也是其能够融入乡村的敲门砖（图 19）。

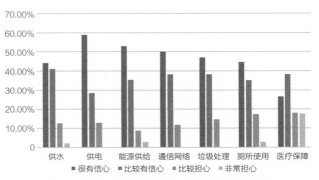

图 18 村民对疫情期间基本公共服务满意程度调查

图 19　驻村规划师在太相寺村协调解决自来水管问题

4.2　有限干预是政府外部嵌入的正确姿态

国家行政权力的过度干预是造成乡村社会的自治空间不断萎缩和主体性建构不断弱化的主要原因（徐勇，2018），政府作为村庄建设的引导者，要避免过大投入的包办，要能够激励村民或社会力量的自主性，能够基于经济的成本—效益平衡考量，政府过度地介入乡村建设和治理事务，反而会从根本上破坏乡村社会的自组织力。对比两个村，虽然太相寺村从 2019 年下半年开始展开共同缔造乡村建设，但由于政府在整个过程中扮演了发动者、宣传者和协助者的角色，因此不到一年的时间，村庄社会的主体性初步建构；王上村作为示范村其影响力不断扩大，每天都会有不同的参观团队入村参观，受限于村民接待能力和水平不能在短期之内得到大幅提升，区政府委派区文投公司接管王上村的产业运营事务，使村民参与村庄产业建设的门槛增高，影响其参与积极性，同时也让政府背上更多的责任。

4.3　精细化技术和服务是有效治理的基础

柔性治理本质是"以人为中心"，不同层次的村民有着不同层次的发展需求，乡村因成员自身条件、对资源占有程度以及利用程度不同而存在社会分层，因此，需要因人制宜、因层施策制定系统化、具体化、精准化的技术和服务措施。在政府"放管服"改革的背景下，给乡村治理提供一套管理细则，提出要求和标准，明确任务与职责，留出自我调节的弹性空间。比如，此次疫情之初，杨陵实施了严格的人员流动管控要求，但同时提供自治化细致化的保障服务，当面临春耕、逐步复产复工需求时，又适时出台了复产复工人员流动相关措施，实现了分区分级分时差异化疫情防控和服务，也成为陕西省率先安全复产的表率。同样，面临经济的成本—效益平衡考量，面临群众间的利益纠葛，乡村规划的实施落地也是一个基于物质空间展开精细化制度设计的过程。

4.4　网络空间是乡村内外链接的重要平台

乡村柔性治理应该围绕着"情感"这一主题。调研显示，微信群已经成为乡村社会公众对话的公共空间，基于社交媒体的微信群促使村民交流由"私人领域"走向"公共领域"，成为建构乡村公共秩序的粘合剂（许鑫，2018）；微信群也成为政府宣传典型案例，传播正能量的平台，此次疫情当中，除了各种"硬核"的喊话外，微信群成为发布官方疫情信息、抵制各种谣言的重要渠道。此外，以微信朋友圈、快手、西瓜视频为主的互联网平台已成为农民群体情绪表达、展示自我、创业就业的重要媒介，因此这些媒介也是规划师了解乡村动态、发掘乡村能人、融入乡村社会的主要渠道，并且基于线下熟人社会的"情感"培育，通过频繁的交流与互动发挥乡村社会"面子观"的激励作用，整合村庄不同人群，打造多元交流主体的协同模式，实现高质量的内外链接。

参考文献

[1]　陈昭 . 现代化视角下乡村治理的柔性路径——基于江宁的观察 [J]. 城市规划，2017，41（12）：73–81.

[2]　杜赞奇 . 文化、权力与国家：1900—1942 年的华北农村 [M]. 王福明，译 . 南京：江苏人民出版社，2010.

[3]　郐艳丽 . 乡村管理走向乡村治理 [M]. 北京：中国建筑工业出版社，2017.

[4]　贺雪峰，仝志辉 . 论村庄社会关联——兼论村庄秩序的社会基础 [J]. 中国社会科学，2002（3）：124–134.

[5]　胡鞍钢，杭承政 . 论建立"以人民为中心"的治理模式——基于行为科学的视角 [J]. 中国行政管理，2018（1）：13–17.

[6]　胡卫卫，杜焱强，于水 . 乡村柔性治理的三重维度：权力、话语与技术 [J]. 学习与实践，2019（1）：20–28.

[7]　梁漱溟 . 乡村建设理论 [M]. 北京：商务印书馆，2015.

[8]　刘祖云，孔德斌 . 乡村软治理：一个新的学术命题 [J]. 华中师范大学学报（人文社会科学版），2013（3）：9–18.

[9]　Martino Maggetti. Hard and soft governance（Research methods in European Union studies）[M]. London：Palgrave Macmillian，2015.

[10]　申明锐，张京祥 . 政府主导型乡村建设中的公共产品供给问题与可持续乡村治理 [J]. 国际城市规划，2019，34（1）：1–7.

[11]　孙施文 . 重视城乡规划作用，提升城乡治理能力建设 [J]. 城市规划，2015，39（1）：86–88.

[12]　孙颖 . 以"参与"促"善治"——治理视角下参与式乡村规划的影响效应研究 [J]. 城市规划，2018，42（2）：70–77.

[13]　谭英俊，陶建平，苏曼丽 . 柔性治理：21 世纪地方政府治理创新的逻辑选择 [R]. 中国领导科学研究年度报告，2014.

[14]　王蒙徽，李郇 . 城乡规划变革：美好环境与和谐社会共同缔造 [M]. 北京：中国建筑工业出版社，2016.

[15]　徐勇 . 中国农村村民自治（增订本）[M]. 北京：生活·读书·新知三联书店，2018.

[16]　于建嵘 . 社会变迁进程中乡村社会治理的转变 [J]. 人民论坛，2015（14）：8–10.

顾浩，同济大学建筑与城市规划学院博士研究生

黄建中，中国城市规划学会学术工作委员会副主任委员兼秘书长，同济大学建筑与城市规划学院教授

顾浩

黄建中

协同治理视角下综合交通规划编制的若干思考

1 协同治理的内涵与相关研究

1.1 协同治理的基本内涵

1887 年《行政学研究》的发表奠定了公共管理理论的基础，在其后一个世纪的大部分时间里，以行政 / 政治二分法和官僚体制为理论基础的传统公共行政理论在西方社会占有统治地位，并经历了从公共行政（Public Administration）向公共管理（Public Management）的演变发展（田培杰，2013）。直到 20 世纪70 年代后，伴随试图满足公民"从摇篮到坟墓"保障的福利国家陷入发展危机，治理理论逐步成为这一领域的热门词汇。治理理论认为资源分散在政府、社会、市场等多主体中，因此要让多元的治理主体与多样的治理权威共同参与到发展管理之中。事实上，20 世纪 70 年代后，在新自由主义蓬勃发展的影响之下，首先形成相对完整框架的治理体制是竞争型治理图景（曾凡军，2009）。在保障个人自由这一新自由主义核心信条之下，各国政府奉行"竞争是保护消费者利益的最有效手段"，在公共管理领域中政府的功能逐步地减退。但是，从 20 世纪末开始，特别是 2008 年全球金融危机后，以"整体政府"方式为基础的协同治理模式受到了更多关注，该模式希望能在政府的"组织"之下，各个部门与利益主体在开放过程中进行探讨与沟通，以克服部门主义与狭隘的本位视野（Diana Leat，等，1999）。

"协同治理"（Collaborative Governance）中的"协同"一词源自协同理论（Synergetics），该理论由联邦德国著名物理学家哈肯（Hermann Haken）于1971 年最早提出，其后的若干年中，在多学科共同研究的基础上逐步发展完善

并形成的一门新兴学科即协同学（或协同论），是系统科学中新三论的重要组成。协同理论是处理复杂系统的一种策略，其目的是建立一种用统一的观点去处理复杂系统的概念和方法（刘迅，1986），而其核心含义是"协调合作"，即同一个复杂系统内的多个个体或子系统，通过相互作用达成一定目标的过程（张雪中，2019）。"治理"（Governance）一词则出自拉丁语，原意指操纵和控制，而在公共管理领域，比较权威的定义出自全球治理委员会在 1995 年发布的报告《天涯成比邻》（Our Global Neighborhood），其指出"治理是个人和制度、公共和私营部门管理其共同事务的各种方法的综合。它是一个持续的过程，其中，冲突或多元利益能够相互调适并能采取合作行动。它既包括正式的制度安排也包括非正式安排"。

"协同治理"在西方的研究与实践中形成了丰富内涵（张雪中，2019）。从治理目标选定与治理主体参与方面，有学者认为政府在治理体系中有最大的裁量权，所涉及的公共目标主要由政府选定，而参与治理的主体则都能够影响到具体目标的确定（Donahue，2008）。同时，也有研究指出，政府公共部门对于公共问题的选定以及执行方法不能抛弃其他参与主体，需要尊重各方参与主体的平等性（Culpepper，2003），政府应当在尊重参与协同治理主体所具有的自主性前提下，对这些主体进行协调、引导与把控（MarkT.Imperia，2005）。协同治理的效用方面，研究认为协同治理能够超越独立部门的局限，从而更好地实现单独部门无法实现的，多方公有的诉求目标，因此需要多主体间形成更好水平的互动，进而也需要公民与 NGO 组织的深入参与（Donahue，John，2004）。在协同治理运作方面，有研究指出规则的重要性，强调协同治理需要依赖于多方参与主体共同制定的规则，以保证其运行与管控的效率，因此规则在治理体系中具有极为关键的作用（Zadek，S，2006）。

1.2　国内协同治理的相关研究

在我国，治理的本质更为倾向于协同治理。十八届三中全会后，响应"全面深化改革的总目标是完善和发展中国特色社会主义制度，推进国家治理体系和治理能力现代化"的要求，我国学界对于治理问题的研究也掀起了一个热潮。因为研究进展的差异与国情实际的差别，我国语境之下"区别于竞争治理带来的公共管理无序化和'没有政府的治理'导致的国家空心化，我国学者对治理理论中参与治理主体的秩序回应，同样更倾向于协同合作的方式，甚至有些学者认为治理本质上就是协同治理"（孙萍，闫亭豫，2013）。因此，可以认为我国大部分研究中所提及的"治理"实际指向即为"协同治理"。

在中国的语境之下，协同治理相关研究具有我国特色。首先，在政府角色方面，相关研究依然将政府视为治理系统中的核心角色，虽然协同治理强调参与主体的平等，并希望通过管理过程开放、公共职权与决策权威让渡赋予社区及企业主体话语权，但其构建的治理组织模式仍然主要以政府为主体，需要由其汇总形成最终的决策。以至于有学者将这种以政府为核心的治理关系称为"政府协同治理"。其次，在协同治理的内容与目标上，我国研究、实践与国际情况相一致，都具有明显的公共性。所涉及的治理内容必然是涉及多方协同主体的，最终的治理目标是"通过充分的对话、协商，共同治理社会公共事务，最大限度实现公共利益"（张仲涛，周蓉，2016）。再次，治理机制/过程上，治理要求由传统技术官僚部门管控要素资源投入以实现蓝图目标，逐步走向多主体共同投入资源，实现动态、互动过程治理。同时，协同治理具有形式上的正式性，需要具备一定运作规范，保证各方投入程度与诉求实现（田培杰，2013）。

目前，国内协同治理视角下的交通相关研究大致可区分为两种类型，其一是针对某一特定问题的治理研究，其二是对于综合交通体系的协同治理研究。这两类研究都是以"治理"为落脚点的研究。前类所关注的一般是某个具体交通问题，例如中心城区拥堵问题（王蓓蕾，2019）、共享单车治理问题（李硕，2016）、停车位共享（王欣雨，2019）、轨道交通协同治理（李长安，2020）的问题等，通过对于相关利益主体、治理主体的全面分析，超越就交通论交通的桎梏，全方面探寻可能存在的原因，通过对于各方治理主体发展诉求、所掌握资源的分析，构建多方参与的治理框架，以期解决这些特定问题。后类则关注综合交通治理理论框架与方法的研究。针对综合交通治理的必要性，研究指出"城市交通问题是城市病的突出体现，是世界性难题。城市交通不是单纯工程技术问题，而是一个涉及多学科的复杂公共治理问题，解决城市交通问题的手段也应从工程和管理向社会和治理方向转变"（汪光焘，陈小鸿，2019）。"以行政为主导的交通治理体系难以有效应对涉及企业、社会等多方利益的交通问题，由于政府、企业、个人等交通参与者的身份和角度的不同，必然会倾向于各自的利益，单一性主导的治理模式难以有效解决交通拥堵问题，治理主体'多元化'成为治理交通拥堵的新模式"（王蓓蕾，2019）。而在交通治理理论框架方面，研究指出，"城市交通治理理论体系聚焦于政府、企业、公众等多元主体间'价值—信任—合作'关系的解析与构建，通过界定各自权益责任探索交通服务共建共享的路径；治理集成平台是包容性管制方针与技术工具的集成，为多元主体协作共治提供实现手段和绩效评估工具，保障治理目标实现"（汪光焘，陈小鸿，2019）。同时研究指出"需要构建政府内部各交通治理职能部门协同制度，建设多治理主体间的协同制度，完善多治理主体信息交流制度，完善应对新型交通治理问题的法规"（张雪中，2019）。在治理重点方面，研究指出应当"聚焦于面向国家战略的城市群交通服务、面向现实困境的公共交通服务和面向未来创新的个体共享交通服务，制定针对性的协同治理目标与模式"（汪光焘，陈小鸿，2019）。

从以上两类研究中不难看出，协同治理这一视角在重新认识交通问题、构建新的交通治理逻辑、解决交通供需矛盾方面具有重要的作用，也有潜力成为未来交通相关研究的重要领域。但是，目前看来，以"综合交通规划"为主体，探究在协同治理要求之下应当做出哪些优化应对还需要予以更多的关注。

2　协同治理视角下综合交通规划面临的挑战和问题

2.1　国土空间规划体系的新要求

2019年5月，中共中央国务院下发了《关于建立国土空间规划体系并监督实施的若干意见》（以下简称《意见》），指出"国土空间规划是国家空间发展的指南、可持续发展的空间蓝图，是各类开发保护建设活动的基本依据"。国土空间规划不仅仅强调对原有的空间规划的"多规合一"，更是空间治理体系的系统性、整体性、重构性改革和顶层设计。

2.1.1　建立国土空间规划体系的意义

《意见》中明确了建立国土空间规划体系并监督实施的重大意义："建立国土空间规划体系，是加快形成绿色生产方式和生活方式、推进生态文明建设、建设美丽中国的关键举措，是坚持以人民为中心、实现高质量发展和高品质生活、建设美好家园的重要手段，是保障国家战略有效实施、促进国家治理体系和治理能力现代化、实现'两个一百年'奋斗目标和中华民族伟大复兴中国梦的必然要求。"

国土空间规划工作通过整体谋划新时代国土空间开发保护格局，对国土空间这一稀缺资源在多种可能使用之间进行配置，并且通过对各类开发保护建设活动的空间管制来实现国家发展战略；通过国土空间资源的配置、管控，在国土空间开发保护中发挥战略引领和刚性管控作用，推动、促进、保障甚至在一定程度上"倒逼"发展方式的转变；建立国土空间规划体系并监督实施，承载着不断推进全面深化改革目标实现的重大职责。

2.1.2　统筹各个专项规划的要求

"五级三类"的国土空间规划体系明确了专项规划的法定地位，也明确了各级各类规划之间的传导机制，体现了多系统、多专业协同的工作目标。按照《意见》

要求："下级国土空间规划要服从上级国土空间规划，相关专项规划、详细规划要服从总体规划"，体现了自上而下编制，下级服从上级的基本思路，也是落实国家发展战略、实现生态文明的重要举措；要求"国土空间总体规划要统筹和综合平衡各相关专项领域的空间需求。相关专项规划要遵循国土空间总体规划，不得违背总体规划强制性内容，其主要内容要纳入详细规划"，体现出总体规划的约束与管控作用、专项规划承上启下的衔接与协调作用，以及详细规划作为实施依据的作用；要求"国土空间总体规划是详细规划的依据、相关专项规划的基础；相关专项规划要相互协同，并与详细规划做好衔接"，体现专项规划之间需要互相协同，并均以总体规划为基础，表现出总体规划对于专项规划的基础引导作用。

2.1.3 对于综合交通规划的定位与要求

《意见》指出"相关专项规划是指在特定区域（流域）、特定领域，为体现特定功能，对空间开发保护利用作出的专门安排，是涉及空间利用的专项规划"，而2019年5月27日时任自然资源部总规划师庄少勤在国务院新闻办举行的《意见》发布会答记者问上指出："交通是特定领域的专项规划"。

"交通是空间治理的重要政策工具，因而必须成为有机融入空间规划中的重要内容。为此，应该从更高层次、更宽视角，采用扩大的概念范畴来讨论问题"（杨东援，2019）。如何发挥综合交通规划在国土空间规划体系中的作用，应当明确以下几个认识：

一是，需要保障综合交通规划与国土空间总体规划的有效协同。综合交通规划是支撑国土空间规划的重要专项规划，综合交通体系的建设极大地影响着区域自然资源的保护、开发与建设，也是城市空间发展的重要保障和依托，推进综合交通规划与国土空间总体规划协同编制，是保障综合交通体系与国土空间布局协同发展的重要措施；深化综合交通规划的层级与内容，并与其他专项规划、详细规划有效衔接是实现高质量发展、高品质建设的重要保障。

二是，需要落实综合交通体系高质量建设发展要求。高质量的综合交通体系是实现自然资源保护与开发的重要基础设施，交通设施如何布局、如何建设，应当符合保护与发展的总体思路，在综合交通体系构建的过程中，以促进生态文明建设、建设高品质生活、实现治理现代化为目标，发挥国土空间规划在保护与发展中的基础性作用。

三是，需要形成综合交通规划向下传导的有效机制。《意见》要求："相关专项规划可在国家、省和市县层级编制，不同层级、不同地区的专项规划可结合实际选择编制的类型和精度。"因此，有必要建立与国土空间规划体系相适应、相协同、相配合的综合交通规划体系，在遵循国土空间总体规划的前提下，在综合交通领域建立逐级深化落实的体系框架，并形成对详细规划的有效约束与指引。同时，在组织编制、审批、实施方面，也应当"按照谁组织编制、谁负责实施的原则"，强化规划权威、改进规划审批、完善与相关专项规划和详细规划的衔接制度；在现有技术标准体系上根据国土空间规划体系的需要进行技术标准的优化，做好与国土空间基础信息平台的无缝衔接。

2.2　当前综合交通规划面临的挑战

当前，综合交通规划面临着诸多挑战。在区域层面，伴随区域一体化趋势发展，城镇间社会、经济联系强度的不断增加，城市职能分工与协作不断深入，城镇群、都市圈快速发展，区域—城市二元分割的结构体系逐步走向融合。对于区域交通网络的协调与融合提出了更高的发展要求。一方面，需要进一步推动"国省—市县—城区"的多层级交通网络协调；另一方面，"区域—地区—城市"交通网络的深度叠加与融合也需要纳入考量。

在城市层面，交通规划则面临需求端与供给端的双向压力。在需求端，因为城镇化水平不断提升直接带来了交通出行规模的扩大；伴随经济社会发展，交通出行品质要求日益提高；小汽车交通比例的快速增长打破了原有交通结构平衡，带来了环境、能源、社会等多方面压力。而在供给端，面临空间紧约束要求，城市发展开始步入存量更新阶段，城市空间扩展缓慢，存量空间调整压力逐渐增加，由于交通设施对于空间的刚性要求，进一步增加了城市交通发展难度。

要有效面对以上挑战，"以存量设施应对城市交通需求的长期不断变化，实现城市交通的高质量发展，必须对现有的城市交通规划从思路、到内容和方式上进行创新审视与调整"（孔令斌，2019）。伴随国土空间规划体系的确立，对于综合交通规划的编制在协同治理层面提出了更高的要求，也是推进综合交通规划体系深入变革的重要动力。

2.3　协同治理视角下当前综合交通规划中存在的问题

2.3.1　编制过程中的责任主体各自为政，缺乏统筹平台与协同制度安排

综合交通规划与其他部门专项规划在组织编制主体之间、编制单位之间缺乏有效协同。我国目前规划类型众多，不仅有主体功能区规划、土地利用规划、城乡规划等综合型规划，还存在流域规划、交通规划、市政规划等诸多专项规划。而且这些规划大多数是在特定的政府部门组织下由不同的专业技术团队进行编制。各类规划标准不一、职责边界不清，甚至可能存在内容上的矛盾（潘海霞，赵民，2019）。当前规划体系中，各个层级的综合交通规划由交通主管部门编制，既无统

一的主管部门从上位协同交通规划与其他综合规划、专项规划的关系，也没有健全的协同共商机制保证各个部门间横向协同，而受委托展开各类规划的编制单位之间更没有沟通与交流的平台。

国家、省、市县交通主管部门往往独立编制其管理权责范围内的交通系统规划，无论是政府管理部门之间、还是负责各层面规划的编制单位之间，均缺乏有效的纵向传导机制。例如，对于我国大多数城市，特别是规模较小的地级市与县级市，国家层面主导的高铁站点的选址往往与地方城市政府缺乏协同，增加了高铁线路与站点建设中可能存在的拆迁安置矛盾，同时也难以满足高铁站点有效融入城市发展战略的要求，甚至基本的铁路—公路接驳都缺乏协同，更难以落实 TOD 发展理念（王兰，顾浩，2015）。

2.3.2 当前综合交通规划与其他专项规划、交通系统内部专项规划之间缺乏内容协同

无论是综合交通规划与其他专项规划，或是交通规划内部各个子系统的专项规划之间，均存在编制内容自成体系甚至相互矛盾的问题。因为不同领域专项规划从属不同行政部门，而各个部门在其专业逻辑之下的技术标准与规划方法往往存在差异，但是这些专项规划都是基于同一时空对象所展开。由于规划对象的一致性及规划目标、方法等方面的差异性，导致城市不同部门对相关资源的分配及定位存在认知差异（张永姣，方创琳，2016；方创琳，2017）。这不仅导致了各领域专项规划在实施过程中可能出现的矛盾，更直接影响了我国城镇化的发展质量。

在综合交通系统内部，根据《城市综合交通体系规划编制导则》内容，综合交通系统包括了对外交通系统、城市道路系统、公共交通系统、步行与自行车系统、城市停车系统、客运枢纽、货运系统等诸多子系统。但在当前的交通规划实践与日常管理之中，这些子系统发展目标往往与编制内容、标准更多聚焦于本系统的工程技术方面，缺乏综合交通层面的宏观协同发展目标，在操作中往往沦于各自为政的工程项目管控。这使得综合交通系统的效能难以充分发挥，甚至在火车站、客运站等交织点上极有可能形成交通问题集中的矛盾地区。

2.3.3 规划以建设实施为导向，缺乏治理思维

目前的城市综合交通规划仍然主要是由城建部门负责组织编制的，其核心内容是对于交通场站、道路等设施建设进行统筹与安排。综合交通规划编制过程往往是从现状到结果的单向逻辑，缺乏必要的评估、反馈机制。同时，值得注意的是，交通系统总体效率一方面决定于设施建设水平，另一方面在很大程度上也取决于日常组织管理，而综合交通中各个子系统的组织管理主体往往既不是建设管理主体相互之间也没有协同关系。此外，与综合交通治理相关的资源是广泛掌握在各

种社会主体、企业、居民手中，要实现这些资源的高效组织与利用，必须要对于此类资源进行梳理并尽可能调动其所有主体参与治理过程的积极性，而当前由技术"官僚"体系主导的综合交通规划，公众参与的难度极大，这些资源的整合、调用、管理也存在难度，在一定程度上阻碍了协同治理的推进。

3　协同治理视角下综合交通规划编制的若干建议

3.1　规划编制组织方式的协同

协同治理视角之下，根据国土空间规划体系相关要求，编制组织方式的协同主要关注责任主体协同与公众参与两大板块。

责任主体协同主要关注三个方面的协同要求，即上下级组织编制主体的协同、不同行业部门的协同、专业机构（编制单位）之间的协同。上下级组织编制主体的协同一方面要"明确一级政府、一级规划、一级规划事权，'谁审批、谁监管'，分级建立国土空间规划审查备案制度；以'管什么就批什么'为原则，明确上级政府审查要点，精简规划审批内容"（潘海霞，赵民，2019）。另一方面，需要构建上下级政府（组织编制主体）协商共议机制，既要保证上级组织编制主体核心管控要求的有效落地，又要保证下级组织编制主体发展诉求在更高层面的有效保障。行业部门的协同应当发挥好国土空间规划的平台作用，以总体规划编制为机遇，构建不同行业部门的沟通渠道，了解行业部门所面对的核心问题、技术要求、发展理念，以空间资源统筹为基础落实各个行业部门建设发展诉求。例如在"上海2035"编制过程中，由全市 22 个委办局分别牵头开展了 28 个专项规划，在为总体规划提供重要支撑的同时，也落实了行业部门协同的要求。专业机构与编制单位的协同建立在上述两方面主体协同基础之上，要求这些专业机构与编制单位的工作方法由单纯技术研究转变为更加注重沟通协商（庄少勤，徐毅松，2019）。只有在主体之间建立共同话语机制才可能落实协同治理的内容要求。

公众参与方面，因为综合交通规划所存在的门槛，使得长久以来的规划成果更多是作为管理部门的内容技术文件，而在协同治理视角下要实现全民参与，可以学习"上海 2035"编制中的经验内容。在目标愿景设定、重点议题选择、指标体系确定等各个方面加强对于公众意见的采集；在成果形式上尽量采用公众易于理解的图文形式，降低理解门槛；降低信息公开难度，简化交通规划相关信息公开申请流程；利用互联网手段，广泛采集公众意见情况。"通过搭建多样化的参与平台，保障市民从被动告知、征询的象征性参与转变为主动表达诉求、全过程监督规划编制的实质性参与"（庄少勤，徐毅松，2019）。

3.2　规划编制内容的协同

3.2.1　建立与国土空间规划相适应相协调的综合交通规划体系

《意见》指出"按照谁组织编制、谁负责实施的原则，明确各级各类国土空间规划编制和管理的要点。明确规划约束性指标和刚性管控要求，同时提出指导性要求。制定实施规划的政策措施，提出下级国土空间总体规划和相关专项规划、详细规划的分解落实要求，健全规划实施传导机制，确保规划能用、管用、好用。"在此背景下，结合国土空间规划的五级体系，综合考虑部分城镇化密集地区跨区域协同发展以及专项体系逐级传导落实的需要，建立与国土空间规划匹配的"五级三类"综合交通规划体系框架。"五级"包括：国家（含跨省区域）、省（含省内跨县市区域）、市、县、乡镇综合交通规划（重点城市根据需要编制城市综合交通规划）。"三类"包括：综合交通规划、交通专项规划、交通详细规划（含交通影响评价）（图1）（张乔，黄建中，2020）。

"五级"综合交通规划体系中，全国层面与国家国土空间规划相匹配的是"全国综合交通网络发展规划"，省域层面、市县层面、乡镇层面与国土空间规划相匹配的分别是"省域综合交通规划""市县域综合交通规划""乡镇综合交通规划"，重点城市可针对集中建设区编制单独的"城市综合交通体系规划"。这些不同层面的综合交通规划一方面应当与相应层级的国土空间规划相协同，另一方面则形成由上到下逐级深化的内容体系，在落实"谁组织编制、谁负责实施"这一原则的同时，保证上级综合交通规划的核心内容能有效落地。依托国土空间规划体系的传导机

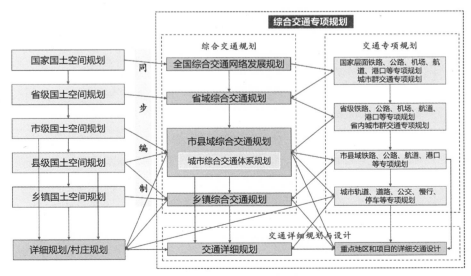

图1　关于综合交通专项规划的"五级三类"体系设想

制，可以有效加强综合交通规划作为专项规划的落实与支撑作用，深化综合交通规划体系内部以及与相关层级规划之间的关系，促进综合交通体系以及各专项交通系统的逐级分解与落实。

建议结合国土空间规划"总体规划、专项规划、详细规划"的三类划分形成"综合交通规划、交通专项规划、交通详细规划与设计"三类交通规划。其中，综合交通规划所关注的是与城市交通发展战略性、政策性、综合性问题，统筹的是国土空间规划与交通规划、交通子系统之间的发展关系，落脚点是与之相关的政策导向与关键问题。交通专项规划是对于各个交通子系统发展问题的深入思考与安排，在满足综合交通规划所确定的发展原则及强制性内容基础上，对于本系统内部各种技术性、系统性、计划性问题进行统筹，保障交通子系统的专业性与系统化。交通详细规划与设计则是在遵循综合交通规划与交通专项规划相关要求前提下，直接面向建设实施的规划类型，偏向于解决建设过程中各类实时性、适应性问题，落实精细化发展的需要。

3.2.2　注重综合交通规划与相关规划的协同

经济、空间、交通作为城市发展的三个核心要素，应当相辅相成、互相制约，形成良性互动的耦合关系，以实现城市发展的健康与高效（熊薇，2019）。目前，很多城市都要求针对重点项目、大型项目展开专门的交通影响评价以判断项目建设可行性，这一思路应当被延伸到城市层面，不仅仅是对于交通系统提出支撑要求，也是将既有交通条件、可能交通支撑能力，作为经济产业布局、空间规划的边界条件。例如，在交通承载力有限、可达性不高的地区，严格控制高就业密度、高出行业需求的产业功能，并在土地使用上尽可能控制开发规模，突出职住平衡的引导，配套相对完善的服务功能，减少对于外部交通的压力。因此，对于综合交通规划的编制应当给予新的定位，需要形成与经济产业发展规划、空间布局规划相互融合的编制方式，实现三者的阶段性反馈，并在最终进行发展图景的综合成果模拟，以检验交通系统整体可支撑水平。

综合交通系统既服务于国土空间中的各种经济和社会活动，同时又是国土空间演化的重要因素，是国土空间管控的重要政策工具。作为国土空间构成的重要部分的综合交通系统，是支撑各种空间使用之间联系的核心要素。而国土空间规划体系为综合交通规划与各个专项规划协同匹配提供了基础。因此，对于综合交通规划"不应只是'大局已定'基础上第二层次的专项规划，亦不应该是'拼入报告的单独一章'，而应是有机融入其中的重要构成部分；应该从更高层次、更宽视角，采用扩大的概念范畴来讨论问题"（杨东援，2019），以实现综合交通规划与国土空间规划、各个专项规划之间的协同。

3.2.3　加强综合交通规划各子系统之间的协同

交通系统中各个子系统协同一直以来都是综合交通规划的内在要求，《城市综合交通体系规划编制导则》提出需要"依据城市综合交通体系总体发展目标和交通资源配置策略，统筹城市综合交通体系功能组织"。但是，在当前大多数的综合交通规划中，各个子系统的协同更多只是停留在目标口号上，而在管控指标上则仍然各自独立，空间布局上则自成体系，具体建设实践中也体现出诸多问题。

要实现交通系统中各个子系统的协同，首先需要加强对于城市综合交通组织模式的研究，关注完整出行链特征，构建与空间结构相匹配的城市整体交通模式。其次，应当围绕城市整体交通模式发展要求，进行交通政策分区引导，明确各类政策分区中交通子系统的发展管控要求，例如对各类政策分区中公交分摊率、路网密度、停车供应调控、慢行发展引导、货运发展引导做出具体的要求。再次，在各个交通子系统空间落实过程中，应当在遵循政策分区引导的基础上，突出对于重点地区的精细化思考，进一步考虑重点片区各交通子系统的协同发展。

加强城乡二元空间系统的协同。在当前的综合交通规划编制过程中，往往以"城市"为核心关注对象。从相关技术标准如《城市综合交通体系规划编制导则》和《城市综合交通体系规划标准》GB/T 51328—2018便可窥知一二。这一方面是因为城市确实为综合交通系统服务的核心主体，也是综合交通系统中各种矛盾的集中点，另一方面则是因为城市是各类综合交通资源最为集中的区域，解决好城市综合交通问题即解决了综合交通发展的大部分问题。但是，在国土空间规划体系建构的要求之下，要保证全体国民共享国家发展的成果，则必须打破现有的"城市—乡村"的二元划分，实现综合交通系统中城乡子系统的协同。综合交通规划则应当以原有综合交通体系规划编制内容为基础，基于全域资源管理的视角，补充完善全域（省、市、县域）综合交通体系的管控与约束；基于领土、领海、领空全要素管理的视角，完善航运、航空、地下等交通空间的管控与约束。

3.3　动态治理过程的协同

3.3.1　建立面向协同治理要求的评价指标体系

当前综合交通规划实施效率的评价是基于其建设管控逻辑目标体系的，而根据当前综合交通规划发展理念、目标、协同要求的提升，必然需要构建面向治理的、更为丰富的、体现公平协同与高品质发展需要的评价体系。借鉴欧盟可持续城市移动性规划（SUMP）的理念和方法，交通规划可以形成"愿景层、目标层、策略层、行动层"层层深入的评价体系（图2）。

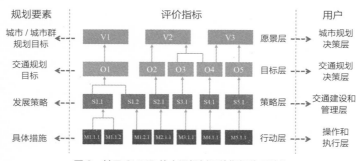

图 2　基于 SUMP 的交通规划评价指标体系结构

在此评价体系中，愿景层是对应国土空间总体规划层面的宏观愿景要求；目标层是在愿景层引导之下，对应综合交通规划的统筹性发展目标；策略层则是在综合交通规划统筹之下，交通专项规划发展落实；行动层则关注重点建设项目与日常治理手段。例如，根据其创新活力、绿色低碳、智慧便捷、普惠发展合作共享等发展愿景，在综合交通规划方面可构建"支撑城市发展、高效、安全与保障、节能与环保、公平与正义、品质与活力、出行成本可支付、支撑区域发展"等综合交通规划发展目标，以及与之配套的一系列子目标，并在此目标体系的引导之下，进一步建构策略层与行动层评价内容，分别选取具备代表性的核心评价指标与可根据地方实际情况作为参考的辅助指标。

3.3.2　构建"评估—反馈—优化—再评估"的动态治理机制

按照《意见》要求："依托国土空间基础信息平台，建立健全国土空间规划动态监测评估预警和实施监管机制。……，建立国土空间规划定期评估制度，结合国民经济社会发展实际和规划定期评估结果，对国土空间规划进行动态调整完善"。综合交通规划作为国土空间规划体系中重要的专项规划，应当与同级别国土空间总体规划及详细规划同步实行定期评估机制。

为此，应当以支持综合交通体系实施评估为目标，依托国土空间基础信息平台，充分利用各种数据资源，确定交通信息采集、传输与处理要求，纳入城市信息收集平台；通过建立信息分析与处理模块、引入动态信息评估与改善程序等，将信息收集转化为政府决策能力，完善交通与城市协同运行、协同发展、协同优化的动态调整机制。

从具体的操作机制来看，应当形成"评估—反馈—优化—再评估"的动态闭环。通过日常性交通数据的收集积累，依托前文所述评价指标体系展开综合交通系统的实施评估工作，从指标落实情况、相关数据变化趋势综合判断既有规划及实施中存在的问题。通过对于问题的深入剖析形成具备操作性的反馈意见，并根据反馈意见对于既有规划进行调整与优化，其后则进入下一个评估流程之中。

3.3.3　构建以智能交通发展为核心的动态治理支撑

"大数据分析手段和综合信息平台建立已成为公共治理领域量化研究的主要技术支持条件"（汪光焘，陈小鸿，2020）。在城市交通日益发达的今天，城市空间的使用一直处于动态变化的状态。因此，空间规划不能局限于静态的空间布局，更需要考虑动态的组织运行。从注重建设目标的公共管理向注重日常、动态的协同治理是必然趋势，所以城市综合交通规划也应当逐步进行优化，以匹配不断演变的治理需要。具体看来，应当充分利用大数据、人工智能、移动互联、云计算等新兴信息技术，实现交通运营情况的全面感知，交通数据的快速收集；城市交通风险的检测与判断；日常性交通组织管理、交通资源调配的智能管理；城市与交通互动发展的技术支撑。

4　结语

面对国土空间规划体系构建进程中协同治理的要求，综合交通规划必须超越原有的工程技术主导导向，紧紧围绕协同体制机制这一关键问题，推动规划编制组织方式、治理内容及治理过程的协同发展。其中，规划编制组织方式的协同是基础，必须通过治理主体的全面协同与公众参与才能保证治理内容协同的全面性、可操作性，才有治理过程的实践意义。治理内容协同是核心，是治理主体协同与公众参与成果的体现，是治理过程协同的行动依据。治理过程协同是手段，是落实治理主体利益诉求，治理内容发展要求的具体落脚点。要实现高水平的协同治理具有相当难度，在此视角下的综合交通规划仍需要更多的研究予以支撑，也需要大量的实践促成优化与调整，本文仅提出协同治理的基本思路，更多的内容尚待大家共同探索。

参考文献

[1] Culpepper, Pepper D. Institutional Rules, Social Capacity, and the Stuff of Politics: Experiments in Collaborative Governance in France and Italy[J]. Social Ccience Electronic Publishing, 2003, 4.

[2] Diana Leat, etc. Governing in the round[M]. London: Demos, 1999.

[3] Donahue, John. On Collaborative Governance[R].Corporate Social Responsibility Initiative Working Paper, 2004.

[4] Donahue, Johnand Richard J. Zeckhauser, Public-Private Collaboration, in Robert Goodin, Michael Moran, and Martin Rein (eds.). Oxford Handbook of Public Policy[M]. UK: Oxford University Press, 2008: 496.

[5] 顾浩，周楷宸，王兰. 基于健康视角的步行指数评价优化研究：以上海市静安区为例 [J]. 国际城市规划，5（2019）：43-49.

[6] Imperial, T.M..Using Collaboration as a Governance Strategy: Lessons From Six Watershed Management Programs[J]. *Administration & Society*, 2005, 37 (3): 281-320.

[7] 孔令斌. 新空间规划背景下的城市交通规划 [J]. 城市交通，2019（4）：8-10.

[8] 李长安. 论城市轨道交通警务智能化网格协同治理的模式构建 [J]. 广东公安科技，2020, 28（01）：50-53.

[9] 李硕. 基于协同治理理论的共享单车社会共治研究 [D]. 南宁：南宁师范大学，2019.

[10] 刘迅. "新三论"介绍——二、协同理论及其意义 [J]. 经济理论与经济管理 4（1986）：75-76.

[11] 孙萍，闫亭豫. 我国协同治理理论研究述评 [J]. 理论月刊 2013（03）：109-114.

[12] 潘海霞，赵民. 国土空间规划体系构建历程、基本内涵及主要特点 [J]. 城乡规划，2019（05）：4-10.

[13] 田培杰. 协同治理：理论研究框架与分析模型 [D]. 上海：上海交通大学，2013.

[14] 王蓓蕾.多元共治视角的东莞市莞城区交通拥堵治理研究 [D]. 广州：华南理工大学，2019.

[15] 王兰，顾浩.京沪高铁站点选址与其所在城市发展解析 [J]. 中国科技论文 2015（07）：36-42.

[16] 王欣雨.旧城区共享停车规划方法研究 [D]. 北京：北京建筑大学，2019.

[17] 汪光焘，陈小鸿，殷广涛，等.新常态下城市交通理论创新与发展对策研究——成果概要 [J]. 城市交通，2019，17（05）：1-12.

[18] 汪光焘,陈小鸿,叶建红,等.城市交通治理现代化理论构架与方法初探 [J]. 城市交通,2020,18（02）：1-14.

[19] 熊薇.基于交通·产业·城市协调发展的综合交通规划转型的思考——以河源市灯塔新城为例 [J]. 综合运输，2009（4）：43-47.

[20] 杨东援.融入空间规划体系的综合交通规划 [C]. 空间规划体系变革与交通，规划范式转型研讨会，2019.

[21] 杨东援.综合交通规划如何融入空间规划体系 [EB/OL]. https：//mp.weixin.qq.com/s/aDSwBHj-qypqJrmUQems2g.[2019-05-29].

[22] Zadek，S..The Logic of Collaborative Governance：Corporate Responsibility，Accountability，and the Social Contract[R].Corporate Social Responsibility Working Paper No.17. Cambride，MA，2006.

[23] 曾凡军.从竞争治理迈向整体治理.学术论坛，2009（9）：82-86.

[24] 张乔，黄建中，马煜箫.国土空间规划体系下的综合交通规划转型思考 [J]. 华中建筑，2020（01）：87-91.

[25] 庄少勤，等.超大城市总体规划的转型与变革——上海市新一轮城市总体规划的实践探索.城市规划学刊，2017（z1）：1-10.

[26] 张雪中.郑州市郑东新区交通治理体系研究 [D]. 郑州：郑州大学，2019.

[27] 张仲涛，周蓉.我国协同治理理论研究现状与展望.社会治理，2016（3）：48-53.

丁志刚　施嘉泓　周岚

周岚，中国城市规划学
会副理事长，博士，江
苏省住房和城乡建设厅
厅长

施嘉泓，中国城市规划
学会城乡规划实施专业
委员会委员，国家注册
城乡规划师，江苏省住
房和城乡建设厅办公室
主任

丁志刚，研究员级高级
规划师，江苏省城镇化
和城乡规划研究中心副
主任

探索新时代推动城市治理水平提升的实践路径
—— 以江苏省美丽宜居城市建设试点行动为例

改革开放以来，中国经历了世界历史上规模最大、速度最快的城镇化进程。从
1978 年到 2019 年，中国城镇化率由 17.9% 提高到 60.6%，城镇常住人口从 1.7 亿
人增加到 8.48 亿人。在这史无前例的城镇化进程中，中国不仅没有产生大多数发展
中国家普遍面临的贫民窟问题，相反还抓住城镇化的机遇极大地提高了全社会总体
居住水平，全国城镇居民人均住房建筑面积从 6.7 平方米跃升至 40.8 平方米；不仅
解决了世界上最大规模人口的"住有所居"问题，还极大地提高了城市建设发展水平，
改善了人居环境质量，走出了一条有中国特色的城市建设发展道路，彰显了中国特
色社会主义制度的巨大优越性，也得到了联合国人居署等国际机构的高度认同。

同时也应看到的是，这种以土地、资源、环境为代价的快速城镇化产生了种
种弊端，累积了诸多"城市病"问题。因此，党的十八大以来，中央先后召开城
镇化工作会议和城市工作会议，要求"着力解决'城市病'等突出问题，不断提
升城市环境质量、人民生活质量和城市竞争力，建设和谐宜居、富有活力、各具
特色的现代化城市"。党的十九大报告更是做出了"新时代我国社会主要矛盾是人
民日益增长的美好生活需要和不平衡不充分的发展之间的矛盾"的历史性论断。

正是在这样的背景下，江苏率先提出开展美丽宜居城市建设试点，得到了住
房和城乡建设部的积极支持。2019 年 7 月，住房和城乡建设部《关于在江苏省
开展美丽宜居城市建设试点的函》❶ 中明确要求江苏通过"一个先行先试、三个探
索""为全面推进美丽宜居城市建设、建设没有'城市病'的城市提供可复制、可

---

❶《住房和城乡建设部办公厅关于在江苏省开展美丽宜居城市建设试点的函》明确提出了"先行
先试推进美丽宜居城市建设，探索美丽宜居城市建设方式方法，探索建立美丽宜居城市建设
标准体系，探索美丽宜居城市建设政策机制"的试点任务要求。

推广的经验"。2019 年 11 月，经江苏省政府同意，《关于开展美丽宜居城市建设试点工作的通知》正式下发，得到了全省各地的积极响应。2020 年 6 月，江苏省委常委会专题研究美丽宜居城市建设工作，明确将其作为"美丽江苏建设"的重要内容在 2020 年省委全会上部署推动。

本文从新时代背景下推动城市高质量发展切入展开讨论，围绕江苏美丽宜居城市建设试点行动的实践探索，以"问题的提出—系统的谋划—工作的推动"的逻辑顺序，回答了"为什么做？""怎样做好？""如何推动地方实践？"等关键问题，介绍了从"我"做起推动城市建设发展方式转型、为高质量发展探路的初心，以及上下联动、改进工作、不断提高城市治理水平的努力，旨在抛砖引玉，希望引发更多的理论思考和实践创新。

1 问题的提出：推动城市高质量发展的初心

江苏是中国改革开放以来发展最快的省份之一，也是中国快速城镇化的典型缩影。从 1978 年到 2019 年，江苏城镇化率从 13.7% 迅速增长到 70.6%，成为中国百万人口以上大城市密度最高的省份。在快速城镇化进程中，江苏针对城镇密集、人口密集、经济密集的省情特点，积极探索城市建设发展和人居环境改善之道，形成了丰硕的阶段性发展成果：累计获得的"联合国人居奖"城市、"中国人居环境奖"城市和国家生态园林城市数量全国第一，并保有全国最多的国家历史文化名城和中国历史文化名镇。

与中国城镇化快速发展阶段特征一致的是，江苏的城市也不同程度地存在快速城镇化进程中的发展粗放问题，以及发展相互不衔接、不配套、不协调问题，产生了诸如"雨后看海""马路拉链"、水体黑臭、环境污染、交通拥堵、绿色空间减少、公共服务不足等"城市病"。2019 年盐城响水事故的发生和 2020 年初新型冠状病毒肺炎疫情的爆发，警示我们推动城市发展方式转型已势在必行，这既需要城市硬件设施的有力支撑，更有赖于城市治理水平的全面提升。

但要改变经过改革开放多年摸索形成的思维惯性和发展方式远非易事，推动转型和高质量发展需要通过"全面深化改革"探索破题。按照省委省政府提出的"城乡建设高质量"要求 ❶，我们认为在以人民为中心的发展阶段，迫切需要明确一个持

---

❶ 为贯彻新发展理念、推动江苏高质量发展走在前列、做出示范，江苏省委十三届三次全会提出了"六个高质量"发展任务，即经济发展高质量、改革开放高质量、城乡建设高质量、文化建设高质量、生态环境高质量、人民生活高质量，其中"城乡建设高质量"是江苏高质量发展的重要组成和衡量指标。

续发力的方向和抓手，成为新时代推动城市治理水平提升的实践路径，积极推动城市从为增长而发展，转向突出"以人民为中心"发展；从外延增量扩张为主，转向更加重视内涵品质提升；从习惯碎片化解决城市问题，转向强调推动城市系统治理。

1.1 发展理念：从为增长而发展到"以人民为中心"发展

"以人民为中心"是中国共产党的根本立场。改革开放以来，党确立了以经济建设为中心的社会主义初级阶段基本路线，把发展作为兴国富民的第一要务，中国面貌为之焕然一新，实现了中华民族从经济上"富起来"的飞跃。根据中国特色社会主义进入新时代我国社会主要矛盾的变化，党的十九大突出强调了"以人民为中心"的发展思想，凸显了新时代中国特色社会主义鲜明的价值取向。

人民群众对城市宜居生活的期待很高，城市工作要把创造优良人居环境作为中心目标。这意味城市不仅是经济增长的中心，更是人民美好生活的家园[6, 9]。因此要调整城市工作的价值取向和重心，即经济建设是发展手段而不是发展目的，发展目的是提升人民的获得感、幸福感、安全感。要把城市工作的重心从招商引资、服务增长转变为为人民建设更加美好的生活家园[11]。

1.2 发展方式：从城市外延式增长到城市内涵式提升

当前，中国城镇化正在从依靠土地和人口资源红利的规模外延扩张转向重视内涵提升、依靠创新发展和服务升级[4]。城市治理的内容相应从"规模供给"转向"品质供给"，从对城市发展的增量管理为主，转向增量存量并重、并逐渐以存量优化为主，从支持大规模集式建设为主，转向更加鼓励小规模渐进式有机更新，更加重视个性化设计、特色化建设和精细化管理[2, 3]。

这种转变，既是经济增长动力转换的结果，也是土地资源发展约束的结果。从国际衡量标准看，土地与人口城镇化关系的城镇用地增长弹性系数一般应维持在 1—1.12 之间，而我国快速城镇化时期土地城镇化速度是人口城镇化的 1.85 倍，传统外延粗放增长方式已经难以为继[1]。另外，快速粗放匆忙发展中累积的"城市病"，也需要针对性逐步解决。因此，需要围绕百姓关注的"急难愁盼"问题，探索城市存量空间优化和人居环境改善的现实路径（图 1）[8]，通过久久为功，最终实现新城老区发展的平衡和协调。

1.3 工作方法：从碎片化解决城市问题到推动城市系统治理

在以速度增长为导向的建设发展年代，不仅累积了诸多城市问题，也形成了以快为取向、就事论事解决问题的方法和碎片化的思维惯性，习惯于孤立地去解

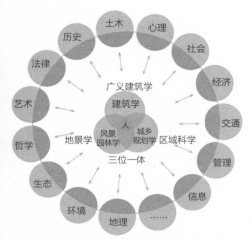

图1　人居环境科学系统示意
资料来源：根据"吴良镛.人居环境科学导论[M].
北京：中国建筑工业出版社，2001"图片改绘

我们的目标是建设可持续发展的宜人的居住环境。
　　　　　　　　　　　　　　　　——吴良镛

决诸如住房、交通、绿化、地下管线等单项问题。这种工作方法解决了短期、眼前问题，但从长远看却是对社会资源的浪费，是城市治理能力不足的表现。典型的如"马路拉链"问题，由于道路和水、电、气、通信等各种地下管线的施工和维护不能协同联动，不仅造成公共资源浪费，还由于反复施工影响了城市交通和市民生活。因此，推动城市高质量发展，需要从建设系统自我革新做起，不仅要大处着眼，还要小处着手，从每一件事情每一个项目的系统化思考谋划、集成化解决问题和精细化实施管理做起。

　　系统治理不仅是解决城市现实问题的需要，也是党的十九届四中全会明确的提高治理效能的首要途径❶。中央高度重视系统治理和系统思维，围绕全面深化改革，要突出改革的系统性、整体性、协同性，要坚持系统地而不是零散地、普遍联系地而不是单一孤立地观察事物，提高解决我国改革发展基本问题的本领；围绕城市工作，要统筹生产、生活、生态三大布局，提高城市发展的宜居性。因此，在针对城市问题推动源头治理的同时，强化系统治理、综合治理，不仅是推动城市高质量发展的需要，也是落实十九届四中全会精神、提高城市治理水平的要求。

1.4　实现路径：找寻新时代推动转型的综合抓手

　　按照国家和省委省政府部署，近年来江苏先后开展了一系列城乡建设专项行动，包括"城市环境综合整治'931'行动""村庄环境整治行动"，以及棚户区改造、保障房建设、老旧小区整治、建筑节能改造、黑臭水体整治、垃圾分类治理、易

❶　党的十九届四中全会明确"系统治理、依法治理、综合治理、源头治理"是提高治理效能的重要途径。

淹易涝片区改造、海绵城市建设、公园绿地建设等多个行动。这些针对百姓身边问题的专项行动，通过打"歼灭战"的方式取得了积极成效，也赢得了人民群众的支持和拥护。但由于专项工作多从条线思维出发，对推动城乡品质提升的综合集成效应不够。相对而言，内容比较综合的"城市环境综合整治'931'行动"和"村庄环境整治行动"社会效果更好，人民群众认同度也更高。尤其是在"村庄环境整治行动"基础上总结提升推出的"特色田园乡村建设行动"，社会反响热烈❶，它强调以人民群众可观可感的工作实绩呈现乡村振兴的现实模样。

实践的历程促使我们思考总结：思维系统性和工作联动性是提升城市治理水平的重要方面，在问题导向基础上增加目标导向、结果导向的系统谋划，有助于推动形成 1+1+1 > 3 的整体合力。从工作抓手角度，美丽宜居城市建设针对性解决"城市病"问题的目标清晰、结果鲜明，紧扣新时代人民日益增长的美好生活需要，体现了综合推动"城市高质量发展、百姓高品质生活、空间高效能治理"的系统化思维，可以与江苏已实施的"特色田园乡村建设行动"一起，共同构成推动江苏"城乡建设高质量"的有力双手。

2　系统的谋划：多方参与讨论达成共识

要推动城市高质量发展，既要有长远的战略眼光，又要能够契合当前实际，有利于基层推动务实行动。为此我们展开了深入研究，反复推敲，工作中注重三个结合，通过多方参与共谋，推动达成最大社会共识和专业共识。

2.1　推敲酝酿：通过"三个结合"的共谋过程

一是基础研究和地方先行实践有机结合。一方面，认真学习习近平新时代中国特色社会主义思想，学习新发展理念和国家相关要求，并请专业单位开展相关研究，在掌握国际城市发展规律和趋势[15]、学习借鉴雄安新区等最新规划建设实践的基础上，研究提出发展思路和工作建议；另一方面，整合专项资金和相关资源，选择不同类型的城市地区，支持市、县在街区尺度先行开展综合集成改善实践，通过地方先行实践更深入地调查了解群众意见和需求，开展城市问题体检和街区

---

❶ 江苏特色田园乡村建设行动，围绕"特色、田园、乡村"三个关键词，通过整合升级原有农村建设发展工作和项目，打造特色产业、特色生态、特色文化，塑造田园风光、田园建筑、田园生活，建设美丽乡村、宜居乡村、活力乡村。江苏特色田园乡村建设，深挖人们心底的乡愁记忆和对桃源意趣田园生活的向往，推动了乡村魅力和吸引力重塑，得到基层的积极响应，也广受社会好评，《中国农业报》和《中国建设报》头版大幅介绍，中农办 2017 年专题调研，部分思路和做法写入了《国家乡村振兴战略规划（2018—2022 年）》。

诊断，找准城市问题短板，发现现行工作方法模式和政策机制的不足，为城市尺度的工作推开积累一手经验。

二是专家咨询和相关部门意见有机结合。在基础研究和地方实践的过程中，多次召开研讨会和专家会，邀请来自清华大学、同济大学、南京大学、东南大学、台湾大学、中国城市规划设计研究院等研究机构，以及中国城市科学研究会、中国建筑学会、中国城市规划学会、中国城市规划协会、中国勘察设计协会、中国风景园林学会等国家级专业社团的专家学者，共同讨论城市建设发展转型的方向、举措、路径和切入点。同时高度重视相关部门的意见和共识达成，过程中先后征求了省发展改革委、生态环境厅、自然资源厅、交通运输厅、文化旅游厅、民政厅、教育厅、卫健委、体育局等多个相关部门的意见。专家和部门的中肯意见和积极建议推动了工作思路的完善。

三是上级要求和基层反馈的有机结合。推动城市高质量发展，需要基层的务实行动。因此，工作的针对性、可实施性和可操作性至关重要。我们一方面深度跟踪地方的先行实践，不断发现问题、改进方案；另一方面，广泛听取各个实施主体和利益相关方的意见建议，包括市县政府、基层主管部门，以及街道与社区等。同时，我们加强与住房和城乡建设部的对接，住房和城乡建设部站在国家行业主管部门的高度，十分重视和关心江苏的率先探索，全过程给予了指导。

通过上下、多维的三个结合，宜居城市的概念逐渐清晰并聚焦。因为住有所居是十九届四中全会明确的国家基本公共服务制度体系的重要组成，住有宜居是人民群众安居乐业的最重要前提。经过改革开放四十多年的努力，90% 左右的城镇家庭已经拥有了自己的住房，住房已成为绝大多数城镇居民的最大宗家庭财产。聚焦改善百姓的居住环境，就是从人民群众最关心最直接最现实的利益问题出发，增强人民群众获得感、幸福感、安全感的最有效方式。而随着中国社会的发展和进步，百姓对"更舒适的居住条件"需求已经从住房拓展至住区、社区、街区乃至城市。因此，推动宜居城市建设是住房和城乡建设部门立足本职工作践行"以

图2　联合国推荐的新城市范式
资料来源：根据"UN-Habitat.The State of Asian and Pacific Cities 2015"图片改绘

人民为中心"发展思想的实践要求。

同时，宜居也是世界各国共同的追求。在城镇化发展的不同阶段，宜居的内涵在不断发展和丰富[12]。从 1976 年到 2016 年，联合国人居署三次历史性人居会议关注的主题从"解决基本住房问题"，到关注"人人享有合适住房及住区可持续发展"，再到通过《新城市议程》达成"人人共享城市"的国际共识[5]。进入城镇化中后期，各国宜居建设的关注普遍从住房、住区拓展到更广域的城市范畴，并在对物质环境的改善上叠加更多的人文关怀，努力推动城市可持续发展（图 2）。因此，新时代的城市工作以宜居城市为切入点，符合国际上关于宜居内涵和外延不断发展丰富、多元包容的发展趋势。

2.2　部省共识：美丽宜居城市建设试点的使命担当

对于江苏宜居城市建设的系统谋划和探索，住房和城乡建设部予以了充分肯定，认为宜居城市建设符合习近平总书记关于提升城市宜居性的重要指示精神。同时，根据中央关于"建设天蓝、地绿、水清的美丽中国""让老百姓在宜居的环境中享受生活"等重要指示和党的十九大报告关于建设"美丽中国"的总体部署，住房和城乡建设部要求江苏率先试点探索美丽宜居城市建设。我们认为，"美丽宜居城市建设"的概念和内涵更加完整，同时体现了美好城市的形神兼备、内外兼修，也与住房和城乡建设部门围绕"住有所居"和城市建设等中心职能推动城市物质环境和空间品质提升、进而推动城市经济社会可持续发展的工作定位紧密关联。

省委省政府主要领导肯定了我们以"美丽宜居城市建设"和"特色田园乡村建设"联动推进落实"城乡建设高质量"发展的思路和谋划。省政府主要领导在我厅调研时特别指出，"美丽宜居城市建设要把当前和长远结合好，把以人民为中心的发展思想贯彻好，要将省政府民生实事的落地实践与美丽宜居城市建设的长远目标衔接起来，要和老百姓结合得紧密，做得让老百姓有获得感"。

因此，"美丽宜居城市建设试点"融合了国家要求和地方努力，融合了"美丽中国"建设的城市实践和百姓"住有宜居"的新时代使命，也是江苏高质量发展和"强富美高新江苏建设"的重要组成和典型表达。

2.3　系统思考：推动"三美协同、三居递进、三城相宜"的美丽宜居城市建设试点行动

美丽宜居城市建设试点，不是一个空洞的概念，而是有着丰富的实践内涵。为方便社会理解掌握美丽宜居城市建设的思想精髓，我们围绕"美丽、宜居、城市"三个核心概念展开了内涵解读，经总结归纳提炼，形成了美丽宜居城市建设试点

行动围绕"三美协同、三居递进、三城相宜"目标展开的系统思考。

围绕"美丽"的"三美协同",是指自然优美、人文醇美、建设精美。自然优美,强调的是城市建设发展要尊重自然、顺应自然,以"山水林田湖草"为底界定城市开发边界,在此基础上大力推进生态园林城市建设,实施"显山露水"工程,以园林绿地系统有机串联城市公共空间,实现"让自然融入城市",让百姓"望得见山、看得见水"。人文醇美,强调的是保护城市的历史记忆,彰显城市的风貌特色,传承城市的人文精神,让人们"记得住乡愁",建设有历史记忆、地域特色、民族特点的美丽城市。建设精美,强调的是要以"一代人又一代人的使命"的责任意识,推动建设符合新时代建筑方针"适用、经济、绿色、美观"的精品建筑,推动精益建造、数字建造、绿色建造、装配式建造等新型建造方式,致力推动"让今天的城市建设成为明天的文化景观"。

围绕"宜居"的"三居递进",是指安全包容的安居体系、均好共享的适居服务、绿色优质的乐居环境。安全包容的安居体系,强调的是政府基本公共服务"普惠性、基础性、兜底性"责任,要构建"人人有房住"的住房保障体系,针对性补上新市民住房问题短板,通过建立健全"多主体供给、多渠道保障、租购并举的住房制度,让全体人民住有所居"。均好共享的适居服务,强调的是以"完整社区"为努力方向❶,按照"缺什么、补什么"的原则,通过有机更新补齐公共服务设施短板,提供均好共享的社区服务,推动基本公共服务均等化。绿色优质的乐居环境,强调的是为城市居民打造品质卓越的绿色宜居环境,营造适老住区和全龄友好空间,建设经济美观适用的绿色建筑,为居民提供高品质公共交通和慢行系统,推动建立共建共治共享的城市治理体系,形成舒适宜人、人民乐享的人居环境。

围绕"城市"的"三城相宜",是指健康城市、魅力城市、永续城市。健康城市强调的是城市生命体的功能完善,要将全生命周期健康管理理念贯穿城市规划、建设、管理全过程各环节,城市要能抵御并积极应对各种灾害和公共卫生事件。要加强城市工程质量监管,提高城市消防和抗震救灾能力,推进海绵城市和韧性基础设施建设,构建安防网络、全民健身网络等,保障居民安全健康、机会均等地实现全面发展。魅力城市强调的是城市的"颜值"和吸引力,反映城市的文化和特色,是知识经济年代吸引创新人才的核心要素,是"美丽中国"在城市层面的体现。要加强对城市的空间立体性、平面协调性、风貌整体性、文脉延续性的管控,通过城

---

❶ "完整社区"的概念最早由我国两院院士吴良镛提出。吴良镛指出,人是城市的核心,社区是人最基本的生活场所,社区规划与建设的出发点是基层居民的切身利益,不仅包括住房问题,还包括服务、治安、卫生、教育、对内对外交通、娱乐、文化公园等多方面因素。既包括硬件又包括软件,内涵非常丰富,应是一个"完整社区"(Integrated Community)的概念。完整社区建设既包括创造宜居的社区空间环境,也包括塑造社区共同意识和凝聚力。

市设计营建城市的艺术框架，用滨水蓝道、生态绿道、慢行步道、特色街道串联整合城市的山水资源、历史地段和当代公共建筑，形成独特魅力的城市特色空间体系，并赋予时代文化活力[7, 13]。永续城市强调的是不仅要考虑当代人的需要，还要为未来子孙的发展留有空间。要推动城市开发建设模式从外延扩张向存量更新、提质增效方式转变，要充分发挥利用智慧城市建设的多种技术手段[10]，提高城市规划建设管理的精细化程度和智能化水平，要从"我"做起推广节约型城市建设，全面推广绿色建筑和绿色建造，支持绿色交通和公交都市建设，以 3R❶ 为目标加强垃圾分类治理和资源化利用，不断提升城市的可持续发展能力[14]。

同时需要强调指出的是，"三美协同、三居递进、三城相宜"是有机联系、辩证统一的整体，三者相互交织、互相推动。"三美协同"强调的是城市、人以及城市周边的大自然是一个和谐共处的生命共同体，自然优美、人文醇美、建设精美是"美丽中国"在城市层面实践探索的"美美与共"的价值体现；"三居递进"强调的是满足人民群众由基本向高层次演进的居住追求，从"安居"到"适居"再到"乐居"，从住房到配套公共服务、再到生活场所营造，努力为人民提供更舒适的居住条件，是美丽宜居城市建设的工作原点；"三城相宜"强调的是美丽宜居城市建设的综合愿景：健康、魅力、永续，兼顾城市的表与里、现在与未来，符合人居环境科学和世界城市发展的趋势和共识，也是国家"五位一体"总体布局在城市层面的具体落实。

3　工作的推动：地方多元探索的实践路径

在世界经历百年未有之大变局之际，党的十九届四中全会明确了"十三个坚持和完善"，以进一步发挥中国特色社会主义制度的治理优势，同时也明确了要"满足人民对美好生活新期待""推动中国特色社会主义制度不断自我完善和发展"。在国家全面深化改革、推动高质量发展的关键阶段，需要的不是观望和等待，而是脚踏实地的务实行动，地方有责任先行先试探路，这也是应对挑战、赢得主动先机的积极方式。

3.1　实践的路径和逻辑

行动是最好的语言，实践是检验真理的唯一标准。再好的构想，也需要通过实践的检验，通过实践的证实或证伪不断发展完善，也需要通过实践汲取群众智慧和基层创造性。

---

❶ 3R 原则，是指垃圾处理的 Reduce（减量）、Reuse（复用）和 Recycle（再生），必须通过垃圾有效分类实现。

　　从认识论的角度，毛泽东同志深刻指出："实践、认识、再实践、再认识，这种形式，循环往复以至无穷，而实践和认识之每一循环的内容，都比较地进到了高一级的程度。"目前，推动城市高质量发展尚在努力的起步阶段，很多构想需要通过地方多元实践探索改革的方式方法，很多构想需要大量丰富的基层实践发展完善并展现现实模样。

　　从群众路线角度，实践也是检验"人民拥护不拥护、赞成不赞成、满意不满意的重要路径"。"时代变化了，但从群众中来、到群众中去的工作方法不能变"。党和国家的事业，说到底是人民的事业，要依靠人民来完成，要依靠人民的智慧，不断实现实践和理论创新，并让发展的成果更多地惠及全体人民群众。

　　从社会治理角度，美丽宜居城市建设试点也是从人民群众最关心的身边居住环境入手、推动形成"人人有责、人人尽责、人人享有的社会治理共同体"的有效探索，是贯彻落实十九届四中全会决定"把尊重民意、汇集民智、凝聚民力、改善民生贯穿党治国理政全部过程之中"要求的积极实践。

3.2　先行的前期实践探索

　　为推动城市人居环境从"住有所居"迈向"住有宜居"，近年来我们积极推动地方开展渐进深入实践。2015 年，针对日益增加的老年化社会需求，我们提请省政府办公厅印发了《关于开展适宜养老住区建设试点示范工作的通知》（苏政办发〔2015〕120 号），在全省推动既有住区适老化改造和新建适老住区建设试点，通过全省各地实践，建成了 70 多个省级适老示范住区。2018 年，我们在适老住区要求的基础上丰富了宜居的内涵，提出推进"省级宜居示范居住区"建设，"新增120 个省级宜居示范居住区"被列为当年省政府十件民生实事。省级宜居住区的实践展现了通过有机更新实现存量改善、百姓宜居的现实模样，得到了人民群众的拥护，也推动了地方的深入研究，制定出台系统改善百姓宜居环境的规范性办法，如《苏州市宜居示范居住区评价办法》❶。

　　2019 年，我们进一步延伸宜居建设实践的空间尺度，以城市街道围合的街区（Block）为基本单元开展"宜居街区"建设试点实践。街区包括住区和相邻的街道，以及紧密相关的生活设施和场所空间，例如步行可达的百货超市、绿地公园、临街的咖啡馆、书报亭等，是居民邻里交往最为密切的公共场所，它联系着住宅与城市公共空间，是"围墙内私有空间"和"围墙外公共空间"的融合，是市民城市生活的基本单元（图 3）。我们在全省遴选了老城人口密集地区、城郊结合部、

---

❶ 2019 年 3 月出台的《苏州市宜居示范居住区评价办法》，针对老旧居住区、既有居住区的宜居评价内容包括了海绵城市、规划设计、安全保障、环境管理、人文关怀、物业服务等七个方面。

从围墙内走向围墙外

住区　　　　　　　　　　　　街区

图3　从宜居住区走向宜居街区

拆迁安置小区、外来人口集中地区以及历史地段等不同街区样本，整合资金和资源试点探索集成改善综合实践。试点内容既包括住区的宜居建设，也包括其与城市街道空间塑造的有机融合，以及小区物业管理和城市管理的无缝对接，还关注从硬件改善扩展到软硬并举，从物质环境的改善到家园的共同缔造。总之，希望通过内容综合的集成实践，探索打破"墙"界、创造共享融合社区单元的办法路径，探索"实施一块，即成熟一块"的城市基本单元有机更新、综合提升品质的办法路径，为下一步城市尺度的宜居建设积累经验。

3.3　推动全省展开更加多元的实践

按照住房和城乡建设部关于在江苏省率先开展美丽宜居城市建设试点的要求，经省政府同意，2019 年 11 月我们下发了《关于开展美丽宜居城市建设试点工作的通知》，推动全省各地开展更加多元的美丽宜居城市建设试点实践。

基于先行的前期实践探索经验，江苏美丽宜居城市建设试点实践项目申报明确了四个原则：一是问题导向、民生优先，紧紧围绕群众身边的"城市病"问题，将美丽宜居城市建设目标与民生实事落地紧密衔接，努力提高居民对城市建设和民生改善成效的满意度；二是系统谋划、创新施策，坚持系统化思维，注重专项提升和区域集成相结合，整合城市建设各种资源，改革创新城市建设管理方式，不断增强工作的整体性、系统性和协调性；三是因地制宜、突出特色，根据不同城市、不同地区实际确定工作重点，强化个性化发展，注重彰显特色；四是多元参与、共建共治，坚持和完善共建共治共享的社会治理制度，坚持"美好环境与幸福生活共同缔造"，推动多元主体广泛参与，促进政府与社会助益互补，引导全民参与美丽宜居城市建设。

关于试点类型，分为专项类试点项目、综合类试点项目和试点城市。其中，专项类试点项目重视与地方正在开展的城市建设实践紧密结合，包括水环境综合治理、生活垃圾分类治理、城市公厕提标、地下管网升级、绿地系统完善、绿色交通建设、建筑品质提升、空间特色塑造、历史文化保护、住房体系完善、城市管理提升、社区治理创新等，重在推动在常规工作基础上的"美丽宜居城市 +"实践，如"绿色建筑 +""海绵城市 +"等，强调的是同时体现问题导向、目标导向和结果导向，要求试点项目做到不仅全省领先，而且全国领先，既针对性解决百姓反映强烈的"城市病"问题，又从条线角度切入带动综合改善提升；综合类试点项目，包括住区综合整治、街区整体塑造、小城镇建设培育等三类，强调集成改善，推动目标综合、项目集成、资源整合，在一定地域范围内，集中体现"美丽中国""美丽宜居城市"的现实模样；同时，根据试点项目数量、类型丰富性和城市基础，遴选试点城市，要求更加注重系统谋划，统筹推进美丽宜居城市建设工作，探索美丽宜居城市建设的方式方法、标准体系和政策机制。

美丽宜居城市建设试点申报工作得到了全省各地城市的积极响应，全省累计申报专项类试点项目 161 个，综合类试点项目 47 项，试点城市 25 个，实现了所有设区市申报工作全覆盖。需要指出的是，美丽宜居城市建设的试点实践，是从住房和城乡建设系统的转型和提高治理水平的思考出发，但要求不局限于系统内部，重视的是十九届四中全会提出的"系统治理、依法治理、综合治理、源头治理"的地方集成实践。从试点城市的地方政府申报情况看，反映出他们以美丽宜居城市建设为抓手，综合推动城市高质量发展、提升城市治理水平和综合竞争力的追求和愿景。

3.4　地方实践的跟踪和完善："改革在路上"

"美丽宜居城市建设试点"是一个改革破题、动态完善、不断提升的实践过程，未来美丽宜居城市建设试点经验和模式方法的形成，有待于江苏各地渐次深入的创新创造和发展完善。我们也将用推进试点的初心和推动改革创新的初衷，指导、跟踪、检视地方多元实践的全过程，根据地方多元实践的"试对"或"试错"结果，及时修改完善美丽宜居城市建设指引，通过"实践、认识、再实践、再认识"的循环过程，推动城市高质量发展实践的渐次深入开展，以实际行动不断提升新时代人民群众的获得感、幸福感、安全感。

我们希望通过 3 年左右的试点和努力，推动建成一批美丽宜居城市建设样板，形成一批可复制、可推广的试点建设经验。到 2025 年，全省建成更多美丽宜居住区、街区、小城镇，江苏美丽宜居城市建设对全国城市建设的示范引领效应更为明显；到 2030 年，全省城市基本消除"结构性城市病"，形成一大批具有江苏特色、代表江苏水平的美丽宜居城市。

4　结语

在中央推动党和国家机构改革、完善城市规划建设管理职能重构和顶层设计的背景下，本文聚焦讨论了江苏推动城市高质量发展的初心和努力，旨在探索新形势下住房和城乡建设系统推动城市治理水平提升的实践路径。也许思考问题的角度未必准确，推进工作的方案不够完善，但我们的立足点是以实干行动落实"只争朝夕，不负韶华"的要求。

我们庆幸的是赶上了中华民族发展的大好时代。当年杜甫在《茅屋为秋风所破歌》写下了"安得广厦千万间，大庇天下寒士俱欢颜，风雨不动安如山"的著名诗句，如今中国人千百年的居住梦想在今天的社会主义中国已经基本实现。在中华民族"两个一百年"目标的奋斗进程中，我们希望能够通过"美丽宜居城市建设试点"实践探索，推动实现"千年梦圆新时代，乐享美丽宜居新家园"。同时通过和"特色田园乡村建设"行动的联动，扎实推动城乡融合发展，以人民为中心，实干织就江苏城乡建设高质量发展"双面绣"。

（文章由周岚、施嘉泓、丁志刚三人执笔完成，在工作谋划和实践推动过程中，邢海峰、顾小平、范信芳、刘向东、郭宏定、梅耀林、崔曙平、杨俊宴等同志多有贡献，在此一并致谢。）

参考文献

[1]   中国城市科学研究会.中国城市更新发展报告 2018—2019[M].北京：中国建筑工业出版社，2019.

[2]   程泰宁，王建国.中国城市建设可持续发展战略研究报告 [R].北京：中国工程院 2017 年度重大咨询研究项目，2019.

[3]   崔愷.存量发展中的城市设计——跨界思考与实践 [C].中国城市规划学会 2019 年年会大会报告，2019.

[4]   李晓江.城镇化进入"下半场"需意识到三个根本性变化 [EB/OL].（2018-06-05）[2020-01-12].http：//www.nbd.com.cn/articles/2018-06-05/1223283. html.

[5]   石楠."人居三"、《新城市议程》及其对我国的启示 [J].城市规划，2017，41（01）：9-21.

[6]   王蒙徽，李郇.城乡规划变革：美好环境与和谐社会共同缔造 [M].北京：中国建筑工业出版社，2016.

[7]   王建国.包容共享、显隐互鉴、宜居可期——城市活力的历史图景和当代营造 [C].中国城市规划学会 2019 年年会大会报告，2019.

[8]   吴良镛.吴良镛论人居环境科学 [M].北京：清华大学出版社，2010.

[9]   吴良镛.明日之人居 [M].北京：清华大学出版社，2013.

[10]   吴志强.智能规划，城市未来 [C].中国城市规划学会 2018 年信息化年会报告，2018.

[11]   杨保军.城市要从经济增长'机器'转向美好生活家园 [EB/OL].（2017-12-14）[2020-01-12]. http：//www.nbd.com.cn/articles/2017-12-14/1171159.html

[12]   张文忠.中国宜居城市建设的理论研究及实践思考 [J].国际城市规划，2016，31（05）：1-6.

[13]   周岚等.江苏城市文化的空间表达——空间特色，建筑品质，园林艺术 [M].北京：中国城市出版社，2011.

[14]   周岚，张京祥，等.低碳时代的生态城市规划与建设 [M].北京：中国建筑工业出版社，2010.

[15]   周岚，韩冬青，等.国际城市创新案例集 [M].北京：中国建筑工业出版社，2016.

王学海，中国城市规划学会学术工作委员会委员、历史文化名城规划学术委员会委员、山地城乡规划学术委员会委员，上海千年城市规划工程设计股份有限公司总规划师、教授级城市规划师、注册城乡规划师

张俊宝，上海千年城市规划工程设计股份有限公司云南分公司总经理，高级工程师

张威，上海千年城市规划工程设计股份有限公司城市规划师

李森，上海千年城市规划工程设计股份有限公司规划所副所长，城市规划师

李 张 张 王
森 威 宝 海
   俊 学

生态治理政策持续推进下，政府角色的演变
—— 国土空间生态修复中的废弃矿山整治实践

当前我国正在全面开展废弃矿山生态治理工作，做好废弃矿山的环境治理，切实改善矿区的生态环境和人居环境，是大力推进生态文明建设的重要举措。废弃矿山生态治理是国土空间规划体系的重要组成部分，尤其在规划体系大变革的时代背景下，废弃矿山生态治理是提升国土空间治理能力的重要抓手。

政府虽肩负着生态治理的主要责任，但由于先期生态保护意识薄弱、生态治理方式单一、对环境治理缺乏统一规划、治理资金匮乏等一系列因素，同时对自身角色定位不准确，没有用好中央政府的主导政策，"等、靠、要"依赖思想严重，导致前期生态治理工作推进缓慢，难以取得理想的治理效果。随着中央政府对生态治理方针坚定不移地推进，相应的具体政策持续推出，地方政府的角色定位也越来越清晰，本文通过探究宾川县高质量推进国土空间废弃矿山生态治理工作的探索，对政府在生态治理过程中的角色定位变化做出研究，为我国的生态治理工作的具体推进提供一个可参考的思路。

1 我国生态文明建设政策的持续推进

党的十八大从新的历史起点出发，做出"大力推进生态文明建设"的战略决策，从九个方面描绘出了生态文明建设的宏伟蓝图。十九大又进一步提出了加快推进生态文明建设的意见，以"坚持节约优先、保护优先、自然恢复为主"作为基本方针，形成节约资源和保护环境的空间格局、产业结构、生产方式、生活方式，还自然以宁静、和谐、美丽,达到国土空间开发格局进一步优化、资源利用更加高效、生态环境质量总体改善、生态文明重大制度基本确立的主要目标。

在加快推进生态文明建设意见中，要求强化主体功能定位，优化国土空间开发格局，各级政府落实主体功能定位时，推动编制经济社会发展、城乡规划、土地利用规划、生态环境保护等规划"多规合一"，构建以政府为主导、企业为主体、社会组织和公众共同参与的环境治理体系，并着重要求各级政府切实加强组织领导，健全生态文明建设领导体制和工作机制，勇于探索和创新，在强化统筹协调、探索有效模式、广泛开展国际合作、抓好贯彻落实等方面取得有效成果。

为具体落实生态文明建设，中央及国家相关部委出台了一系列持续推进生态治理的政策，从 2019 年 5 月自然资源部、生态环境部《关于加快推进露天矿山综合整治工作实施意见的函》到 2019 年 12 月《自然资源部关于探索利用市场化方式推进矿山生态修复的意见》等，其出发点和目的是落实十九大精神，按照谁修复、谁受益原则，通过赋予一定期限的自然资源资产使用权等产权安排，激励社会投资主体从事生态保护修复工作。解决地方政府进行废弃矿山生态修复的资金问题以及某些大型矿山企业面临存量建设用地无法盘活、新增建设用地获取难等问题。这些政策文件也对地方各级政府的角色和责任有明确的定义和要求，地方各级政府必须统筹规划和恢复治理辖区内矿山生态环境，负责解决辖区内遗留的废弃矿山生态修复问题，对生态治理中涉及永久基本农田的按规定进行调整补划，并纳入国土空间规划，允许地方各级政府合理利用生态治理中产生的废弃土石料、合理利用土地资源等，切实保证辖区内废弃矿山生态治理工作持续高效推进。

2　当前废弃矿山生态治理情况分析

我国自 1973 年第一次全国环保会议到现如今大力推进生态文明建设，各级政府一直在探索适合我国国情发展的生态治理路子，但自改革开放以来，"以经济建设为中心"的发展思路给我国带来经济高速发展的同时，"大量的国土资源开采造成了严重的生态环境问题，主要体现为自然生态系统失调、水土流失、荒漠化等（王雁林，2019）"，这些环境问题对我国国土空间安全构成了严重的威胁。

当前我国废弃矿山生态治理工作共性的难题是需治理矿山数量多、面积广（以云南省为例，根据云南省自然资源厅数据，省内现有开采矿山 1.4 万座，其中已关停 8595 座，破坏国土面积约 4.15 万公顷），生态治理专项资金薄弱，这就需要各级政府充分发挥协调作用，调动社会各界力量共同参与治理。故而探索政府在生态治理中的作用和角色，对解决废弃矿山环境问题，推进生态文明建设具有指导意义和现实意义。

2.1 政府在生态治理中的主要作用和角色

近年来随着生态环境恶化，社会各界越来越重视生态环境的治理，由于生态环境具有典型的"公共性"，而政府作为公共利益的维护者，在解决和治理生态污染问题、推动和倡导生态环境保护工作时，必须占据主导角色和领衔作用。

2.1.1 生态治理的组织者

1989 年《中华人民共和国环境保护法》规定：地方各级人民政府，应当对本辖区的环境质量负责，采取措施改善环境质量。1996 年《国务院关于环境保护若干问题的决定》（国发〔1996〕31 号）规定：地方各级人民政府对本辖区环境质量负责，实行环境质量行政领导负责制。"地方各级政府有责任和义务保护辖区内生态环境，组织社会各界力量治理被破坏的生态环境"（张力耕，2019）。

政府作为生态治理的组织者，为了维护公共利益，组织社会各界力量制定环境保护与治理的制度；敦促企业对因生产造成的环境污染问题进行治理；承担因矿山责任主体灭失的生态治理任务。通过行政干预、组织召集社会资本或由政府直接动用财政资金等多种手段，持续开展和推进矿山生态修复任务。

2.1.2 生态治理的管理者

"政府作为生态治理的管理者，主要体现为对矿山生态治理进行统一规划、综合决策、依法监督管理以及投资和制定激励政策引导企业开展矿山生态环境治理"（王世进，张津，2012）。制定严格的生态保护决策是从源头上防治污染的有效措施，它要求政府综合协调平衡环境利益与经济利益的关系，"做出既有益于矿山生态环境保护又不降低矿产资源经济和社会效益的最佳决策方案，统一规划矿山环境治理"（王世进，张津，2012），督促矿山企业建立完善的环境保护机制。对矿业企业的综合管理与控制，体现了政府作为生态治理管理者的职能。

2.1.3 生态治理的监督者

生态环境作为典型的"公共物品"，若政府没有行之有效的监督机制，企业则可能为追求经济利益最大化，不顾生态环境，不考虑可持续发展，破坏和污染环境。因此政府为维护公共利益，必须对可能造成环境污染的企业进行监督和约束。政府作为监督者，主要体现在对企业生产前的生态保护措施监督和生态治理过程中的监督。

2.2 矿山生态治理模式的探索

2.2.1 国外生态治理模式

国外发达国家城市建设起步较早，废弃矿山的生态环境问题发生较早，也较为严重，因此对废弃矿山生态恢复的研究与实践相应也更为深入。

（1）治理措施

国外生态治理工作主要是将多专业联合起来，对于重金属、有污染的矿山，采用物理、化学、生物的方法对毒性物质和污染进行处理，对于采石矿山，则通过更换表层土壤、微生物调节、固氮植物等改良基质，同时通过自然演替等方式恢复植被。生态治理的目标也不仅仅是种树种草，而是建立一个能够进行自我维护、运行良好的完整生态系统。

（2）治理模式（表1）

国外生态治理模式   表1

序号	治理项目	治理前	治理成效	治理模式
1	加拿大布查德花园	石灰石矿坑	因地制宜，保持矿坑独特地形，建成有玫瑰园、意大利园和日式庭院综合性观赏园区	以开发促进治理、重建自然生态系统
2	英国"伊甸园"	黏土矿坑	利用原有地形建成为大型植物园，兼具植物研究、科考、旅游观赏等功能	以开发促进治理、重建自然生态系统
3	英国Swineham采石场修复	采石场	鸟类栖息地、生态湿地	重构生态系统
4	美国Midwestern废弃矿山再利用工程	废弃露天煤矿	生态湿地、净化水体、涵养水源	重构生态系统
5	美国东Anaconda铜矿修复工程	废弃铜矿	集高尔夫、徒步旅行、钓鱼和打猎等一系列休闲项目为一体的旅游胜地	开发式治理、旅游观光
6	美国纽约清泉公园	废弃填埋场	恢复湿地、森林、引入新栖息地、添置休闲娱乐项目，为野生动植物、文化社会生活提供了优质场所	以开发促进治理、重建自然生态系统

资料来源：笔者自绘

（3）治理机制

国外发达国家开展矿山生态治理工作时间较长，治理机制较为完善，已经形成完善的法律管理体系。国外矿山生态治理机制主要体现为实行矿山开采许可证制度，对即将进行开采的企业不仅仅是审查其开采方案，同时监督其完成矿山恢复规划并严格执行。由于国外土地私有化程度较高，在矿山开采的同时，矿山责任主体通过向政府缴纳治理保证金的模式，保证企业在开采完成后主动进行生态治理措施，履行企业的社会责任，保证矿山生态环境的可持续发展。以政府的环境管理体系为框架，开采企业主导治理，社会公众全过程参与是国外最成熟的生态治理机制。

2.2.2　国内生态治理模式

我国近年来才开始研究矿山生态治理，研究领域也多偏向于工程治理，受限于治理模式单一和经费的紧缺，除极少数重点项目按景观公园恢复建设外，大量的矿山生态治理尚在不断地摸索中。

（1）治理措施

国内对于废弃矿山生态修复主要是与国土空间资源相结合，根据治理矿山的现状特征将矿山废弃地改造成生态用地、农业用地或建设用地。这个工作环节主要依靠政府的规划和协调，确定矿山废弃地的改造方向，并吸纳企业共同参与建设。

由于我国需治理的废弃矿山数量多、面积广，治理专项资金薄弱，同时缺乏对矿山生态治理措施的深入研究，导致我国目前多数废弃矿山生态治理仅仅是简单的水土流失防治、尾矿库建造、种树复绿，生态治理措施较为单一。虽有少量废弃矿山治理之后开发成旅游区或其他产业用地，但在治理后缺少对生态系统的重构环节，导致后期的维护、管养成本较高，并不适合全面推广。

（2）治理模式（表2）

国内生态治理模式　　　　　　　　　　　　　　　　　　　　表2

序号	治理项目	治理前	治理成效	治理模式
1	唐山南湖公园	采煤塌陷区	风景优美的城市公园	重构生态系统，园林化景观空间建设
2	湖北黄石国家矿山地质公园	废弃铁矿	集旅游观光、工业遗址展示等综合公园	开发式治理
3	南京汤山矿坑公园	采石场	集旅游观光、温泉度假为一体的旅游度假区	开发式治理，园林化景观空间建设
4	上海辰山植物园矿坑花园	采石场	构建不同观赏片区城市综合性植物园	植物公园景观空间建设
5	兰坪沘江河（县城段）综合治理	泥石流频发河道	对上游采石矿山生态修复，源头上消除地质灾害隐患	景观空间建设
6	云南白龙山采石场	采石场	对采掘深坑进行填土反压，表面复绿，对陡峭坡面削坡造台	植树复绿，恢复林地
7	昆明团结街道羊草山采石场	采石场	对采掘深坑进行填土反压，表面复绿，陡峭坡面自然恢复	工程填土、表面复绿

资料来源：笔者自绘

（3）治理机制

由于我国政治体制的原因，国内废弃矿山生态治理机制主要是由中央主导制定生态治理任务及目标，确定治理数量及面积，再下达到各级政府具体落实生态治理工作，对生态治理的资金来源、治理机制及手段等并未做具体要求，由各级政府根据行政辖区的现状进行综合考虑。这就导致对于沿海发达地区，由于财政资金支撑力度较大，生态治理效果较好，而对于欠发达地区，则生态治理效果较差。国内生态治理机制是通过中央制定政策到地方各级政府推进生态治理的模式，虽然地方政府有较大的自主性，但并未探索出一套成熟有效的治理机制，未充分调动社会各界力量参与治理，公众参与程度较低，治理成效缓慢。

2.2.3　小结

发达国家由于政治体制和土地权属等原因，矿山的生态环境治理工作主要依靠民间组织和企业来主导，政府的作用是制定环境管理体系，通过完善的环境体系来监督和管理企业或个人进行生态治理。虽不由政府主导，但所采用技术和取得的效果对我国的生态治理工作具有极大的借鉴意义。

通过对国内外生态治理机制的研究，构建以政府为主导、企业为主体、社会组织和公众共同参与的生态治理体系是我国矿山生态治理的必然模式，同时也应结合国外先进的治理技术手段，在具体治理措施上不断进步。

2.3　我国废弃矿山生态治理存在的问题

2.3.1　政府作为生态治理的主体，公众参与程度较低

根据我国目前的实际情况来看，仅依靠政府的力量远远无法解决愈来愈严重的生态环境问题，需要全社会力量的共同参与。但由于政府对社会公众的引导和教育力度不够，社会公众的生态责任意识薄弱；而且我国尚未建立健全有效的公众参与的机制，使得一些有环境责任意识的公众无法直接参与到政府的生态治理工作当中。这都造成了当前生态治理的公众参与程度低、参与力度薄弱、参与方式流于形式的结果。并且，在政府进行生态治理时，由于多数社会公众无法直接参与到治理工作中，从而容易对生态治理工作的成效产生怀疑，甚至影响到了政府的公信力。

2.3.2　过度依赖财政资金补贴，全面治理的保障性不足

我国现有矿业企业对环境治理普遍存有抵触情绪或侥幸心理，企业为了追求利益最大化，不愿意支出部分企业收益进行生态治理，并且绝大部分已关闭的矿山造成的环境破坏已难以找到责任人，生态治理责任自然落在了政府身上。需要治理的废弃矿山众多，而财政资金支撑力度有限，所以资金短缺就成了制约我国矿山生态治理的瓶颈之一。同时矿山生态治理过度依赖财政资金补贴的现状，一方面导致单个矿山的治理深度不够，另一方面对矿山进行全面治理的保障性不足。

2.3.3　生态治理方法单一，生态治理的质量较差

目前绝大多数矿山生态治理主要集中在对开采区的复垦和植被恢复方面，简单地对开采区进行植树复绿，而对于陡峭坡面来说，由于其治理难度大，只能以自然恢复为主。生态治理注重"景观视觉修复"，生态治理的方法单一，并没有深入研究矿山的地质地貌、土壤环境、气候条件等自然条件，也未制订整体的生态修复技术方案。而且，随着时间推移，由于灌溉系统不完善、治理土壤贫瘠化等因素，植被绿化成活率低，被治理的矿区"再裸露"严重，治理后和治理前差别

不大，治理质量较差。

2.3.4 国土空间资源价值未充分体现

"2018 年国家成立自然资源部，统一行使国土空间生态修复职责，着力解决部门分割问题，以行政改革推动国土空间生态修复理论体系与实践的完善"（王雁林，2019）。但由于理论体系与实践手段滞后，导致矿山生态治理后并未按照最佳的方式进行国土空间再利用，空间资源价值未充分地体现，造成了国土空间资源的浪费。纵观我国目前已完成或正进行的生态修复案例，大部分修复工程采用园林化、湿地公园等景观性空间建设，投资量大，维护费用高，难以大面积推广，没有充分挖掘和发挥国土空间的资源价值。

2.3.5 生态治理政策保障不足，社会资本主动参与生态治理难度较大

当前我国矿山生态治理的市场机制尚未建立健全，目前主要由政府向企业征收矿产资源费、排污费等或者直接使用财政资金参与治理，生态治理面向市场的开放程度不高，治理的专项基金缺乏，治理主体单一，治理方式不灵活。并且由于治理政策保障不足，企业参与生态治理的收益也主要依靠政府财政补贴，没有探索出一条适合市场化运行的生态治理投资收益机制，社会资本主动参与生态治理的难度较大。

2.3.6 注重修复短期效益，缺乏长期维护和管理

目前我国大部分矿山生态治理时间紧任务重，同时治理手段单一，导致对矿山生态治理只注重短期效益，治理也仅仅是对裸露的地面进行植树复绿，虽在短期内达到了生态治理标准，但由于缺乏长期的维护和管理，治理后的矿山植被由于自然条件等原因，"再贫瘠化"严重。

3 大理白族自治州全力抓实中央环境保护督察"回头看"暨开展"环洱海流域"废弃矿山生态治理试点工程的探索与研究

2018 年 7 月，接到中央环境保护督察"回头看"交办举报环境问题后，大理白族自治州委、州政府高度重视，严格按照《云南省环境保护督察工作领导小组办公室关于切实做好中央环境保护督察"回头看"交办举报环境问题查处整改工作的通知》要求，全力抓实中央环境保护督察"回头看"，认真梳理大理白族自治州行政区域内的环境治理工作，针对环洱海流域非煤矿山关停、取缔、生态修复不到位的问题，大理白族自治州政府对其辖区内涉及环洱海流域的 57 个非煤矿山已全部实施关闭，积极开展矿山生态治理工作。

虽然州政府充分暴露和整理了矿山生态治理中存在的一系列问题，但由于中央

并未出台与之匹配的生态治理政策，导致州政府具体推进生态治理任务进度缓慢，仅利用政府财政资金进行生态治理的质量低下。面对州内矿山治理任务重、难度大、时间紧，同时生态治理机制缺失、财政资金薄弱的困境，大理白族自治州政府积极转变自身在生态治理中的角色，认真谋划，多方招商引资，探索利用市场化方式来推进矿山生态修复治理，启动鹤庆县"蝙蝠洞"及宾川县"狮子口"采石矿山生态治理试点工程，根据试点工程，认真总结和完善生态治理的机制和模式。

3.1　大理白族自治州鹤庆县"蝙蝠洞"废弃矿山生态治理试点工程

鹤庆县金墩乡蝙蝠洞废弃矿山位于 S221 省道西北侧，羊龙潭水库西南侧，距离鹤庆县城约 12 千米。范围内主要分布有 5 个矿坑（其中 4 个为采石场矿坑，目前已经废弃，1 个为黏土砖厂取土坑，现砖厂已关停，取土矿坑已停止使用）、2 个弃土场、1 个已关停砖厂、1 个临时性工棚、正在生产的小型石材加工厂、殡仪馆及农林用地。整体治理面积约 70 公顷。由于蝙蝠洞矿山多年的开采，矿石表层土体已被破坏，矿区土地石化，植被破坏，土地荒废，形成高低不平的采石坑。陡峭不稳定边坡及危石、采石场地质环境恶化等，造成周边自然景观的破坏，严重影响矿区及周边地区居民的人居环境质量（图 1）。

图 1　蝙蝠洞废弃矿山现状航拍
资料来源：笔者自摄

　　2018 年 9 月，大理白族自治州政府启动蝙蝠洞废弃矿山生态修复试点项目，州政府通过 EPC 模式，引入大理白族自治州土地开发投资有限公司全额投资蝙蝠洞废弃矿山生态治理，中冶二局公司进行建设施工。根据生态治理再利用方案，治理完成后建设成城市公园，项目总体投资金额约 7150 万元。生态治理时新产生土石料约 87 万立方米，拍卖价值约 3100 万元，治理完成后整理可交易土地面积约 213 亩，土地增减挂钩补贴约 5400 万元。尾矿结余与新增土地总收益约 8500 万元，已完全覆盖总体投资金额。蝙蝠洞废弃矿山生态治理实施后从根本上消除了地质灾害隐患，改善了矿区生态环境，提升了景观效果，保障了矿区周边群众生命财产安全，产生了良好的社会效益。项目前期通过建设单位自筹及银行贷款的方式筹集资金，后期通过土地增减挂钩及削坡减荷过程中所产生石料的出售取得的收益，基本可平衡工程投资，偿还银行贷款本息。项目的建设从侧面促进了社会经济的发展，具有良好的经济效益，治理完成后取得了良好的治理效果（图 2—图 5）。

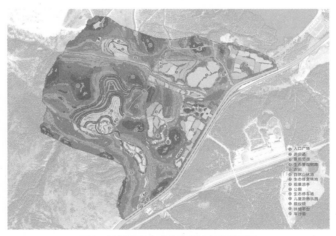

图 2　蝙蝠洞废弃矿山生态治理总平面图
资料来源：笔者自绘

图 3　蝙蝠洞废弃矿山生态治理鸟瞰图
资料来源：笔者自绘

图 4　蝙蝠洞废弃矿山 5 号矿坑局部鸟瞰图
资料来源：笔者自绘

图5　蝙蝠洞废弃矿山生态治理实景图
资料来源：笔者自摄

3.2　大理白族自治州宾川县"狮子口"废弃矿山生态治理试点工程

宾川狮子口废弃矿山位于宾川县金牛镇，周边为山林和耕地，距离宾川县城3千米，距离最近道路S220省道约2.8千米。狮子口废弃矿山位于程海—宾川大断裂东侧，其地层岩性为厚层块状纯灰岩，暗河溶洞强烈发育，地层呈条带状分布，东侧地层岩性为泥质砂岩；西侧地层岩性为玄武岩夹石灰岩透镜体；北侧地层岩性为含砾黏土及含砾粉质黏土。狮子口片区8个采石场范围内存在多处开挖区域，属于陡坡式切割开采，整个治理面积约114.1公顷。矿山岩体存在沿边坡剥落、局部崩塌、可能出现向下错落或倾覆等地质灾害隐患（图6）。

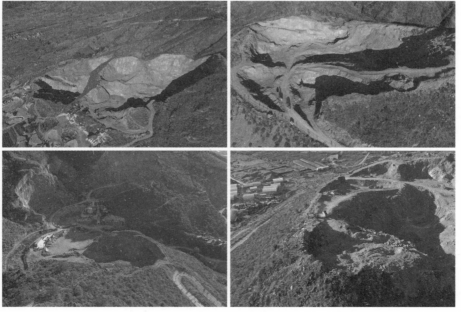

图6　狮子口废弃矿山现状航拍
资料来源：笔者自摄

　　2019 年 3 月，大理白族自治州政府启动狮子口废弃矿山生态修复试点项目，州政府通过 EPC 模式，引入大理白族自治州土地开发投资有限公司全额投资生态治理，中冶二局公司进行建设施工。项目整体分为两个周期进行生态修复治理，一期治理面积 74.1 公顷，总体投资金额约 2 亿元，在生态治理技术方案中，新产生土石料约 312 万立方米，拍卖价值约 1.95 亿元；二期治理面积 40 公顷，总体投资金额约 1.5 亿元，新产生土石料约 206 万立方米，拍卖价值约 1.2 亿元。一、二期治理完成后整理可交易土地面积约 348 亩，拍卖价值约 0.7 亿元。尾矿结余与新增土地拍卖价值已经完全覆盖项目的总投资。根据国土空间再利用方案，狮子口片区由原来的废弃矿山变成了果园示范基地，空间资源得以充分利用，果园示范基地的景观效果也丰富了城市形象，狮子口废弃矿山取得了良好的治理效果（图 7—图 9）。

图 7　狮子口废弃矿山生态治理总平面图
资料来源：笔者自绘

图 8　狮子口废弃矿山生态治理
鸟瞰图
资料来源：笔者自绘

图 9　狮子口废弃矿山生态治理
实景图
资料来源：笔者自摄

3.3　小结

　　大理白族自治州政府自中央环境保护督察"回头看"工作后，就对辖区内矿山生态治理进行摸索和创新，在试点工程开展之前，州政府在面对治理工程资金缺口大、中央及国家部委生态治理政策方向不明晰、政策具体利用方式未明确等一系列困境下，积极转变自身角色和定位，从过去的"等、靠、要"即等中央下达生态治理任务、靠上级政府指导生态治理工作、要中央财政资金来推进生态治理的"被动式"推进生态治理转变成自我探索、不怕犯错，创新性地开展生态治理工作。在试点工程中，首创性地将尾矿资源、治理新产生的土石料通过政府公共交易平台公开对外出售，并将这部分收益全部用于该生态治理试点工程，成功地解决了试点工程资金问题。而后中央在 2019 年 12 月印发《自然资源部关于探索利用市场化方式推进矿山生态修复的意见》（以下简称《意见》）也从政策上肯定了这样一种尝试。《意见》明确指出地方政府组织实施的历史遗留露天开采类矿山的修复，因削坡减荷、消除地质灾害隐患等修复工程新产生的土石料及原地遗留的土石料，可以无偿用于本修复工程；确有剩余的，可对外进行销售，由县级人民政府纳入公共资源交易平台，销售收益全部用于本地区生态修复。这说明大理白族自治州在试点工程中所采用的资金筹措方式是在中央精神基础上的大胆创新，是先行于自然资源部出台的具体生态治理政策的；同时通过 EPC 模式引入多方参与的生态治理机制是合理的、可行的。资金筹措方式和生态治理机制等为辖区内矿山生态治理提供了宝贵的经验。

通过大理白族自治州两个废弃矿山生态治理试点工程所取得的成效能够看出，政府积极转变自身角色，从过去的"被动式"接收治理任务变成"主动式"组织参与生态治理，探索生态治理机制，拓宽生态治理资金渠道，引入多种生态治理手段，以开发式治理完成生态治理任务是可行且高效的，而企业则通过生态治理，取得建设施工、资金投资等收益，同时生态治理改善了矿区及其周边的生态环境，最终达到了政府、企业和社会三方"共赢"的良好局面，为持续推进矿山生态治理工作奠定了扎实基础。

4   宾川县高质量推进国土空间废弃矿山生态治理的模式及成效

在总结大理白族自治州两个废弃矿山生态治理试点工程中的模式和成效后，宾川县政府积极转变自身角色，开展行政区域内废弃矿山的生态治理工作。针对县域范围内需治理的废弃矿山众多，而大多数矿山现状资源匮乏，并不具备"蝙蝠洞""狮子口"废弃矿山可通过出售自身尾矿余料达到投资收益自平衡的优良条件，县政府立即开展了全县域的废弃矿山综合整治规划，根据现状特征，创新性地通过各个矿区投资收益高低搭配、生态治理难易结合的方式，将县域范围内的废弃矿山统一规划，打包成若干个综合性的生态治理工程，有效地解决了各个矿区的生态治理资金问题，最终达到工程项目投资和收益自平衡。同时，统筹考虑各个矿区土地利用现状和开发潜力、土壤环境质量状况、水资源平衡状况、地质环境安全和生态保护修复适宜性等因素，结合生态功能修复和后续资源开发利用、产业发展等需求，充分挖掘土地资源价值，并积极纳入国土空间规划，高质量地推进县域国土空间废弃矿山生态治理。

4.1   宾川县废弃矿山概况

目前宾川县行政区域内有 25 个废弃采石矿山，其中鑫源、宏丰、德鑫等 21个石场位于宾川县县城周边；仁和、盛兴、亚兴等 4 个石场位于宾川县平川镇周边（图 10）。

由于先期大量取土采石，地表物质的剥离、扰动、搬运和堆积，破坏了矿山及其周边区域的地形地貌、植被和生态环境，产生的废石、废渣等松散物质极易造成矿区水土流失，甚至造成严重的地质灾害、生态失调和资源浪费，并已成为制约宾川县社会经济可持续发展的一大障碍，对城镇建设、人居环境、景观风貌

图 10　宾川县废弃矿山分布图

资料来源：笔者自绘

已造成严重威胁和破坏。

宾川县政府于 2019 年 6 月启动全县范围内存在的废弃矿山详细调查工作并对县域矿山进行统一整理编制生态修复治理专项规划，同时结合大理白族自治州废弃矿山生态治理试点工程中所取得的模式和成效，积极探索和创新废弃矿山生态治理机制，构建了以"政府为主导，多方参与"的生态治理体系，制定了生态治理政策保障，扩宽渠道，吸引多元资金参与生态治理，同时根据不同矿区的现状特征，以开发式治理为手段，深度挖掘国土空间资源的价值，并建立健全生态治理长期维护和运营机制，高质量推进宾川县国土空间废弃矿山生态治理工作。

4.2　宾川县高质量推进国土空间废弃矿山生态治理的模式

4.2.1　建立以"政府为主导，多方参与"的生态治理体系

建立"政府为主导，多方参与"的废弃矿山生态治理机制。首先，对于已关停矿山，政府梳理其矿权，同时授权资本方投资矿山生态治理工作，资本方在接收到生态治理任务之后，召集设计方根据治理矿山的现状特征，制订合理的矿山生态治理技术方案，政府责任主体则对该技术方案进行审查审批，确保技术方案可行；技术方案完成后再召集建设方根据技术方案进行项目建设施工，同时政府责任主体也对建设方进行监督和管理，确保建设施工严格按照技术方案进行。在建设完成后，资本方将最终生态治理成果交还给政府责任主体。政府责任主体则召集运营方负责生态治理项目长期的运营、维护和管养，同时也对运营方进行监

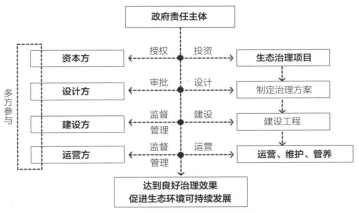

图 11　废弃矿山生态治理体系结构图

资料来源：笔者自绘

督和管理。在生态治理项目推进全过程中，县政府通过开设生态问题监督平台，营造公众参与的环境，并制定与社会经济发展相适应的公众参与机制，"使得社会公众能通过合法合理的途径参与生态治理"（刘平，尹文嘉，2014）。最终，经过政府主导，多方参与的生态治理模式，达到良好的生态治理效果，促进矿区生态环境可持续发展（图 11）。

4.2.2　制定生态治理政策保障，多元化资金筹措渠道

在废弃矿山生态治理中，宾川县政府根据每个矿山的具体特征，制定符合宾川县废弃矿山生态治理的政策保障，拓宽资金筹措渠道，促使多元渠道资金参与生态治理。根据生态治理技术方案，对陡峭破壁进行因削坡减荷、消除地质灾害隐患产生的土石料以及现状存留的尾矿，政府责任主体将其通过公共交易平台公开处置，取得一定的资金收益，这部分资金收益又全部投入生态治理项目中；同时对原有矿区进行必要的土地平整，整合原有矿区的建设用地指标，通过土地增减挂钩进行指标交易，取得的资金收益也全部投到该生态治理项目中；对于区位优良、现状基础较好的矿山，通过产业开发或城乡建设用地开发取得的收益，再次返回到治理项目中。县政府通过多元化资金筹措渠道，引导更多资金参与到生态治理，保障废弃矿山的深度治理和全面治理（图 12）。

4.2.3　以开发式治理为手段，深度挖掘空间资源价值

在进行废弃矿山生态治理的同时，宾川县积极探索建立以空间资源开发利用为主线的国土空间生态修复机制，认真梳理各个治理矿区的现状条件和自然基底，充分考虑区域特点和条件，因地制宜、因矿制宜，采取符合自然规律、科学合理的生态修复措施和综合利用方案。通过对现状和相关规划详细分析，制订"一矿一策"方案，将矿山生态修复与山水林田湖草生态保护修复等有机结合，按照国

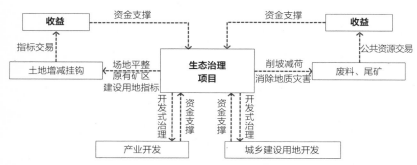

图 12　废弃矿山生态治理多元化资金筹措渠道结构图

资料来源：笔者自绘

土空间规划和用途管制要求，立足生态系统完整性，进行统筹部署，通过多种技术手段，宜农则农、宜林则林、宜园则园、宜水则水、宜建则建，以开发式治理为手段，深度挖掘国土空间资源价值，最终达到综合利用的目的（表3）。

宾川县废弃矿山生态治理措施及综合利用方式（部分）　　　表 3

编号	项目	基本情况	上位规划情况	治理方案	再利用方式
1	鑫泰石场	远离城镇和交通要道，周边为山林	三调基本为建设用地	林地恢复＋建设用地开发	物流产业基地
2	德鑫石场	主要交通道路周边，周边为山林	三调基本为建设用地	林地恢复＋土地增减挂钩	农业种植
3	耙齿山石场	紧邻宾邓线	三调基本为建设用地	林地恢复＋建设用地开发	冷链物流基地
4	宏丰石场	位于宾居镇东南侧，靠近坝区，为丘陵缓坡地形，北接镇区和搬迁安置点，东接坝区农田，南部为山体	三调基本为建设用地	林地恢复＋土地增减挂钩＋建设用地开发	农业种植＋城镇建设
5	鑫源石场	远离村镇，周边为山坡荒地和林地	三调基本为建设用地	林地恢复＋土地增减挂钩	农业种植
6	众邦石场	远离城镇和交通要道，为坝区缓坡地，周边主要为成片柑橘种植示范区	三调基本为建设用地	林地恢复＋土地增减挂钩＋建设用地开发	都市农庄
7	亚兴石场	长江经济带矿山生态修复10—20千米范围，缓坡山地开采，周边为山林和耕地	三调基本为建设用地	林地恢复＋土地增减挂钩	农业种植

资料来源：笔者自绘

4.2.4　建立健全生态治理长期维护和运营机制

废弃矿山生态治理是一个长期的、动态的过程，需要对治理效果进行长期的维护。在进行生态治理的同时，县政府积极完善矿山生态环境详细调查监测技术，"加强矿山生态环境详细调查监测标准研究，制定标准化矿山生态环境详细调查制度"（马晓勇，赵娜，刘树敏，2019）。根据各个废弃矿山现状条件，制定矿山生态系统自我修复的措施，促进治理完成矿山生态系统自恢复能力的改善，并结合治理再利用方案对矿山进行整体改造，实现废弃矿山的生态系统重构。利用遥感监测、现场调研及生态取样等技术优化矿山生态修复措施，并制定近期、中期、远期生态治理目标及治理标准，建立健全废弃矿山生态治理的长期维护机制和运营机制，高质量推进矿山生态治理工作，防止治理后的矿山出现"再贫瘠化"和"再荒漠化"。

4.3　宾川县高质量推进国土空间废弃矿山生态治理的成效

宾川县行政区域内的 25 个废弃矿山，生态治理总面积达 265.13 公顷。根据《宾川县废弃矿山生态修复专项规划》，治理完成后新增高标准农田 1054.95 亩，新增园地 1852.50 亩，新增林地 474.15 亩，恢复建设用地 590.25 亩。新增的林地在净化环境、涵养水源、水土保持以及改善气候等方面有良好的生态作用，同时还能满足人们的精神需求。此外，农林业的发展也为社会提供大量的就业岗位，增加山区农民收入，为农民提供致富的途径，促进"三农"问题的解决；新增耕地在保护生态环境的前提下，把水浇地水利配套设施建设、机耕道建设、土地平整及地埂建设紧密结合在一起，通过水利灌溉排涝、机耕道路等工程措施，实现耕地生态系统的完善，大大提高了区域排涝能力，起到改良土壤、美化环境的作用，使区域生态环境逐步改善并进入良性循环。治理完成后，其将成为一道亮丽的田间风景线，发挥着农业生产建设和美化环境的双重功效，将明显地改善区域的生态景观。区域内原有土地利用效益较低，通过土地复垦，提高了土地利用率，改善了区域农业生产条件，促进了农业的可持续增长和农村经济可持续发展。此外，生态治理后耕地面积明显增加，缓解了人地矛盾。生态治理期间，雇用了矿区当地和周围的群众，为转移农村普遍存在的大量剩余劳动力提供了新途径。同时，治理项目的实施为矿山生态治理工作积累了丰富经验。治理完成后形成的良好的农业生产环境，产生相应的经济效益，有利于提高广大农民对矿山环境治理工作的支持度和理解度，增强公众参与矿山环境治理的主动性和积极性。

对于生态治理工程中因削坡减荷、消除地质灾害隐患而产生的石方，除少部分用于坡脚护脚挡墙砌筑外，剩余部分全部纳入县公共资源交易平台对外销售，所得收益全部用于工程建设投资及建设期贷款利息偿还。新增建设用地 590.25 亩，可用于挂牌出让，作为招商引资的有力推手，大力发展旅游观光、农业综合开发、仓储物流、养老服务等产业。在盘活土地资源的同时，有效促进产业结构调整及土地资源集约利用，为城市发展预留空间。本次全域治理工程总投资约 10.5 亿元，

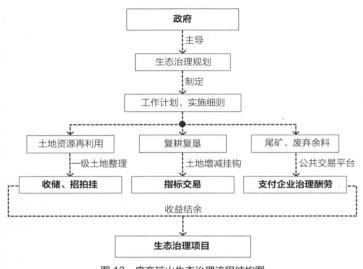

图 13　废弃矿山生态治理流程结构图
资料来源：笔者自绘

而通过施工弃渣处置和土地增减挂钩所取得的收益为 10.485 亿元，收益基本上覆盖总投资金额，为宾川县高质量推进国土空间矿山生态治理提供了有力的资金保障。

宾川县高质量推进国土空间废弃矿山生态治理工作中，政府主导编制全域废弃矿山生态治理规划，根据规划制定工作计划和"一矿一策"实施细则。对有价值的土地资源，配合企业进行一级土地开发工作，进行土地收储，通过"招拍挂"公开处置建设用地获取收益；对不利建设的矿山废弃地复耕复垦，整理用地指标，通过指标交易获取收益；对治理新产生的尾矿、废弃余料，通过政府公共资源交易平台出售，获取土石料收益并转移支付企业治理工作酬劳。三大部分的收益结余全部用于生态治理项目中，保证了生态治理工作持续高效推进，取得良好的生态效益、社会效益和经济效益（图 13）。

5　总结和讨论

矿山生态环境破坏是我国经济高速发展过程中所必须面对的问题，只有足够重视矿山生态破坏问题并采取行之有效的治理措施，才能保证国家生态环境不会继续恶化，进而保证国家经济社会的正常发展。云南大理白族自治州在废弃矿山生态治理工作中，以规划作为强力抓手，根据治理项目的整体规划，制定详实的工作计划和实施细则，统筹安排土地资源再利用、废弃地复耕复垦、尾矿余料拍卖及相关工作，通过投资高低搭配、治理难易结合的方式，有效保障了各个治理项目顺利推进并取得良好治理效果。具体实践证明，云南大理白族自治州对废弃矿山生态治理工作的积极探索是行之有效的，对于在实践中执行中央精神，针对具体情况开创性地破解治理难题，创出了一条新路。

矿山生态治理作为国土空间生态修复的一个重要组成部分，应依据不同矿山现状特征和自然环境等因素，制订和调整相应的矿山生态治理方案，做到矿山生态治理的整体化、生态化，并纳入同时期的国土空间规划，使矿山生态治理后的土地资源利用指标化、规范化和法定化，保证国土空间资源高效利用。同时各级政府应当积极转变自身角色，从"被动式"治理变"主动式"探索和完善生态治理机制，构建以政府为主导、企业为主体、社会组织和公众共同参与的生态治理体系，制定相关优惠政策，并建立健全完善的法律法规，做好生态环境保护和防治工作。

大理白族自治州在宾川县和鹤庆县的积极探索为我国的矿山生态治理贡献了鲜活的案例，提供了一些可参考的思路，为经济欠发达地区推进废弃矿山生态治理工作积累了宝贵经验。随着各级政府和社会公众在中央政府不断推进的政策支持下，不断地对矿山生态治理工作做出更深入的研究和实践，必将持续地从各个方面提高我国生态治理能力，全面推进国家生态文明建设。

参考文献

[1] 刘平，尹文嘉.生态环境治理中的政府角色探析 [J].环境保护与循环经济，2015（06）：13-15.

[2] 马晓勇，赵娜，刘树敏.浅谈山西国土空间生态修复——以矿山生态修复为例 [J].环境生态学，2019（04）：49-53.

[3] 王雁林，任超，李朋伟，等.关于国土空间生态修复若干问题与对策探讨 [J].陕西地质，2019（01）：86-89.

[4] 王世进，张津.论矿山环境治理中的政府环境责任及其实现机制 [J].江西社会科学，2012（12）：138-144.

[5] 张力耕.我国县域环境治理中的政府角色 [D].长沙：湖南师范大学，2013.

任白霏，北京大学建筑与景观设计学院硕士研究生

汪芳，中国城市规划学会学术工作委员会委员，北京大学建筑与景观设计学院教授、NSFC-DFG（中德）城镇化与地方性合作小组组长

汪芳

任白霏

水资源适应视角的渭河流域城水关系研究 *

　　黄河流域是中国重要的生态屏障和重要的经济地带，在中国经济社会发展和生态安全方面具有十分重要的地位。而渭河是黄河流域最大的支流，地处黄河流域的核心区。渭河流域中以西安为中心的关中平原城市群所在地，曾是华夏文明的重要发祥地，如今作为西部地区面向东中部地区的门户，在国家现代化建设大局和全方位开放格局中具有独特战略地位。随着城镇化进程的深入，渭河流域地区人口和资源环境压力增加，并且由于处于半干旱地区，渭河平原城市群的水资源压力非常严峻。本文聚焦水资源适应视角的渭河流域城水关系研究，探索渭河流域城市水资源治理策略。

　　由于本文研究的是城镇化水平与水资源利用的关系，因此选取渭河及其支流的流域范围内所涵盖的西安市、咸阳市、宝鸡市、铜川市、渭南市、延安市、天水市、平凉市、庆阳市、定西市这 10 个城市作为主要研究对象（表 1）；在对渭河流域资源禀赋与城镇发展状况的研究中，提取 2000 年与 2015 年的土地利用数据中的城镇面积数据。

渭河流域地区流经的主要行政区　　　　　　　　　　表 1

省	平原涵盖区域	主城区在渭河流域范围内的城市
陕西省	陕西中部关中地区、陕西的西北部地区	西安市、咸阳市、宝鸡市、铜川市、渭南市、延安市
甘肃省	甘肃中部	天水市、平凉市、庆阳市、定西市

* NSFC-DFG 中德合作研究小组项目（中德科学中心，编号 GZ1457）。

1　流域城水关系与城市水资源治理

1.1　流域城水关系研究

流域水资源环境变化和人类聚落的适应性研究一直以来受到学界关注。流域城水关系研究以城乡聚落和水环境的相互关系和反馈机制为核心，并在已有研究中被纳入人地关系研究范畴。城镇聚落和水文环境变化具有动态耦合机制，并构成共同进化的复杂系统。在城镇化迅速推进的背景下，流域水系与城镇空间正在逐渐形成密切关联的有机整体。因此，探索流域城水关系，是研究自然演变过程与人工干预力量关系的一个重要方面，也是寻找未来人地关系协调可持续发展的关键环节。流域水资源禀赋[1]与水文格局[2]决定着流域地表物质和能量的输送和分布，对人类聚落的选址和布局具有重要影响[3]。冀朝鼎[4]曾提出传统的流域水利工程是中国历史上重要经济区发展的基础，并导致了经济中心——都城及其周边城市群的集聚和迁移。人类对于水文环境的开发利用活动，如修筑堤坝、开采地下水、凿通人工河流等，都会影响流域的水循环[5]，例如运河漕运打乱了华北地区天然河流的排水系统[4]。这些人类活动不仅改变了河流的自然变化，也重塑了城市与水的关系，人类和水处于共同进化的过程当中，历史数据说明中国的人口变化和水治理活动有很强的相关关系[3]。中国历史上城市选址研究也表明，聚落选址与河流沿岸优越的地理环境与水文条件密切相关[6]，山前冲积扇与冲积平原肥沃的土壤也促使城市聚落在洪泛区诞生和发展。因而，城市和河流构成了一个完整系统，海拔高度[7]、河流等级、城市人口[4]、建筑面积和水利设施[8]等因素都会影响这个系统。

1.2　城市水资源治理策略的重要性

近年来，国内外城市水资源治理的策略受到学界广泛的关注，学者们开始制定评价体系评价水资源政策的科学性[9, 10]。Megdal[11]对美国水资源的管理政策做了研究，认为水资源政策制定者、使用者、研究者需要治理和管理好地下水[11]，以实现水资源的可持续利用，为社会经济的稳定发展提供资源与环境保障。R. Lavoie等[12]针对加拿大的魁北克省区域规划提出保护水资源的建议。而在中国，由于长期以来水资源严重短缺和水资源过度开发[13]，黄河中游的渭河平原地区现已成为中国水资源严重短缺地区[14]。水资源管理与响应调整机制引起研究者与管理者的广泛关注，中国各地尤其是北方地区出台了一系列跨流域调水与保护水资源的政策。其中影响最大的应该是南水北调政策。尽管近年来的南水北调政策以及现有的水资源保护政策暂时缓解了北方地区的水资源短缺危机，但不可持久[15]。通过对黄河流域地下水资源保护的相关政策梳理，发现黄河中游的水资源形势严峻，因此这些地区划定地下水禁采区和限采区范围，并严格地执行取水许可制度[14]。随着区域振兴的推进与城镇化的不断深入，尽管有各类用水制度的限制，城镇用水总量的控制与水污染治理依然不易。此外，由于地理因素的限制，渭河流域无法像华北平原那样实施大规模的跨流域调水工程[16]，其输水调水方式大多依托近代以来相对传统的工程。因此，合理水资源治理策略对于渭河流域地区愈显重要。

1.3　水资源治理对渭河流域城市发展的意义

黄河中游地区的城镇在中华文明的发展中有着重要的地位，该区域城镇演变历程是中华城市的独特谱系。渭河流域地处黄河中游的核心区。其中，以西安为中心的渭河平原的城市群，是华夏文明的重要发祥地。而如今的渭河关中平原城市群，作为西部地区面向东中部地区的门户，在国家现代化建设大局和全方位开放格局中具有独特战略地位。2018 年国家正式批复建设"关中平原城市群"，希望将渭河平原的关中城市群打造成为"内陆改革开放的新高地"，并充分发挥该地城市群"对西北地区发展的核心引领作用"，以及对于中国的"向西开放战略支撑作用"。近年来，随着城镇化的不断深入，黄河中游渭河流域环境作为孕育古代中国人类聚落的摇篮，在当下正以一种全新的方式与城镇聚落进行互动。进入现代社会，渭河流域人口主要集聚在陇海铁路沿线，历史上的中游人口聚集区渭河谷底的关中—天水地区和河南伊洛河谷地的郑—洛地区人口密度进一步增加[17]。黄土高原北部地区由于城镇土地利用扩张的同时，人口密度与城市活力却没有相应的提升[18]，因此在渭河流域自然资源的限制条件下，应当整合城市各种资源，该地区城市化发展应当走精细化、集约式发展之路，而其城市水资源治理策略应当遵循可持续利用模式。

本研究以水资源适应性的城水关系为研究视角，以渭河流域为案例地，分析水文条件对于渭河流域主要城市的选址影响，以及城镇用地集约度、城镇功能集约度与水资源利用效率之间的关系，并对渭河流域城市水资源治理提出相应的策略。

2　基于水资源禀赋适应性的城镇位置分布

研究中，利用地形 DEM 和水系网络矢量数据和水域面积变化数据，分析流域内各个区域中基础的自然禀赋差异；地形位指数结合高程和坡度两个地形因子生成，可以用来衡量流域空间内地形梯度的差异；GIS 中线密度分析等数据分析工具可以表征水网的分布规律；分布指数可以表征渭河流域城镇用地在流域空间中的分布规律。

地形因素对城镇与水域用地格局的影响是综合的，因此结合高程和坡度两个地形因子生成地形位指数，用来衡量地形梯度的差异，从而定量分析景观与用地格局时空演变与地形梯度之间的关联性。公式如下：

$$T=\log[\,(\,E/\bar{E}+1\,)\times(\,S/\bar{S}+1\,)\,]　　　　　　　（公式 1）$$

式中：T 为地形位指数；E 及 $\bar{E}$ 分别代表任一栅格高程值和研究区平均高程值；S 及 $\bar{S}$ 分别代表任一栅格坡度值和研究区平均坡度值。

分布指数主要用来计算城镇用地面积在不同水资源禀赋分级的区域所占的面积。公式如下：

$$P=(\,C_{ie}/C_i\,)/(\,C_e/S\,)　　　　　　　　（公式 2）$$

式中：P 为分布指数；C_{ie} 表示第 i 种景观或者用地类型在 e 级地形内的面积；C_i 表示第 i 种景观或者用地类型的面积之和；C_e 表示 e 级地形位的总面积；S 表示研究区域总面积。

2.1　基于地形适应性的城镇分布

通过计算渭河流域内城镇区的地形位指数与分布指数，分析城市选址与地形的关系。城镇建设用地主要集中在地形位指数低的地区，即地势低平的渭河河谷地带，2000—2015 年，城市建设用地逐渐由地形位指数在 1—2 区段分布逐渐移动到地形位指数在 1—3 的区段，尽管变化幅度不大。这可能的原因是：地势低平的地区逐渐被城镇建设用地、村庄、耕地填满，城镇建设用地逐渐向地势较高的地区移动（图 1、表 2）。

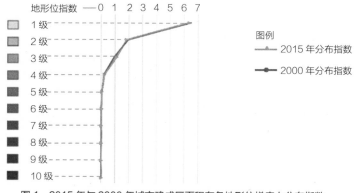

图 1　2015 年与 2000 年城市建成区面积在各地形位梯度上分布指数

资料来源：笔者自绘

地形位指数分级区间和面积统计　　　　　　　　　　　　表 2

地形位梯度	分级区间	面积（平方千米）	面积比例（%）
1 级	0.30—0.427	14899.80	23.13
2 级	0.427—0.497	9973.0673	15.48
3 级	0.497—0.544	13947.947	21.66
4 级	0.544—0.587	19136.66	29.71
5 级	0.587—0.624	21218.755	32.94
6 级	0.624—0.659	20891.307	32.44
7 级	0.658—0.695	17355.827	26.95
8 级	0.695—0.734	10396.035	16.14
9 级	0.734—0.783	5947.1148	9.23
10 级	0.783—1.000	2185.0274	3.39

数据来源：根据计算所得的渭河流域地形位指数，在 GIS 分区统计求出不同分级区间的面积

2.2　基于邻近河流适应性的城镇分布

2.2.1　城镇用地面积在距离所有水系的分布指数

　　城镇用地面积在与河流距离最近的 1 级区域，即 2500 米以内区域分布指数最大。说明城镇选址偏好距离河流较近的区域；此外，距离河流较远，即与河流距离分级在 8 级、9 级的城镇分布指数大于分级在 4 级、5 级、7 级的区域，说明在远离河流的位置，依然可以有城镇分布，但是此时，决定城市位置的要素不再是河流水资源，可能是当地的地下水资源维持城市发展。2015 年与 2000 年相比，在 1 级距离的城镇面积分布指数略有减少，2 级距离的城镇面积分布指数略有上升（图 2）。

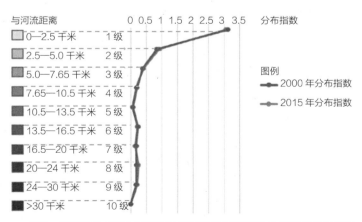

图 2　2015 年与 2000 年城镇建成区面积与所有河流不同距离的分布指数

资料来源：笔者自绘

2.2.2　城镇用地面积在距离渭河干流的分布指数

城镇面积在与河流距离最近的 1 级区域内（即距离河流 2.5 千米以内的区域中），分布指数最大；此外，距离河流较远，即与河流距离分级在 6 级（13.5—16.5 千米内的区域内）的城镇分布指数大于分级在 2 级、3 级、4 级、5 级（距离河流 2.5—5.0 千米、5.0—7.65 千米、7.65—10.5 千米、10.5—13.5 千米）的区域，说明尽管城镇位置距离河流较近的区域，但可能是出于防洪的需要，需要与易发生重大洪涝灾害的干流附近地区保持一定距离；同时距离渭河干流较远的 8 级区域依然呈现出 $P>1$ 的优势分布，可能是由于干流的流量较大，关中地区在距离渭河 15—20 千米地区有横向的人工河渠，所以可以通过引水渠等方式给 20 千米以外的城市提供水资源。此外，通过 2000 年与 2015 年不同城市面积的对比发现，距离渭河干流较近地区的城市面积分布指数在减少（图 3）。

2.2.3　城镇用地面积在距离渭河一级支流的分布指数

渭河的两条一级支流为北洛河和泾河。城镇面积分布与这两条河流的关联性不大。这些河流周边布局的城镇少且零散。7 级、8 级、9 级区域出现高值是由于距离泾河 20 千米以外是西安的城市面积分布区域（图 4）。2015 年 8 级区域（距离渭河一级支流）的分布指数增加，可能是由于受到泾河 20 千米以外西安城市向西南扩张的结果影响。

2.2.4　城镇用地面积在距离渭河二级支流的分布指数

城镇面积在与河流距离处在 5 级（即 10.5—13.5 千米以内区域），分布指数最大，这是由于西安市有大面积城市区分布在距离渭河二级支流 8—12 千米以内的区域；位于距离渭河干流较远的 8—10 级区域（距离渭河二级支流 20 千米以外

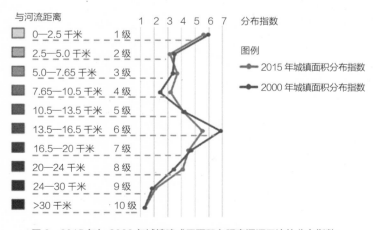

图 3　2015 年与 2000 年城镇建成区面积在距离渭河干流的分布指数

资料来源：笔者自绘

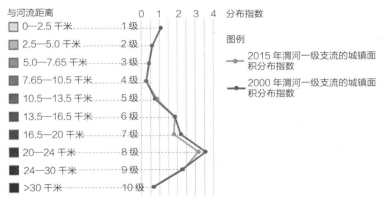

图4　2015年与2000年城镇建成区在距离渭河一级支流的分布指数

资料来源：笔者自绘

的区域）呈现出 $P<1$ 的劣势分布，可能是由于干旱地区的支流流量小，对于城镇的支撑意义不大。对比城镇面积在渭河干流的分布指数，很明显，城镇大面积分布在渭河干流附近地区，而渭河的二级支流尽管长度长、数量多，但是难以为大规模的城镇化提供支撑。此外，通过2000年与2015年不同城市面积的对比发现，距离渭河支流较近地区的城镇面积分布指数增多（图5）。

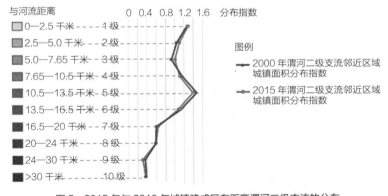

图5　2015年与2010年城镇建成区在距离渭河二级支流的分布

资料来源：笔者自绘

对比2015年城镇面积距离渭河干流、一级支流、二级支流的分布指数（图6），能够发现，城镇面积分布指数受到与渭河干流距离的影响最大。这可能是由于渭河流域地处干旱区，渭河的一级支流和二级支流水量较小，难以为城镇区提供充足的水源。而渭河谷地的河流水网密度与水量都比较丰富，既利于为城镇提供充足的水源，也有助于优势滨水的城区景观的建设，因此大面积城镇用地与新区建设多布局在此。

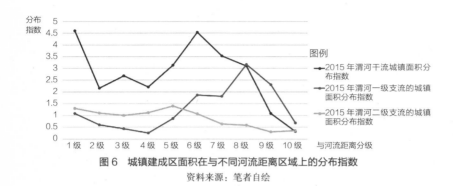

图6　城镇建成区面积在与不同河流距离区域上的分布指数

资料来源：笔者自绘

2.3　基于地下水资源适应性的城镇分布

城镇主要分布在地下水资源模数较高的区域。但是在地下水资源模数最高的区域——秦岭北坡城镇建成区分布较少，可能是由于该地区地形位指数偏大，地形偏陡偏高，不适宜城市建设。相比于 2000 年，2015 年城镇面积分布指数在地下水模数次高的区域（即地下水资源模数在 40 万立方米 / 平方千米·年的区域）略有增加，这片区域主要是包括西咸新区在内的西安周边地区（图7）。

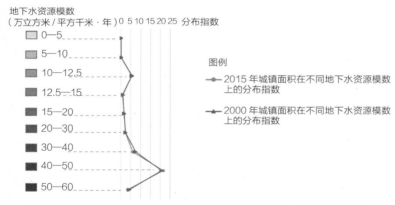

图7　2015 年与 2000 年城镇面积在不同地下水资源模数区域上的分布指数

资料来源：笔者自绘

3　城镇集约度与水资源利用效率的关系

城镇化的表征包括城镇空间规模与土地利用强度的增大，此外还有产业功能在城镇空间的集聚等内容。本部分进行的城镇化与综合用水效率的分析，包括城镇功能的集约度与综合用水效率的关系、城镇用地的集约度和用水效率的关系两个部分。用地集约度采用 Fragstats 4.2 软件分析城镇斑块的景观格局指数指标，包括斑块的密度（PD）、聚集度指数（AI）、结合度指数（$COHENSION$）、分离度指数（*SPLIT*）；城镇功能的集约度用城镇各类 POI 密度衡量。综合用水效率用地区的万元 GDP 用水量（单位：立方米 / 万元）来衡量，万元 GDP 用水量越大，综合用水效率越低；万元 GDP 用水量越小，综合用水效率越高。

3.1　城镇用地集约度与综合用水效率的关系

评价城市综合用水效率的指标——万元 GDP 用水量，以及城镇用地集聚度的 4 个指标——城镇斑块的密度（*PD*）、聚集度指数（*AI*）、结合度指数（*COHENSION*）、分离度指数（*SPLIT*），见表 3。

城镇用地集约度指标与综合用水效率指标　　　　表 3

地区	斑块密度（*PD*）	聚集度指数（*AI*）	结合度指数（*COHENSION*）	分离度指数（*SPLIT*）	万元 GDP 用水量（立方米 / 万元）
西安市	0.0062	95.3944	99.1679	1002.469	23.6
铜川市	0.0021	89.0979	96.1898	273783.7	25.5
宝鸡市	0.0041	88.5328	94.5617	131654.8	46.3
咸阳市	0.0043	91.1984	96.4727	65572.16	45.3
渭南市	0.0034	91.6126	95.372	77750.11	71.6
延安市	0.0009	81.6038	93.5887	5598056	152.6
天水市	0.0025	87.2694	93.2627	1034542	76.4
平凉市	0.0009	88.7644	96.0142	456136.2	70.8
庆阳市	0.0008	85.815	94.2309	4292083	115
定西市	0.0013	89.3622	94.9318	766180	99.6

通过在 SPSS 中，以渭河流域的 10 个城市为对象，做几种指标的相关性分析（表 4），可以发现城市用地集约度的四个指标和综合用水效率均呈现较强的相关关系，且呈现显著性相关。其中，当城镇建设用地斑块密度越大时，则万元 GDP 用水量越小，综合用水效率越高；当城镇建设用地斑块聚集度指数越大，则万元 GDP 用水量越小，综合用水效率越高；城镇建设用地斑块分离度越大，则万元 GDP 用水量越大，综合用水效率越小（图 8）。

城镇用地集约度指标与综合用水效率的关系　　　　表 4

	城镇斑块聚集度指数	城镇斑块结合度	城镇斑块分离度	城镇斑块密度
万元 GDP 用水（立方米 / 万元）	−.706*	−.802**	.861**	−.720*

注：* 表示显著性水平 <0.05，** 表示显著性水平 <0.01z。

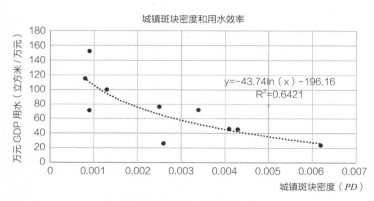

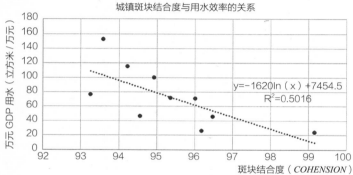

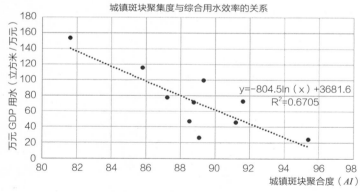

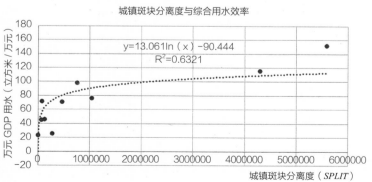

图8　城镇用地斑块空间各集约度指标与综合用水效率的关系

资料来源：笔者自绘

3.2　城市功能集约度与综合用水效率的关系

用 POI 密度表示城市产业功能的集约度。POI 密度用各类 POI 总个数除以城市建成区面积的商来表示。本文收集西安市、铜川市、咸阳市、宝鸡市、咸阳市、渭南市、延安市、天水市、平凉市、定西市的各类 POI。西安城镇建设用地中的 POI 数量最多，POI 的密度最大，为 83.43 个 / 平方千米，其次是铜川市；而渭河流域上游的定西市和延安市的建成区 POI 密度偏低，其中，定西市最低，仅为 23.89 个 / 平方千米（表 5）。综合用水效率用地区的万元 GDP 用水量（单位：立方米 / 万元）来衡量。万元 GDP 用水量越小，综合用水效率越大。城市功能集约度用城市中各类 POI 的密度衡量，见表 6，POI 密度与万元 GDP 用水量呈现显著性相关关系，这说明城市功能集约度与综合用水效率高度相关。城市功能集约度用城市中各类 POI 的密度衡量，见表 6，POI 密度与万元 GDP 用水量的相关性系数为 −0.722，显著性水平小于 0.05，呈现显著性负相关关系。说明 POI 密度越大，万元 GDP 用水量越小，综合用水效率越大。

城市 POI 密度与万元 GDP 用水量　　　　　表 5

地区	POI 在建成区的密度（个 / 平方千米）	万元 GDP 用水量（立方米 / 万元）
西安市	83.43144846	23.6
铜川市	62.89394938	25.5
宝鸡市	43.37991099	46.3
咸阳市	36.13836421	45.3
渭南市	33.62566371	71.6
延安市	28.18457782	152.6
天水市	35.02104815	76.4
平凉市	36.62352358	70.8
庆阳市	36.82462738	115
定西市	23.89330616	99.6

城市功能集约度与综合用水效率的关系　　　　　表 6

		POI 密度	万元 GDP 用水量（立方米 / 万元）
POI 密度	Pearson 相关性系数	1	−.722[*]
	显著性水平（双尾）.		.018
万元 GDP 用水量（立方米 / 万元）	Pearson 相关性系数	−.722[*]	1
	显著性水平（双尾）.	.018	

注：* 表示显著性水平 < 0.05（双尾）。

4　研究结论与策略启示

　　水资源治理应当与城镇化发展以及国民经济建设紧密联系。本文通过对渭河流域城水关系特征的研究，旨在为渭河流域城市水资源治理提供建议。渭河流域的城水关系规律，体现在以下两方面：①从渭河流域基于水资源禀赋的城镇分布状况看：河流密度大、地表水、地下水资源丰富的地区主要集中在渭河河谷地带，并且这一带分布着渭河流域最重要的城市——以西安为中心的关中平原城市群；可以说，先天优越的水资源禀赋决定着核心城市群的分布。城镇大面积分布在渭河干流附近地区，而渭河的二级支流尽管总长度长、数量多，但是由于水量与地形的问题，二级支流附近地区难以为大规模的城镇化提供支撑。②从渭河流域城镇集约度与水资源利用效率的关系上看：城镇集约度与综合用水效率的相关度较强，并呈现显著水平较高相关关系。城镇建设用地斑块密度越大，万元 GDP 用水量越小，综合用水效率越高；城镇建设用地斑块聚集度指数越大，万元 GDP 用水量越小，综合用水效率越高；城镇建设用地斑块分离度越大，万元 GDP 用水量越大，综合用水效率越低；城镇功能聚集度指数越大，万元 GDP 用水量越小，综合用水效率越高。

　　渭河流域的城镇规模、水资源禀赋与利用效率上存在着空间分异，因此，流域内的城市水资源治理策略应当走差异化道路。①作为区域城镇体系的核心城市，西安市的城镇规模最大，水资源利用效率较高，鉴于西安市作为区域核心城市的人口压力与城镇化发展需求，西安应继续推进城镇产业结构转型[19]，同时提升用地的集约度，减少城镇生活中的水资源消耗，从而提升资源的利用效率，走精细化、集约化发展之路。②渭河平原区除西安外的其他城市：这些地区地处关中平原区，是传统的农业区，其城镇化发展尚不成熟；且根据"核心—边缘"理论，这些城市临近中心城市西安，为西安提供初级产品，而这些产业往往是比较耗水的，因此这些地区应当进行产业结构的转型，提升城市的发展质量。③渭河流域上游的城市用地规模较小、城市用地的集约化利用程度较低。鉴于干旱区生态环境的脆弱性和涵养流域水源的重要性和必要性，依然需要进行遵循生态环境优先原则，加强水资源的保护。

参考文献

[1]　Rasul G., SharmaB. The nexus approach to water-energy-food security：an option for adaptation to climate change[J]. Climate Policy, 2015, 16（6）：682-702.

[2]　Rasul G. Managing the food, water, and energy nexus for achieving the sustainable development goals in South Asia[J]. Environmental Development, 2016, 18（8）：14-25.

[3]　FangY., Jawitz J. W. The evolution of human population distance to water in the USA from 1790 to 2010[J]. Nature Communications, 2019, 10（1）：430.

[4]　冀朝鼎. 中国历史上的基本经济区与水利事业的发展 [M]. 北京：中国社会科学出版社，1981.

[5]　李小云，杨宇，刘毅. 中国人地关系的历史演变过程及影响机制 [J]. 地理研究，2018，37（8）：1495-1514.

[6]　邹逸麟. 黄河下游河道变迁及其影响概述 [J]. 复旦学报（社会科学版），1980（S1）：12-24.

[7]　刘园，周勇，杜越天. 基于 InVEST 模型的长江中游经济带生境质量的时空分异特征及其地形梯度效应 [J]. 长江流域资源与环境，2019，28（10）：2429-2440.

[8]　Grill G., Lehner B., Thieme M., et al. Mapping the world's free-flowing rivers[J]. Nature, 2019, 569：215-221.

[9]　Yuan Z.J., Liang C., Li D.Q. Urban stormwater management based on an analysis of climate change：A case study of the Hebei and Guangdong provinces[J]. Landscape and Urban Planning, 2018, 177（9）：217-226.

[10]　Chan F. K. S., GriffithsJ. A., HiggittD., et al. "Sponge City" in China—A breakthrough of planning and flood risk management in the urban context[J]. Land Use Policy, 2018, 76（3）：772-778.

[11]　MegdalS. B. Invisible water：the importance of good groundwater governance and management[J]. npj Clean Water, 2018, 1（1）：15.

[12]　Lavoie R., Joerin F., Rodriguez M. J. Incorporating groundwater issues into regional planning in the province of Quebec[J]. Journal of Environmental Planning and Management, 2014, 57（4）：516-37.

[13]　鲍超，方创琳. 西北干旱区水资源约束城市化进程的定量辨识——以甘肃省武威、张掖市为例 [J]. 中国沙漠，2007（4）：704-710.

[14]　王雁林，王文科，杨泽元，等. 渭河流域面向生态的水资源合理配置与调控模式探讨 [J]. 干旱区资源与环境，2005（1）：14-21.

[15]　Yao Y. Y., Zheng C. M., Andrews C., et al. Integration of groundwater into China's south-north water transfer strategy[J]. Science of the Total Environment, 2019, 658：550-557.

[16]　左其亭，胡德胜，窦明，等. 基于人水和谐理念的最严格水资源管理制度研究框架及核心体系 [J]. 资源科学，2014，36（5）：906-912.

[17]　张东海，任志远，刘焱序，等. 基于人居自然适宜性的黄土高原地区人口空间分布格局分析 [J]. 经济地理，2012，32（11）：13-19.

[18]　Liu J. G., Hull V., Batistella M., et al. Framing sustainability in a telecoupled world[J]. Ecology and Society, 2013, 18（2）：26-45.

[19]　汪恕诚. 资源水利的理论内涵和实践基础 [J]. 水利规划设计，2000（2）：1-5.

杨宇振，中国城市规划学会学术工作委员会委员，重庆大学建筑城规学院教授

杨宇振

空间困境：民国时期的都市规划与治理现代化

民国时期的都市治理是建设现代化国家的构成。清末孙文就提出建设现代化国家的民权主义和民生主义的构想；但在具体的都市治理过程中，这两个基本的政治和经济制度规划并未得以实践，进而经由时间过程形成深层的治理危机与社会危机。如何应对高度不均衡的空间困境成为都市治理的基本问题，都市规划在事无巨细的实践过程中成为一种垄断性工具。激发都市民众自发性是都市治理方式的改变；作为都市治理的一部分，如何有自身的自发性和能动性，是民国时期都市规划的一个深层危机。

1 建设现代化国家的构想与规划

清末中国在被迫日渐接入全球经济网络过程中，和历史上众多以农业为基础的帝国，如有辉煌历史的奥斯曼帝国一样，面临着西方以工商业为基础的国家的经济、军事挑战。从第一次鸦片战争到甲午中日战争的屡战屡败，屡败屡割地赔款屡受辱，使得最初保守状况中的大多数上层精英，终于意识到这是千年未有的大变局，需要从根本上改革，建设一个现代化的国家。1905 年派五大臣出洋作为一个标志，清廷启动了全面的改革——以"政体"的改革为标志（从君主专制到君主立宪制），包括一系列法律、官制、教育制度等的根本性改革，希望经由变革建设一个能够与列强竞争的国家，甚至重建旧时辉煌。不改革，积习深厚的小农国家与现代工商业国家竞争，尖锐矛盾会以战争失败的形式一而再再而三地表现出来，受辱会一而再再而三地涌来；结构性改革是社会阶层关系的变化、生产力的提升以及价值观念的变化，从内部持续冲击着原来已经岌岌可危的整体。以四川保路运动中的国家与地方之间利益冲突为导火索，清廷在深化改革中坍塌解体。

建设现代化国家的一种想象与规划在清廷的解体中消散了，却转化为一种历史和彼时的社会遗产，如《城镇乡地方自治章程》颁布后推动的地方自治。清廷解体在当时是一件大事情，却是短时的事件。清廷留下来的仍然是典型的小农社会，虽有在法律转型、机构设置、技术改进、城镇自治等局部的变化，经济基础与社会价值观念却没有大的变化，以至于原来是改革者的袁世凯还是梦想着回到皇帝时代。作为那个时代亲历者、观察者和思辨者的鲁迅，在他的众多中、短篇小说和杂文中批评中国基层社会民众的麻木、上层强权置民生于不顾的争权夺势，社会在"城头变幻大王旗"中陷入困境。事实是转变的混乱中有发展。中华民国成立以后，虽然军阀割据和相互间为地盘争夺，却一方面因第一次世界大战的爆发，给中国的工商业提供了发展的契机——其中最典型的是张謇在南通以纺织为主要产业的一系列现代化经营（吴良镛，2003）；另一方面一些开明军阀却也意识到需要在治域内加速启动现代化，才能为军事竞争提供必要的经济、技术和人才等的基础——其中典型的如阎锡山治理山西。

孙文在清末的流亡途中，在对欧美各国经验和对中国本土社会观察的基础上，开始构想一个现代化国家的制度和建设规划。清政府的统治没有被推翻前，为了团结反抗统治的各方面力量，以"驱除鞑虏"为口号的民族主义是这一时期三民主义的中心。中华民国成立后，民族主义强调"五族共和"——与满族的矛盾已经不是彼时的主要社会矛盾；民权和民生成为这一时期建国的纲领。孙文谈道："以汉人之文明，另造一五族混合之新民族……须弃满汉之名称，另造一民族名称……曰'中华民族'。"（孙文，1922，1）此时的民权主义是中华民国建制的弘远目标（或者更准确说，是 1927 年国民政府初步统一中国后，国家建制的弘远目标）。孙文倡导人民有权，政府有能。为实现民权，孙文提出"五权宪法"——在美国"三权宪法"基础上的改进，在三权（立法、司法与行政三权独立）上增加了监察（弹劾）和考试（图 1）。孙文在演讲中说，以前在日本同盟会时以"三民主义""五权宪法"作为党纲；本以为革命成功后可以推行，"不想光复之后，大家并未留意及此；多数心理以为推翻满洲，即可了事，所以民国虽成立十年，尚无精彩，或比前清更觉得腐败。余谓必先有了良好宪法，才开建立一个真正共和国家"（孙文，1922，5-6）。孙文的构想中，人民有选举权、罢官权、复决权和创制权；但这需要经由军政、训政到宪政的过程。孙文构想人民行使权力的基本空间单元是基层的县，经由县的自治，经由县实行直接选举，产出国民代表组成国民大会赋权政府，再经立法院、司法院、行政院、考试院和监察院五院来治理和建设国家。孙文认为众多政治的冲突，是自由与秩序之间的矛盾。自由太甚则成为无政府，秩序太甚则社会高度专制和萎缩；政治变化就是这两者相互运动

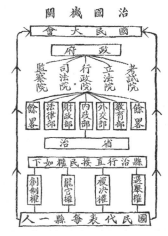

图 1   孙文提出的治国机关与
"五权宪法"架构
资料来源：参考文献 [6]

的结果。他把"五权宪法"比喻为维持自由与秩序之间平衡的工具；经由这个根本大法才有可能建设一个现代化国家。

三民主义中的"民权"和"五权宪法"是关于现代化国家治理模式的构想，也是一种政治制度的规划。而"民生"则是现代化国家经济制度的规划，其中的核心是"平均地权"和"节制资本"。孙文长年在各欧美国家流亡，对各国的经济制度与社会关系有深刻观察和思考。他意识到欧美国家严重的社会极化、劳资间的尖锐矛盾、社会底层的困境；意识到资本积累中富者越富、贫者越贫的恶态。作为一个积弱的后发国家，在现代化过程中如何才能避免欧美国家的社会困境？孙文分析了中西之间的区别，认为进入机器时代的欧美社会主要矛盾是"患不均"，而尚在进程中的中国是"患贫"，于是就滋生了自身特点的民生问题。而在社会分化还未形成之前，在资本尚未发达之前，就应该提倡"平均地权"和"节制资本"，以防患未然，孙文说，"民生主义即社会主义"。孙文在演讲中谈到"美有一哲学家 Henry George 曾论土地关系，谓'文明如以木锥钻入社会，使在上层因挤而益涨，在下者因压迫而益落'"（孙文，1922，3）；孙文受到亨利·乔治"单税制"和"涨价归公"思想的深刻影响，进而成为民生主义的理论基础。他曾经邀请在德国租界青岛实行单一税的单威廉协助孙科治理广州，但受既有土地利益群体的抗拒，加上不久单威廉出车祸死亡以及孙文病逝，使得这一重大和关键的试验性制度实践夭折（Dirk Loehr，等，2014；杨宇振，2019）。

《实业计划》是孙文的国家物质建设的想象和规划。如清朝陈澹然言，"不谋全局者不足以谋一隅，不谋万世者不足以谋一时"，作为一个现代国家的创建者，孙文具有大视野和全局观（彼时却被批评"空谈"和不切实际）。孙文的视野不在一县一省，不在一个区域，而在于世界格局与中国现代化关系，在中国内部各大区关系。《实业计划》构想了各个区域的港口、航运、铁路和商埠等的现代化规划；他说，"予之计划，首先注重于铁路、道路之建筑，运河、水道之修治，商港、市街之建设。盖此皆为实业之利器，非先有此种交通、运输、屯积之利器，则虽全具发展实业之要素，而亦无由发展也"（孙中山，1984）。这方面已经有许多研究，自无需多说。《实业计划》中似无提到都市的建设与发展，而朱皆平在讲述"实业计划上的城市建设"中谈到"按诸六大计划之内容，则城市之建设，随在可见。如海港计划，头二三等级渔业港共计三十七个。铁路计划中之起点城市，约有二百；水运商埠码头所代表之城市，约在一千二百……换言之，一部实业计划，实可作为我国城市建设之背景"（朱泰信，1944）。

　　孙文把国家政治制度现代化依托在县一级的空间，构想通过数量众多的县的自治、县的直接选举来形成普遍的参政意识与行动。现代自治作为民众自发治理地方、协调高度社会分工后各种利益冲突的机制，作为现代政治的重要构成，在多大程度上能够在小农生产为主的县推行，在彼时成了问题。政治现代化的基础是经济现代化。缺乏县的经济现代化，县的政治现代化也就只能悬置和在行政压力下徒有形式的表现。20 世纪初开始，对于怎么样才能救中国，或者说怎么建设一个现代化的中国有着各种各样的众声喧哗，如乡建运动（基于中国是历史悠久的小农社会）、教育救国（基于开启民智，包括提倡白话文、"德先生"和"赛先生"）、实业救国等。在这过程中，基于农村社会的乡建运动得到了不少的关注，但到了20 世纪 30 年代，随着城市的建置和发展，乡村严重败落了，有些甚至到了"孤鸿遍野"的状态。在这种情况下，很难谈得上能够形成县的自治（尽管部分地区县政的现代化是当时的一种实践）——整个国家发展的主要空间载体在城市而不在农村。彼时出现了对乡建运动的质疑，认为乡村的败落不在乡村本身，而在城乡关系的变化上，需要通过"发展都市以救济乡村"，才能够实现国家的现代化（杨宇振，2015）。于是都市治理的现代化成为国家现代化的最主要内容。而孙文拟定的政治制度上的民权主义，经济制度上的民生主义成为实践的路径指引和方向标——但历史过程中具体的都市治理实践并不如此。

2　都市治理与国家现代化

　　都市的形成不是都市本身的演化，是区域交通网络、区域市场网络和行政等级等共同作用的结果。都市是诸多要素共同构成的关联性网络上的节点，反过来影响区域网络形态。或者说，都市的形态存在于它在区域交通网络的关联性和重要性、在于上一级市场和与自身市场腹地、在于上一级政府和辖域内各次级政府关系共同形成的矩阵之中；都市是区域政治、经济及经由时间积累形成的文化状态的集中体现。控制了主要都市在很大程度上就是控制了都市的腹地及其所在的区域；控制住了都市就是控制住了地区的流动性。曾任四川财政厅长、国民政府经济委员会委员、立法委员和经济部部长的刘航琛在 20 世纪 30 年代谈到，蒋介石的国民政府之所以能够战胜北洋政府的一个主要原因，是占据了有着巨大经济腹地的上海，得以支持在军事竞争中获得充盈的财政支持；如果刘湘的二十一军不能占据和开拓以重庆为中心的市场及其腹地，就难以取得四川地区军事竞争的胜利（沈云龙，等，2012）。

在非竞争性的发展过程中，区域交通和市场网络、都市形态的演化是基于地方经济自然发展的过程❶；在外部压力的高度竞争性状态中，为了促进地区的现代化——作为国家现代化的依托，通过主动性优化区域交通网络，释放给地区和都市更多的政治权、供给更多行政权和市场政策，通过市场或行政的方式鼓励更优劳动力流入区域和都市，进而生产新的区域与新都市。这是许多后发国家、在国际竞争中处于劣势国家的基本发展政策。通过在低水平均衡中生产不均衡，通过政策供给、资本供给、劳动力供给生产若干具有相对优势区域，参与国际竞争，却在内部生成了高度的不均衡，带来地区的高度差异、社会阶层的严重分异、贫富悬殊、价值认知分裂等一系列社会问题。所有的问题和激烈的矛盾冲突最集中体现在都市当中。都市治理就与国家的现代化紧密联系在一起，与国家权力的正当性紧密联系在一起。如孙文谈到的，所有的政治活动或冲突就在自由与秩序的关系当中，都市的发展相比较原来的状态生产了更多的自由，却破坏了原有的、整体的秩序，带来城乡社会动荡和不稳定，这就考验着执政者的治理能力、政客的治理智慧。

但这不是彼时都市执政者考虑的问题。他们更急于推进都市的现代化，急于展现一幅都市现代化的面貌。1927 年国民政府初步统一中国后，很快就颁布《市组织法》，各地依法纷纷设市。但国民政府治理下的设市，不开始于上海或南京，而是 1921 年的广州。年轻的孙科被陈炯明的省政府委任为广州市市长，他"穷一夜之力"拟定的《广州市暂行条例》随着国民政府的胜利成为《市组织法》的基本架构。《广州市暂行条例》中有两点特别值得注意。一是市不再归县管，而是直接归省政府管理，按照钱端升的说法，这是第一次把市的管理从县治中划离出来（钱端升，2008）。也就是说省政府为了生产新空间，把市从

---

❶ 所有的市场行为都具有竞争性。这里泛指的是在以现代国家之间竞争形成前的地区性低度发展状态。

小农为主的县的治域和治权中剥离出来，直接赋权都市——重要的都市直接成为国民政府的直辖市，直接剥离省、县的治域治权范围。这是一次重大的变化，也屡次体现在日后都市（新空间）生产的过程当中——通过上层对特定空间的赋权和划界，将其从旧有的肌理中剥离出来，进而造成省、市与县在治域划界过程中的众多尖锐矛盾（杨宇振，2019）。而都市作为现代性积累的主要空间，县在与市的竞争中终于败落下来，暗淡下来，成为都市逐渐蚕食的空间、社会载体。另外的一点，是市长由省长指定，而不是民选产生。从1909年颁行的《城镇乡地方自治章程》开始，地方自治虽然执行缓慢并屡屡受挫，但在十多年的实践中却已存在地方社会精英的观念中。孙科承认这样的市长产生方式违背自治的原则，却认为是彼时可行的方法（他也提出要在日后改进，以形成真正的民治），然而却成为后来《市组织法》的基本组织方式——市长由上一级部门任命而不是由地方都市社会中民选产生。这经过时间过程形塑了一种持久的政治生态，成为都市治理的一种基层架构。在这个过程中，以民国时期的上海为例，安克强说："国家的官僚逐渐地呈现出抑制地方的积极性，而地方机构，除了极少时期，从来没有能够摆脱官僚监护的束缚。这种机构经常朝着更少的'大众的'和'民主的'方向发展，这在那些界定每一阶段法律行为的机构的法律文件上可反映出来。在国民党人的政权下，这个进程加速了，官僚的束缚更紧了。"（安克强，2004，2）

　　市制是都市的"宪法"，都市治理的基本法。《市组织法》颁布后，各市建立市政府、市参议会等。市政府下分类设局，如设有总务处（或秘书处）、财政局、公安局、公共卫生局、工务局等，按照不同的社会分工开展都市现代化的具体实践。这是观察都市治理与都市现代化的一种直接方式。另外的一种观察，却是在都市政府与党之间的关系、与中央或省一级政府之间的行政、财税关系、都市空间中的现代制度与法律供给、基于现代社会分工的机构分化与形成、现代教育与现代知识的生产、现代劳动力的生产与再生产、都市建成环境的现代化程度、地区与国际的经济关联度、社会的分异等。还有一种角度，是从不同个体人的存在状态观看都市的形态变化，包括如家庭构成与居住的空间、公共活动的场域及其形态、现代传媒与日常生活、生产与生活的分离程度、交通网络与方式等。都市治理的形态就存在于这些复杂关联关系的网络之中。都市就如一个地区与国家现代化的针灸点，彼时的都市治理，是急于摆脱旧时的社会和物质形态，急于移植现代的（西方的）知识与技术，于旧有的社会和空间中生产出有经济活力和竞争性的都市，进而缓解群体的焦虑和彰显权力的合法性。进程中都市规划成为都市治理现代化的组成，也是一种必要和重要工具。

3 都市规划与治理现代化

1919 年孙科谈道："'都市规画'一语，本是英文 City Planning，为晚近欧美之言都市改良之一新术语……其功用……使都市一地真能符合希腊哲人亚里士多德之旨，为'人类向高尚目的讨共同生活之地。'其目的不外利用科学知识计划新都市之建设，对于现在之都市，使之日见改良而臻于完善之境，成为较利便、较健康、较省费而节劳，较壮丽而美观。其范围则包举一切关于都市建设之事项。"（孙科，1919，855）都市规划一开始就要处理都市的一揽子问题，包括公共财政、公共卫生、公共安全、教育、交通、工务等交织的综合问题。但它一诞生就在"都市市政"与"都市工务"两者间游移，在公共政策与实施工具之间游移，在水平的社会复杂关联与纵向的技术深化之间游移。都市市政承载有现代化的总体状态。林云陔曾谈到"市政在 20 世纪中已成最大之问题。此问题在欧美观之，以为与人民之生命财产自由幸福，有直接关系，日求其改良与进步者……城市对于国家，虽服从其主权，对于城市之自身，不啻如一小国家，是在吾人民当知市政为要务，自治权之可爱耳"（林云陔，1919，501）。从 20 世纪 20 年代到 40 年代，呈现出都市规划社会分工深化的状态。最初是不同领域的知识阶层都可以来谈论都市计划，议论都市问题，提出自己改进都市的主张；逐渐随着习学欧美市政、公共卫生、都市计划，甚至是建筑学的学生归国，技术话语权转移到处在工务局等的这批专业人群中。但即便如此，都市规划仍然是前述两种交织在一起的状态。成为"都市市政"的一部分，意味着成为"公共政策"的一部分，就意味着进入权力的核心决策层，是都市规划实践的方向性问题；成为"都市工务"意味着这是它独占的领域，是作为一种垄断性工具的存在，工具的有效性、高效性成为衡量它的价值——但它就只是一把工具而已。事实是，在都市规划由于它独占的工具性而得以进入公共政策领域的可能；但在社会分工深化的过程中，都市规划者往往或不意识或主动封闭了成为公共政策的一部分，或者说，未有认识到自身是都市治理的一部分。

比如都市规划一开始就遇到"拆迁"问题。新空间、新道路、新的公共服务设施都需要在旧有空间母体上产生，就面临拆除旧物（如城墙、房屋）的问题（长远来说是整个都市空间结构的改变）。旧物不单单是旧物本身，而是产权、理念、技艺、历史等的载体。这就迫使都市规划去思考公私产权关系（以及公共与私人间的关系）、财税关系、文化认知、技术应用的社会关联等问题。但从近代中国都市规划的总体进程上看，急竣的现代化实践掩盖了对复杂性问题的深层思考（特别是对历史价值的思考）。或者说，在都市市政和都市工务层面，都急于推进都市现代化，而对现代化背后的复杂社会问题，在急迫的民族复兴的心理中，未得到更加全面的认识。都市规划意识到它在推进都市的现代化，却对于物质现代化带来的结果缺乏更深远的考虑。在众多大都市，特别典型如抗日战争前的上海、重庆，住房价格高涨，住房成为投机的一部分，从一个方面拒绝人们进入都市的可能；同时也经由投机加大的社会财富悬殊，加剧了社会的分层和分裂。这样的结果，在很大程度是作为工具的都市规划共同作用的结果。都市规划于是陷入一个狭隘的、局部的领地之中；它日渐满足于作为垄断性的工具。它利用西方专业话语的移植，通过占据相关专业机构，排除其他领域人员进入都市规划的可能；它通过排他性的方式围筑起保护自身在社会分工中的位置。社会发展过程中，随着应对社会事物的复杂、社会分工的细化，都市规划陷入事无巨细的日常事务当中，它需要通过不断的技术深化、技术更新、提出新的技术目标（包括使用各种舶来的技术话语），维护在社会分工中的领地。发展过程中都市规划失去了对基本问题的思考，对民权和民生问题的思考，失去了一开始诞生时的灵光，成为一种被支配的应用工具。它要不断应对国家和地区发展过程中的各种即时问题——而它本身不能发现和提出问题、发现问题产生的原因就成了总体问题中的一部分。

都市治理的现代化在于都市政治制度的现代化、经济制度的现代化和技术应用的现代化。孙文建国规划的根本就是政治、经济和技术的现代化。民国有语，"要建国先建市，要建市先建制"，认为要建设一个现代化的国家，需要依托于建设现代化的城市，而要建设现代化的城市首先需要建设现代化的制度。这是一种线型关系的表述，事实上国家与城市的发展在交互关系之中，城市的现代化进程与制度建设在互动变化关系之中。但都市的建设、都市的治理很显然与都市的制度建置紧密关联在一起，而背后又与整个国家治理、与更大范畴的国家制度关联在一起。民国时期都市规划作为都市治理现代化的构成，在社会进程中成为日渐复杂的科层制中的一部分（本身内部也日渐科层化），都市治理现代化的理想和目标黯淡了，甚至被遗忘了，失去了孙文提出的"人民有权，政府有能"的路径和方向。存在这样状况的根本问题却不仅在都市规划本身，在缺乏"平均地权"和"涨价归公"的制度设计，以在《市组织法》设定的架构中。都市计划被纳入地方政府集权的组织中，使得都市计划必须在很大程度上作为工具。然而多样性的状态在于自发性和内生性的存在。由于民国时期的都市规划被置放在由上而下的科层制组织中（仅作为工具）使用的一环，而身处其中的人或无暇思辨，或乐于其中，于是都市规划失去了对根本问题的分析能力，失去了自发性和内生性的可能。它不能促进都市治理的现代化，只能改进都市治理技术的现代化。

4 空间困境：自发性与治理现代化

　　民国时期是从小农社会向工商业社会转变的初发阶段，是两种不同生产方式转变的初始阶段。孙文在中华民国成立之前就结合国际经验与本土状况，构想一个后发的现代化国家的基本政治与经济制度。民权主义的目的在于形成一个人民赋权的、有能效的政府，"五权"政府的各种职能在相对独立和相互制衡中形成一个现代的民主政府，一个治理现代化的政府。但这个政治架构的基础试图建立在广大农业县的自治之上，而不是现代工商经济最主要发生的都市之上，使得孙文的构想缺乏实现的可能。在个案的实践中，在国民政府设置的第一个市——广州市中，市的组织架构，一开始就是由上而下，而非"民权主义"的，进而经由《市组织法》固定成普遍方式，成为一种社会现实和路径。❶ 在经济制度方面，孙文提出的"平均地权"和"涨价归公"是对于已经现代化的西方国家"患不均"问题观察基础上提出的策略，某种程度上，也是彼时广泛流行的社会主义思潮的一种表现，却在历史过程中未能得到具体实践。远离孙文的政治和经济制度构想的都市实践，呈现了都市政府权力集中化、都市经济投机化、都市社会贫富悬殊和裂化的必然现象与问题。都市治理的现代化在很大程度上表现为都市治理技术的现代化，而都市规划是生产链其中的一环。

　　或者也可以说，在都市现代化的过程中生产了空间的困境。在广袤的小农空间中生产都市空间，在都市中生产了优良区位的空间——也就是说，不仅局部改变空间的属性（从小农到工商），也整体改变了空间的低度均衡，生产了高度的"患不均"的状态。都市成为现代化、现代性和流动性的载体，而广大的乡村地区或者依然是原来状态，或者作为都市市场的腹地受到商品流动影响，呈现加速败落的状况。治理者赋权赋能给都市空间，期待通过都市的现代化、开放化，提高国家的国际竞争能力，却在内部生产了裂化——现代都市最开始的形成是以其腹地乡村的败落为一种条件。治理者就面临着如何应对高度不均衡的困境。如前孙文所述，所有政治的活动或矛盾就存在于自由与秩序之间。都市生产了自由，却改变了原来的整体秩序。而权力的合法性和正当性不仅仅在少数的几个都市之中——国民政府最主要的权力空间恰恰就是在都市之中。缺乏对孙文政治与经济制度构想的实践、以都市为空间的激进现代化实践以及现代化过程中难以应对空间（城乡、都市内部的）不均衡带来的问题，国民政府终于在历史过程中失去了其权力的合法性。空间的困境是空间在现代化过程中裂化，在经济发展、社会构成、物质形

---

❶ 尽管 1943 年国民政府修订了《市组织法》，一定程度上增强了民众参议市政的权限；在抗日战争后预备实行宪政，但因彼时的纷乱，并无实质性推进。

态以及价值理念等方面高度分异了，空间不再是单数，而是形态各状的复数构成。
治理现代化首要面对的，不是促进单个都市空间的经济繁荣，而是面对空间高度
不均衡的困境，裂化的困境，使得复数的空间在现代的意义上重新成为一个整体，
一种新时期的自由与秩序的动态平衡；而这就必须回到对孙文在现代化伊始对基
本问题的思考，对民权和民生制度设计的思考。在都市的具体治理实践方面，以
1927—1937 年间的上海为例，安克强指出了都市治理状态存在于都市政府与中
央政府之间的关系、都市政府与国民党（党权介入行政权）、都市政府能够掌握的
土地与财税资源、都市政府与地方精英和民众之间（地方利益）的诸多关系之中。
安克强在结语中谈道："国家和党之间有基本的区别……国民党政权认为其高于国
家政府部门。国家政府部门的目标有时候与国民党的目标一致，有时候与国民党
的目标相反……两个组织之间为有效控制中国社会和他的改革进行积极的竞争。"
（安克强，2004，176）。

　　都市现代化治理形态存在于对外竞争与对内整合之间。一种治理的逻辑增强
了对外的经济竞争能力，却裂化了内部的整体、带来严重的社会危机。面对形成
的问题，一种治理方式是在原有的逻辑上高度强化治理技术，在一个竞争的世界
中继续刺激经济发展；从内部深化社会管理和监察能力（也是一种技术能力），防
范、应对、快速处理内部不断涌现的各种社会问题和危机，尽可能将国家权力延
伸到社会的最细小角落。民国推行的保甲制就是这样的一种治理手段。这一模式
带来巨大的治理成本，消耗大量的公共财税。另外一种方式，是激发基层民众的
自主性，都市民众在一定范围内的有限自治，将各种微小社会矛盾消解在自发性
的处理过程当中，不至于转化为大的社会危机。抗日战争期间和胜利后，国民政
府各都市开始建立临时参议会、参议会，是原有治理方式的改进和推进孙文民权
主义的实践。民国时期的都市规划也就存在于这两种模式的实践之中。然而对于
都市规划而言，如何能够不仅成为一个工具（成为工具是社会分工的必须），如何
能够在基于对国家与社会发展问题认知和思辨的基础上，有自身的自发性和能动
性，能够成为都市市政和都市治理的一部分，是彼时都市规划的一个深层危机。
都市现代化治理、都市规划的最终目的是为人们更美好的生活而实践，是创造孙
科在《都市规画论》中引用亚里士多德的"人类向高尚目的讨共同生活之地"。

参考文献

[1]　安克强 . 1927—1937 年的上海市政权、地方性和现代化 [M]. 上海：上海古籍出版社，2004.

[2]　Dirk Loehr，傅十和，周丽，等 . 青岛土地法之鉴 [J]. 经济资料译丛，2014（01）：80-93.

[3]　林云陔 . 市政与二十世纪之国家 [J]. 建设，1919，1（3）：501-512.

[4]　钱端升 . 民国政制史（下）[M]. 上海：上海人民出版社，2008.

[5]　孙科 . 都市规画论 [J]. 建设，1919，1（5）：855-871.

[6]　孙文 . 建国方针 [J]. 新建设的中国，1922（刊期不详）：1.

[7]　沈云龙，等访问 . 刘航琛先生访问记录 [M]. 北京：九州出版社，2012.

[8]　孙中山 . 中国实业如何能发展 [M]. 孙中山全集（第 5 卷）. 北京：中华书局，1984：134.

[9]　吴良镛 . 张謇与南通"中国近代第一城" [J]. 城市规划，2003（07）：6-11.

[10]　杨宇振 . 因时创制——孙科与中国现代城市规划体系的早期创建 [J]. 城市规划，2019，43（04）：107-116.

[11]　杨宇振 . 歧路：20 世纪 20~30 年代部分农村研究文献的简要回顾 [J]. 新建筑，2015（01）：4-8.

[12]　杨宇振 . 生产新空间：近代中国建市划界、冲突及其意涵——写在《城镇乡自治章程》颁布 110 年 [J]. 城市规划学刊，2019（01）：108-117.

[13]　朱泰信 . 实业计划上之城市建设 [J]. 市政工程年刊 . 1944，1：7-19.

王富海
曾祥坤

王富海，中国城市规划
学会常务理事、学术工
作委员会副主任委员，
深圳市蕾奥规划设计咨
询股份有限公司董事长
兼首席规划师，教授级
高级规划师

曾祥坤，深圳市蕾奥规
划设计咨询股份有限公
司主任设计师，高级规
划师

城市营运与行动规划

中国轰轰烈烈的城市扩张已近四十年，造就了以追求"好方案"为主的 1.0
版城市规划体系，红红火火地炮制了众多的战略、蓝本和图则。近年来城市更新
类项目（或曰"存量规划"）逐渐兴起，与"增量规划"此消彼长，并在理论和方
法上冲击 1.0 规划，可以概括为"好服务"的 2.0 版规划体系正在酝酿之中。两者
之间的显著差异在于从"云端"回到"人间"，从注重终极蓝图的"形而上"转为
深入操作过程的"烟火中"，从作用于"规划管理"到服务于"城市治理"。因此，
更加关注城市营运并通过有效的规划手段不断改善现时城市，成为城市规划的新
课题。

1 城市营运的概念

1.1 营建与营运

空间既是经济社会发展的载体，也是经济社会运行的产物，同时空间又孕育
生产着新的经济、社会关系[①]。城市规划既然聚焦于空间，那么对城市空间与经
济社会之间的相互关系就不能不察，既要知其然，也要知其所以然。从城市经济
社会的运行中梳理出空间发展需求和规划实施路径，再以此为基础提出满足需求、
合乎规律的空间规划设计方案，是城市规划最基本的工作逻辑（王富海，2018）。

从这个意义上来说，城市规划应该是营建和营运的综合。营建是营造兴建，
针对的是城市的硬件，如空间、用地、设施等，是城市发展的载体支撑；营运是
经营运作，针对的是城市的软件，即以管理机制作为主要手段对各类软硬资源要
素进行盘整、激活、调度及优化利用，以保障整体可持续地运行。

营建与营运的理解，例如生态文明体制下的"两山"理论，"绿水青山"的保

护利用看似营建问题，但怎么变成"金山银山"实为营运问题。再如近期各国对新型冠状病毒肺炎疫情的应对，尽管我国在人均重症加强护理病房（ICU）床位数等医疗设施配置水平上仍远远落后于欧美发达国家[②]，但通过有力的社会动员、科学的分诊治疗和高效的资源调配，却能保证医疗系统不至于被突如其来的疫情"击穿"，并率先取得疫情防控的阶段性胜利。

工业化促进城市化，通常表现为一段时期内城市的迅速扩张，规划工作的重点在于城市营建。但在城市发展的历史长河中，物质形态的剧烈变动只是短期的，城市更多地处于平缓而持续的质量提升过程中，营运的重要性是要远远超过营建的。对于城市发展而言，营建之于营运，硬件之于软件，犹如冰山之一角。我们需要站在营运的角度更加深入地认知城市。

1.2　城市的制度原型

从制度角度看，城市是一组通过空间途径盈利（即在特定区域内供给并依托空间区域收费）的公共产品和服务。是否存在公共服务且这些公共服务是以空间交易（如税收）的方式来提供的，是划分城市和农村的分水岭（赵燕菁，2009）。居民和企业定居一个城市并支付相关费用，就意味着购买了一组公共产品集合。所谓"公共产品集合"，既是指各级各类"政府服务"的叠加和组合（如中央政府提供的国防，地方政府提供的交通、教育、医疗乃至小区物业管理），也由不同水平、不同价格的公共产品和服务构成（比如不同的"学区"、功能管理区），更重要的是不同的公共产品供给模式的竞争。这种竞争，从纵向上来看，可以调控不同阶段下城市发展要求和现实资源条件之间的矛盾，好的模式胜出，坏的模式出局，构成不断的制度创新和进步，形成城市演化发展的制度动力；从横向上看，由于城市内部不同地区、不同人群（企业）对公共产品的需求和消费能力必然存在差异，所以不同的供给模式并存且充分竞争，有利于城市经济社会自发地向综合效益最优的方向发展，是城市的多样性和包容性的制度源泉。

我们可以认为，城市公共产品和服务的持续供给和模式创新就是城市营运的内核，而城市营运的水平和状态其实反映出了城市制度创新的能力。所以，尽管地标建筑、中央商务区（CBD）、核心商圈这些可见的硬件建设成果更容易被当作城市的名片，但城市营运水平的高下才是城市的吸引力和竞争力所在。

1.3　城市营运的内涵

根据上面的理解，城市营运可能包括多重涵义：

一是城市作为巨大的公共产品，在法律法规和行政体制的作用下其整体及各子系统的运作管理，属于"城市管理"（Urban Administration）的范畴。其主体是城市各级政府及其职能部门，多用行政化手段，遵循"韦伯主义"主张的法律和技术理性，具有稳定（Stabilization）、严格（Strictness）和结构化（Structuration）的"3S"特征（诸大建，刘冬华，2013）。

二是城市经济主体运用市场手段对城市的各类资源、资产进行资本化运作与管理，实现资源配置的最大化和最优化（徐巨洲，2002；谢文蕙，2003），属于"城市经营"（Urban Management）的范畴，不过在国内实践中常被异化为"城市企业化经营"。其主体以城市政府、投资企业为主，以经济手段推进城市资产的保值、升值和增值，扩大城市经济实力，完善城市多种功能，增强城市综合竞争力和知名度（谢文蕙，2003），故基本价值取向是"3E"——经济（Economy）、效率（Efficiency）和效能（Effectiveness）（诸大建，刘冬华，2013）。

三是在各级政府、市场、公众等多元主体共同参与的情况下，对城市发展过程中出现的一系列空间问题（核心仍是各类公共产品和服务的供给运作）进行协调解决的过程，属于"城市治理"（Urban Governance）的范畴[3]。效率和公平的平衡是核心价值，以人为本、多元主体、利益协调、共治共享成为新的关键词。尤其是政府的角色，要从城市资源的市场竞争性领域退出，并在那些因"市场失灵"而无法供给公共物品和服务的非竞争性的服务性领域发挥积极作用（诸大建，刘冬华，2013）。

上述涵义既可以理解为城市营运演化的三个阶段，从"管理"到"经营"再到"治理"，概念外延在不断扩大，营运主体在逐渐增加，价值理念在持续调整，模式组合在更加多样，顺应了不同发展阶段城市公共产品和服务的供需特征的变化趋势。同样的，也可以理解为城市营运的三个层次，包括基于行政手段的"管理"、基于市场机制的"经营"，以及基于社会公平的"治理"。针对具体的城市营运问题，不同的手段机制可以视为不同的制度供给模式，应当"各适其位，各尽其能"，任何过度偏废都会妨碍城市健康发展。所以说，城市营运是个动态的、多层次的概念。如何看待城市规划与城市营运的关系，如何推动治理现代化语境下的城市规划转型，都需要考虑到城市营运的阶段性和层次性特征。

2 城市营运与城市规划转型

2.1 城市规划与城市营运的关系

保障城市公共利益可以说是现代城市规划的基石和"初心"，而城市营运又以公共产品和服务的供给模式创新为核心。因此，城市规划和城市营运在目标上是趋同的，在概念范畴上也存在互为包容的关系。

　　城市规划最重要的特征是未来导向性。未来导向性不仅意味着以现在的知识来引导未来的行动，也同样体现在现在所确定的规划内容须为现时和规划实施不同时段的社会所接受和采纳（孙施文，1999）。在规划的制定过程中，未来导向性的基础虽同时来自于城市营建的技术积淀和对城市营运的观察思考（即"现在的知识"），但由于"必须可以通过空间分配和使用去处理和解决才是规划专业可以干预的事"（梁鹤年，2012），城市规划在成果和实效上都以城市营建为主。可到了规划的实施过程，城市营运的动态变化（尤其是阶段性变化）会极大地影响规划能否被"接受和采纳"，反而成为决定规划调整乃至实施成败的关键因素。换句话说，城市营运是城市规划工作不可或缺的研究内容，具体城市规划的导向性和生命力高度取决于这座城市的营运动态。

　　切换到城市营运的角度，城市规划始终都是城市营运过程中重要的空间政策工具。分阶段看，城市营运的模式转换也不断地向城市规划提出了新的转型要求。"管理"时代，城市规划是对计划指令的落实和深化，以承担执行设计功能为主；"经营"时代，城市规划是对各项建设的综合部署、规范和引导，而更重要的作用，是"城市公司"们撬动"土地财政"乃至"土地金融"的调控工具；"治理"时代，城市规划是各方治理主体的聚焦点，是协调利益、形成共识、统筹行动的治理平台。分层次看，不同营运主体的需求决定了城市规划的多重作用：既是城市建设系统进行许可管理的法定依据——"局长的规划"，也是落实城市战略、统筹整体格局、引导空间建设的一张蓝图——"市长的规划"，又是协调多方利益、将提升空间质量具体落实的操作平台——"区长的规划"，还应当是城市治理过程中影响最广泛、最"显化"的公共政策——"全社会的规划"。

2.2　城市规划的问题和转型

　　事实上，城市规划在编制中并没有如理论上一样与城市营运建立如此紧密的联系，更没能及时顺应新时代下城市营运的需要。最为突出的表现就是重营建而轻营运，将城市规划的效用局限在狭窄的"理想"情境当中。

　　在长期的以经济建设为中心的发展过程中，我国城市规划大多数时候是作为"城市营建规划"而存在的。来自于建筑学的学科理论渊源、归属建设管理的部门权能设置以及快速扩张时期的特定阶段矛盾等种种因素，将城市空间与经济社会的关系"界定"得较为简单，通过用地设施的供给即可对城市经济社会"量"的增长需求产生积极而显著的响应。至于对城市营运的研究，则被"简化""抽象"为技术标准规范和相似城市案例。似乎只要符合了标准规范，借鉴了先进案例，就能营建出理想的城市空间。正如突然流行全国的街道店招统一设置，突出了"管理"的一致性，抹杀了"治理"的多样性和趣味性，由此证明，简单粗暴的复制粘贴只会抹煞城市的魅力，漫不经心的案例移植很可能会让城市发展误入歧途。

当前，随着我国经济社会发展进入新时代，城市规划也迎来了转型的变局。首先，社会主要矛盾的变化[④]决定了城市规划要解决的核心问题须从空间供需数量匹配转为空间供需消费与质量匹配。在具体规划设计中，仅用营建层面的"加减法"是不够的，还得有营运层面的"乘除法"。其次，新技术突破和社会变革所形成的新空间演变已逐渐对现代主义城市规划形成挑战，在奇点临近期（刘泉，2019），城市营运的组织方式革新将对未来城市的空间形态、发展内涵乃至规划范式转移产生深刻影响[⑤]。第三，城市多元学科的繁荣、空间规划体系的改革以及存量发展时代的到来令城市空间与经济社会的关系显得更加复杂而敏感，开启了城市从管制向治理的模式转变[⑥]（俞可平，2000；张京祥，陈浩，2014；樊杰，2017）。而治理在本质上就是一种制度安排（王德起，钟顺昌，2015），治理体系和治理能力简单来说就是制度体系和制度执行能力。所以城市营运的内核决定了城市治理现代化建设就是一个城市营运相对城市营建占据越来越大比重的过程，而且当前城市空间治理的制度创新，核心就在城市营运的制度创新上。

总之，为满足新时代城市经济社会"质"的提升需求，传统做法下"城市营建"的边际效用已显著降低，如何将"城市营运"要素也有效纳入城市规划的统筹考虑，是今后促进城市高质量发展和高效精准治理的关键和难点。

体现在城市规划实务中，就是"好方案"式的目标规划得向"好服务"式的过程规划转变。随着城市营运的嬗变，首先，规划"好"的标准发生了变化，要从正确转向准确。因为营运环境的"容忍区间"明显变小了，超出或没有找到区间，即使方向正确了，也可能导致规划无法实施或实施效果不尽如人意。其次，"方案"不再是规划服务的主体[⑦]，利益平衡变成规划服务的关键。除了空间方案设计，还要考虑投入收益、多方参与、周期时序、政策机制、管理体制等诸多因素，并且规划的专业服务方式要转向与委托方"一致行动"，才能在多方利益平衡的前提下确保规划效益最大化。最后，"好方案"在规划服务供给中被逐渐"后置"。规划服务的结果不再局限于一张方案图，对市场用户而言可能是规划设计的批文和要点，对政府而言可能是一纸政策、一项管理规定或一套规划设计规范导则。要形成这些批文、政策、规定、导则，成为多数时候规划项目的第一目的，空间方案则是在此之上后续深化的结果。换句话说，空间设计方案反而变成很多规划服务之后的非关键事项。简而言之，"好方案"须以"好服务"为基础，"好服务"又须以对城市各层次营运的深刻观察和研究为基础。

2.3　基于城市营运的行动规划

作为行动规划之"中国定义"的首创者，12 年前我提出行动规划概念的初衷，在很大程度上就是要克服蓝图式的"城市营建规划"所带来的弊端，主张先知其所以然，方能预知其然，并将熟知运行作为开展规划的重要原则（王富海，2018），结合城市营运"让规划行动起来"。其核心是实现规划愿景与具体操作的有效结合，制定"可实现的目标"，设计"可实施的方案"，提供"可操作的指引"，实施"可持续的服务"。形象地说，就是让城市规划从"云端"回到"人间"，深入到城市营运当中，探讨实际操作要素，发现真正的问题，判断各方真实的需求，提出顺应城市发展规律的、适应经济社会能力的、符合政治和市场需求的解决方案。

对应城市营运的三重涵义，行动规划也有三个层面的理解和实践。

一是"行动导向"的规划，在"管理"层面建立可调节、适应性强的动态规划机制。以具体城市规划建设管理的体制环境和实际能力为切入点，为规划使用者"量体裁衣"，开展项目营建与营运过程研究，制定规划实施方案，完善评估检讨机制，通过做"厚"规划设计的前后两端并形成规划管理的动态闭环，确保规划方案真正能用、管用、好用。

二是"行动要素"的规划，在"经营"层面提升空间规划方案的可实施性。高度关注对未来规划实施的环境和过程的模拟，提高空间方案与操作环境的吻合度，基于人、地、产、财、管等要素对城市营运模式进行深入分析，并通过空间实施策略、项目行动表和图则化空间指引等方式，强化规划方案向具体项目和工作的传导。

三是"行动过程"的规划，在"治理"层面跳出传统空间规划设计的窠臼。将多元主体所采取的与城市空间改善有关的各种"行动"均纳入规划研究和服务的范畴，以规划技术的核心基础，集成多学科知识，整合市场和公共资源，为城市和地区发展提供集研究、咨询、设计、投资、管理等于一体的综合性规划解决方案。在这个意义上，城市规划已不仅仅是对一个城市和地区未来发展的规划，也是针对不同主体的意愿和能力所定制的"行动"规划。

3　结合国土空间规划改革的若干思考

当前，国土空间规划改革如火如荼，既是推进空间治理体系和治理能力现代化建设的重要抓手，也是带动城市规划迈向新时代的主导背景。城市是国土空间中最为活跃的部分，城市及其以下的基层政府是国土空间规划具体实施的主体。

所以国土空间规划要体现战略性，提高科学性，加强协调性，注重操作性[8]，必然需要在编制过程中与城市乃至整个行政辖区的治理营运的特征紧密结合起来。针对当前国土空间治理的特点和矛盾，笔者试从规划编制体系、规划统筹机制和规划思维方法三个方面提出若干建议。

3.1　完善"法定规划＋行动规划"的城市规划体系

按照治理现代化建设的要求，城市的规划权与治理权应当且必须是统一的。通常认为城市规划是"地方事务"，但具体城市公共产品和服务其实由不同层级政府分别提供，不同的规划内容理应由对应的各级政府负责，即目前强调的"谁组织编制、谁负责实施""谁审批、谁监管""管什么就批什么"等原则[8]。可是根据当前国土空间规划体系的制度设计，在规划编制中就出现了各级政府分权治理与各级规划技术分层之间的矛盾。市、县、镇乡三级规划的内容并非完全按照本级政府治权下的事务来组织，而是同一套内容模板在宏观、中观、微观的"复刻"——承接落实上级规划要求和战略部署的内容、规范引导下级规划深化细化的内容、本级政府操作实施的内容混杂在一起，使法定规划（尤其是总体规划）内容繁杂，无所不包，实施性较弱。因此，城市及以下各级政府在实际工作中往往另立其他规划、计划、行动来推动本级治理事务的筹策、组织和实施[9]。如近期公布的北京市国土空间规划体系中，就明确了国土空间近期规划和年度实施计划、规划综合实施方案等制度性安排，并将规划综合实施方案归为与控制性详细规划、村庄规划并列的详细规划。

因此，从加强城市营运治理、强化城市规划效用出发，今后亟需完善"法定规划＋行动规划"的城市规划体系。从规划编制看，有了行动规划为辅助，法定规划就更便于遵循二八原则，变不分主次、百科全书式的总体规划为"结构规划"，变不分粗细、铁板一块的详细规划为"梯度规划"，更好地适应城市动态治理的需要。从规划效用看，法定规划逐渐成为"防守型"规划，为市场经济活动制定不可逾越的"红线"，维护公共利益，发挥政府"看得见的手"的作用，避免"市场失灵"；行动规划逐渐成为"进攻型"规划，针对政府、市场、公众等不同主体的不同需求，问题导向、科学诊断、量身定做、跟踪服务，追求判断的准确性、内容的实施性、成果的有效性和工作的及时性，从而更好地解决城市发展面临的实际问题。

3.2　建立"充分兼容、平异结合"的规划统筹机制

在过去的城市规划中，"条条"和"块块"的问题由来已久。城市一级是按不同职能部门"条"状管理，基层一级是按行政区划"块"状管理。城市土地、交

通、市政、环保、教育、卫生等各"条"系统下达的工作，都需要在基层这个"块"上统筹实施。反映到规划上，就是各专项规划提出发展目标、思路、策略，明确对用地和设施的建设需求，然后归总到城市规划（总体规划、分区规划、近期建设规划）当中。但问题在于，随着城市发展中新的问题和挑战的不断涌现，各"条条"专项规划愈发被重视和精细化——例如新型冠状病毒肺炎疫情后要求在国土空间规划中增加城市卫生防疫专项内容——城市各"块块"总体规划就越来越难统筹，难免会像不断被开挖敷设的马路，永远都在施工，永远不易通行。而且从城市营运的角度看，"条条"规划在编制时会考虑本系统的运行问题，但统筹到"块块"规划时往往只考虑项目设施选址和土地供应，未能充分顾及对城市其他子系统乃至城市整体运行的影响，进而出现因扩大办公空间导致交通堵点增加之类的问题。然后，又头痛医头、脚痛医脚，继续强化专项规划，陷入恶性循环。到了国土空间规划的时代，同样的问题依然存在，而且随着规划对象向全空间全要素的扩展，"条""块"矛盾恐有扩大之虞。

因此，从城市营运的需求出发，城市及以下层级的国土空间总体规划应尝试"控制性总体规划"，来强化各层级"块块"规划对综合营运状态的兼容性和适应性。在划分基本规划分区的过程中加强市域土地与空间各种资源供需关系的研究。在城镇开发边界内突出对建设空间的总体布局，通过分解城市单元并提出各单元主导功能及开发控制要求进行落实，重点明确各单元的组合与协调关系，强化支撑单元发展的基础设施建设安排。定期对城市单元的营运状态进行评估检讨，将评估结论作为衔接统筹专项规划时的输入条件。同时，要结合大数据、智慧城市等新型技术平台，开展城市面对特殊情形的预案规划。对各种非常状态下的城市运行状态特征和要求进行研究，敢于打破常规状态下的城市营运"规则"（例如在台风气候下利用学校作为安置场所，在重大疫情中使用机场空地建设临时医院），做好设施的硬预案和机制的软预案。最后，对城市正常状态和各种非常状态下的运行进行多情景模拟，取其"最大公约数"，识别关键空间、关键设施、关键通道，对其施行特殊的规划管控机制。

3.3 倡导"长短结合、做好当下"的规划思维方法

国家与社会治理一定是立足现实、发展导向、长短结合的。当前国土空间规划改革的焦点在总体规划，要求体现战略性，"一张蓝图干到底"，自然是"风物长宜放眼量"，这是城市化时代国家治理的大局。但将城市放到国家版图、经济地理和大生态环境中进行决策和宏观引导，只是规划改革的上半阙，下半阙则是更进一步走进城市微观之中，参与"推动"城市不断改善，两者不可或缺，不可偏废。

在国土空间规划体系中不能将规划目标与实现手段割裂，而是要引入时间维度的考量，根据城市营运治理的需要，通过"连续有限比较"的方法，将关注点放在渐进式的、切实可行的方案上。

首先，要从城市营运的角度做好城市的多要素评估。不仅仅是从单纯的空间结构和要素出发，而是将发展阶段经济能力、管理能力、组织架构、安全风险、建设成效、实际收益、实施路径等多要素统一到项目成果中，拓展我们对城市的认知，让规划成果在指导和规范城市建设行为的过程中发挥更为积极主动的作用。其次，要区分发展目标和改善目标。前者契合发展定位和愿景，立足战略性和前瞻性，后者则应该明确规划阶段要解决的实际问题，并结合时间、组织、资金等营运条件设定有限目标。通过改善目标的不断完成和更新，让规划实施始终聚焦于当下。同时，做好当下，切忌急功近利，在对城市现象和问题的评估中仍要保持长远的眼光和多元价值观，要允许不同城市营运模式的共存竞争，来保持城市的创新能力和发展活力。这样才是真正远近结合的规划思维。

4　结语

我国城市发展正在迈入 2.0 时代，实现增量扩张向存量提升的空间发展模式转型，走上高质量发展的道路是其中应有之义。对于城市规划而言，即便被纳入国土空间规划的体系当中，其基本原理依然是通过对实体空间物质形态的调控来调节影响城市发展。但在新时代下，城市空间发展的特征变了，经济社会发展的需求变了，城市规划的任务内容也变了。城市营运就是一把掌握这些变化、开启规划创新的总的钥匙。只有深度融合城市营运的规划才能为城市的提质发展提供更快更好的行动方略，才能为城市治理做出更大的贡献。

注释

① 根据新马克思主义学者亨利·列斐伏尔提出的"空间的生产"理论，空间并非纯粹的自然实体，而是由资本投资、经济活动和通信技术共同作用的产物；空间不是社会活动的"容器"，而是社会关系和社会活动的产物，同时空间又生产着社会关系。

② 《福布斯》杂志报道，2017 年中国每十万人拥有重症加强护理病房床位数为 3.6，不到日本（7.3）的一半，更远低于欧美国家 2012 年的水平。西班牙是 9.7，法国是 11.6，意大利是 12.5，德国是 29.2，美国是 34.7。

③ "治理"至今缺乏统一概念表述，按照 1995 年全球治理委员会给出的定义，"治理"指或公或私的个人和机构经营管理相同事务的诸多方式的总和，它是使相互冲突或不同的利益得以调和并且采取联合行动的持续的过程。

④ 党的十九大报告提出，中国特色社会主义进入新时代，我国社会主要矛盾已经转化为人民日益增长的美好生活需要和不平衡不充分的发展之间的矛盾。距离党中央上一次提出"主要矛盾"的判断，时间过去了 36 年。1981 年，党的十一届六中全会指出，在现阶段，我国社会的主要矛盾是人民日益增长的物质文化需要同落后的社会生产之间的矛盾。

⑤ 例如共享经济的出现，借助移动互联网的迅捷组织，正在逐渐打破传统的生活工作模式，提高空间设施的利用效率，大幅增加人与人的交往机会，有效降低获取各种服务的价格门槛，进而实现"人"的解放，或许会像汽车的出现一样，给城市发展带来颠覆性的革新。面对这样的趋势，旧的城市营建经验的适用面会更窄，对新的城市营运方式的研究变得更为重要，是做好规划编制的前提。

⑥ 与"管制"（Regulation）不同，"治理"（Governance）涉及多元平等而非单一强势的主体，它的建立以调和而非支配为基础，是一个动态过程而非一种暂时型活动或者一套静态规则。

⑦ 在规划 1.0 时代，设计是规划词汇中的重要主题词。规划师们针对城市开展一系列的要素研究、目标设定和关系分析，目的就是为了拿出一个好的空间设计方案。对于一座城市、一个片区、一条街道或者一个园区，好方案都是目标导向规划的主体，即要通过一个理想的空间图景来引领城市建设。方案设计必须结合历史地理、人文状况、经济区位、开发条件以及发展目标等种种因素，得出好方案也是一个比较艰难的过程。于是，能否设计出好方案成为衡量规划师业务能力的最重要依据，也是当前规划技术上大家最集中的评价标准，规划体系、高校培养、项目产品皆围绕于此。

⑧ 见《中共中央 国务院关于建立国土空间规划体系并监督实施的若干意见》（中发〔2019〕18 号）。

⑨ 如近期建设规划、"生态修复、城市修补"、年度城市建设计划、区级五年发展规划等。

参考文献

[1]   樊杰 . 我国空间治理体系现代化在"十九大"后的新态势 [J]. 中国科学院院刊，2017，32（4）：396–404.

[2]   梁鹤年 . 城市人 [J]. 城市规划，2012，36（7）：87–96.

[3]   刘泉 . 奇点临近与智慧城市对现代主义规划的挑战 [J]. 城市规划学刊，2019（5）：42–50.

[4]   孙施文 . 规划的本质意义及其困境 [J]. 城市规划汇刊，1999（2）：6–10.

[5]   王德起，钟顺昌 . 城镇化进程中的空间治理问题探讨 [J]. 兰州财经大学学报，2015，31（5）：28–36.

[6]   王富海 . 开创城市规划 2.0：行动规划十年精要 [M]. 深圳：海天出版社，2018：109.

[7]   谢文蕙 . 城市经营的理念与模式 [C].// 中科院中国现代化研究中心 . 中国现代化理论与战略高级研讨班资料汇编，2003：30–36.

[8]   徐巨洲 . "城市经营"本质是对公共物品和公共服务的管理 [J]. 城市规划，2002，26（8）：9–12，75.

[9]   俞可平 . 治理与善治 [M]. 北京：社会科学文献出版社，2000.

[10] 张京祥，陈浩 . 空间治理：中国城乡规划转型的政治经济学 [J]. 城市规划，2014，38（11）：9–15.

[11] 赵燕菁 . 城市的制度原型 [J]. 城市规划，2009，33（10）：9–18.

[12] 诸大建，刘冬华 . 从城市经营到城市服务——思考以人为取向的城市管理模式 [C].// 中山大学，复旦大学 . 第三届中国城市管理高峰论坛论文集，2013：18–26.

段德罡,中国城市规划学会理事、中国城市规划学会学术工作委员会委员、乡村规划与建设学术委员会副主任委员,西安建筑科技大学建筑学院教授、博士生导师

陈炼,西安建筑科技大学建筑学院博士研究生

陈炼

段德罡

乡村治理的价值导向与规划应对

乡村治、社会安、国家稳,乡村治理之于中国乡村的重要性由此可见。随着社会经济的发展和生产力水平的提升,农村人居环境得到较大改善,农民生活水平得到不断提升,但也潜藏着乡村治理体系不完善、基层政权治理能力不足、基层党组织公信力缺失、村民利益无法保障等治理危机,不利于乡村的健康有序发展。

改革开放以来,我国依靠农村劳动力、土地、资金等要素,快速推进工业化、城镇化,城镇面貌发生较大改变,城镇化水平显著提高。当前,我国城镇化发展已进入中后期转型提升阶段,考虑到我国城乡社会经济发展"一条腿长,一条腿短"问题依然比较突出,城乡融合发展成为当前的主要任务。城乡融合发展,维系乡村社会的发展与进步,关乎国家安全与社会稳定,更是我国现代化事业的必然要求。党的十九大报告提出,要健全自治、法治、德治相结合的乡村治理体系,这不仅是实现乡村治理有效的内在要求,也是实施乡村振兴战略的重要组成部分,更是实现城乡融合发展的重要支撑。

1 乡村治理的内涵

1.1 治理

"治理"一词源于西方。20世纪80年代,对其概念内涵的探讨在全球范围兴起,各国学者从不同角度对其进行了深刻的阐释。1995年,全球治理委员会对"治理"做出最具代表性和权威性的表述:"治理是或公或私的个人和机构经营管理相同事务的诸多方式的总和。它是使相互冲突或不同的利益得以调和并且采取联合行动的持续的过程。它包括有权迫使人们服从的正式机构和规章制度,以及种种非正式安排。而凡此种种均由人民和机构或者同意,或者认为符合他们的利益而授予

其权力。（全球治理委员会，1995）" 由此可见，治理是一种由拥有共同目标导向的多元主体共同参与的活动，活动的主体可以是政府、社会机构以及个人，多元利益主体通过协商合作的方式解决问题，最终实现单个主体利益最大化和集体利益共赢的局面。

1.2　乡村治理

乡村治理是"治理"理论在乡村实践的结果，由徐勇教授在庐山脚下的实验村召开的研讨会首次提出（徐勇，2003）。随着国家政策和社会注意力向乡村转移，越来越多的学者着手乡村治理的研究，产生了较为丰富的成果，在乡村治理内涵方面更是如此。贺雪峰认为乡村治理是为了实现乡村社会有序发展而开展的自主管理（贺雪峰，2005）。党国英认为乡村治理是由国家机构或其他乡村地区的权威机构给乡村社会提供公共品的活动（党国英，2008）。何晓杰认为乡村治理是政府与村民对乡村进行合作管理的行为，强调政府与村民的双向互动性与村民参与的不可或缺性（何晓洁，2011）。陆益龙认为乡村治理是一个过程，包括乡村社会秩序形成与维持和乡村社会发展的实现（陆益龙，2015）。

基于对乡村治理内涵研究的梳理，以现阶段乡村治理价值为导向，结合乡村发展实际情况与相关政策法规的要求，本文将现阶段乡村治理的内涵做如下阐述：乡村治理是在现代社会治理体制下，以保障和改善农村民生、激发乡村内生动力、促进乡村社会和谐稳定为目标，通过多元主体共同参与的方式而进行的乡村社会自主治理过程。主要包含两个层面的内涵，一是针对村民，村民既是乡村治理的主体，也是客体，乡村治理应着力提升村民的市民化能力；二是针对内需与安全，以农业为基础，适时发展适农产业，引导村民就业，提升其经济收入水平，扩大乡村内需，维护乡村社会稳定。

2　乡村问题与治理危机

2.1　当代乡村存在的普遍问题

自 2004 年起，中央一号文件连续 15 年关注乡村问题，通过政策引导及财政投入等方式，以补齐短板为目标支持乡村基础设施建设。因此，近年来，农村人居环境明显改善、公共服务设施日趋完善，文化教育、医疗卫生、社会保障等公共服务水平明显提高，但城乡差距依然明显（张婷，庄伟海，2018）。不仅表现在城乡居民人均可支配收入上，还表现在城乡公共服务供给的不均衡、城乡生活环境差距大等方面，城乡差距明显与乡村内部存在的普遍问题共同导致的治理危机成为乡村可持续发展、城乡融合发展最大的阻碍。

2.1.1　乡村发展人才匮乏，年轻人成为稀罕物

随着城市化进程的深入，越来越多的乡村劳动力向城市单方面流动，离开乡土农村，进城务工，从而造成乡村年轻劳动力急剧减少，剩下的多为老年人、妇女与留守儿童。乡村空心化、老龄化现象严重，据 2019 年中国农村统计年鉴统计的数据显示：我国乡村年龄 55 岁及以上农业生产经营人员高达 33.6%，其中女性约占 47.5%（表 1）；村民总体文化程度更令人担忧，农村居民家庭户主文化程度在初中以上（不含初中）的仅占 13%（表 2）。村民知识结构偏狭，劳动技能有限，对土地流转、流转补偿、土地整治、综合开发、农业现代化、集约经营和土地盘活等缺乏基本的认知与践行能力（姚松华，邵小文，2020）。缺少劳动力资源与各类人才支撑的乡村陷入发展人才匮乏的困境，建设发展举步维艰。一方面，由于我国乡村村民总体上文化程度偏低，留守者劳动能力不高，接受新技术和新知识较为缓慢，缺乏良好的职业教育和成长环境，对产业经营与科学管理缺乏了解，导致乡村建设发展遭遇极大挑战；另一方面，随着城镇化对乡村劳动力资源及人才的吸纳，乡村劳动力资源大量流失，外出学习和有能力掌握多项技能的乡村"能人"在进城务工后，多留城定居，"返乡回村"人员少之又少，有志青年"进城"在农村已经成为趋势。

我国2016年农业生产经营人员结构（单位：%）　　表 1

构成类型	性别 / 年龄	全国	东部地区	中部地区	西部地区	东北地区
农业生产经营人员性别构成	男性	52.5	52.4	52.6	52.1	54.3
	女性	47.5	47.6	47.4	47.9	45.7
农业生产经营人员年龄构成	35 岁及以下	19.2	17.6	18.0	21.9	17.6
	36—54 岁	47.3	44.5	47.7	48.6	49.8
	55 岁及以上	33.6	37.9	34.4	29.5	32.6

数据来源：中国农村统计年鉴 2019

2018 年农村居民家庭户主文化程度（单位：%）　　表 2

年份	未上过学	小学程度	初中程度	高中程度	大学专科程度	大学本科及以上
2018 年	3.9	32.8	50.3	11.1	1.6	0.3

数据来源：中国农村统计年鉴 2019

2.1.2　产业发展动力不足，非农化趋势明显

近年来，我国针对农业的现代化制定了一系列政策，也取得了一定的成效。农业机械化生产带来了生产的连续性、规模性，提高了生产效率，但由于农产品

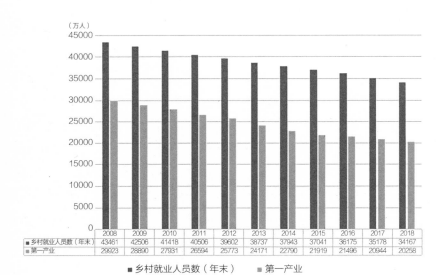

图 1 全国乡村人口和乡村就业人员近十年情况

数据来源：中国农村统计年鉴 2019

需求弹性远小于其供给弹性而使得农产品价格降低，生产效率的提高并没有带来农业利润的增长，农业逐渐成为"弱质产业"（马西亚，2014）。这种农业的"弱质性"导致农村土地资源遭到遗弃、荒芜，土地耕种利用率降低，严重影响到我国农业持续发展（陈东平，2016）。近十年来，我国乡村从事第一产业人员虽有波动，但整体数量呈现出逐年降低的趋势，2018 年，我国农村第一产业人员数占乡村就业人员数的 59.3%（图 1），农村居民第一产业经营净收入仅占可支配收入的23.9%（表 3），乡村产业非农化现象严重。而随着工商资本下乡的深入，其凭借自身优势控制产业链，容易对小生产形成挤出效应，导致部分小生产农户不得不退出生产。作为农业基本面的小农户与现代农业发展的有机衔接成为空谈，村民收入得不到明显提升，产业发展动力明显不足。

2018 年农村居民可支配收入及构成   表 3

指标	工资性收入（元）	经营性收入（元）							财产净收入（元）	转移净收入（元）	可支配收入（元）
		总额	第一产业				第二产业	第三产业			
			总额	农业	林业	牧业	渔业					
2018 年	5996.1	5358.4	3489.5	2608.0	187.0	574.5	120.0	378.4	1490.5	342.1	2920.5	14617.0
占比（%）	41.0	36.7	23.9	17.8	1.3	3.9	0.8	2.6	10.2	2.3	20.0	100

数据来源：中国农村统计年鉴 2019

2.1.3 乡村建设缺乏弹性，空间使用效率低下

伴随着经济社会的发展，大量农村劳动力外出务工，一些家庭甚至举家外迁，其农村的房子、土地长期闲置。乡村土地利用呈现出"利用效率低、空心村多、

空闲地多"的"一低两多"的特点。同时在城镇化的快速推动下，农村建设用地不断膨胀，呈现出"人口减少，用地增多"的"逆向扩张"不良现象。据统计，2000—2016年，农村常住人口由8.08亿减少为5.89亿，2亿多农民进城，但乡村居民点用地反而由2.47亿亩扩大至2.98亿亩。在个别乡村，甚至出现耕地保护倒挂的情况，与其基本农田保护责任指标相差巨大。乡村内部空间由于受经济体制、人口结构、生产生活方式等诸多因素变化的影响，导致了村庄内的住宅松散凌乱、乡村公共空间闲置、活动设施无人问津、公共空间私有化，活动类型单一且趋同化等问题的出现。

2.1.4　乡村传统文化衰落，不良社会风气渐长

随着城镇化的快速推进，消失的村庄逐年增多，乡村文化载体逐渐消失，文化格局被打破，乡村传统文化断层导致场所精神缺失，乡村文化传承危机四伏。首先，乡村文化设施本就落后，人口流失导致村庄乡土文化消弭，乡土民俗、传统文化、乡村技艺（婚丧习俗、建造工艺等）等乡村传统日趋衰落或异化，乡土文化传承出现断层。其次，随着互联网的普及，各种自媒体传播的碎片式"文化"泥沙俱下，乡村传统文化进一步受到冲击。奔波在城市和乡村之间的群体价值观念发生了转变，传统艺术、礼仪习俗、道德观念等价值认同日趋消解，比如社火、灯谜、节令饮食等不再受到重视，人们更关注的是城市的热闹和繁华。此外，我国农村人口基数大、分布广，受经济发展水平、文化教育程度等影响差异较大，农村精神文明建设参差不齐，许多乡村存在着低俗、迷信等不良社会风气，尤其是赌博和迷信等现象尤为突出。

2.2　乡村问题导向下的治理危机

任何乡村问题的产生都有其特定的社会背景，乡村治理危机的出现可能是一个或多个乡村问题共同作用的结果，比如：乡村人才匮乏，可能导致乡村治理体系不完善，也可能导致基层政权治理能力不足。因此，我们在看待乡村问题导向下的治理危机时，应从整体、系统的角度把握乡村问题与治理危机之间内在关联。

2.2.1　乡村治理体系不完善，自治法治德治脱节化

我国乡村社会治理处于两难的矛盾状态：社会自治既需要政府的引导和支持，但政府却不应当参与这种社会治理活动（张康之，2003）。乡村社会治理更是如此，一方面，政府对乡村治理干涉过多，使得村民主体地位缺失，助长了村民"等靠要"的思想，也压缩了乡村自治组织的成长空间；另一方面，政府对乡村治理扶持太少，造成乡村自治组织发展不充分，自治法治脱节等问题。此外，由于乡村传统文化的衰落以及乡绅退出乡村治理舞台，德治在乡村治理体系中长期处于"缺位"状态，

"三治"融合面临巨大挑战。究其根本原因，这与乡村治理体系不完善有着直接的关系。近年来，为适应乡村发展形势的需要，国家采取一系列措施、制定一系列政策，不断完善乡村治理体系，缓解了很多问题，但依然存在不少的隐患，比如乡村治理政企不分，村干部压力大、各类自治组织发展不充分，不能有效发挥治理作用等。

2.2.2 基层政权治理能力不足，治理资源内卷化

乡镇政府处于我国国家政权的末端，是最基层的政权组织，代表国家公权力对乡村社会进行治理。因此，基层政权治理能力的强弱，直接影响乡村治理的成效。随着农业税费的取消，一事一议制度的实施，基层政权逐渐围绕乡村社会民生服务而展开工作。一方面，农业税的取消减轻了乡镇政府的负担，乡镇政府不用深入农村收取农业税，行政化趋势明显，脱离农民实际与治理人才缺乏导致基层政权治理能力不足；另一方面，农业税的取消加重了乡镇政府的财政负担，在压力型社会体制下，为确保基层公共服务的到位，基层政权必须依靠各类"项目下乡"的财政转移资金来进行乡村建设，这使得部分地区基层政权治理目标项目化、治理动机谋利化的倾向愈发显著（折晓叶，陈婴婴，2011）。而部分基层政府在寻求项目资金和政策支持时，权力与利益合谋，形成分利秩序，这不仅使得支农惠农资金政策未能真正惠及村民，甚至还出现"掠夺"式开发的现象，导致村民对基层政权认同感不断下降，村民被排挤在乡村公共事务之外，治理资源内卷化现象严重。

2.2.3 基层自治组织公信力缺失

干群关系塑造是乡村治理的核心内容之一，和谐的干群关系有助于村庄凝聚力、内生动力的形成。笔者工作室在长期的驻村帮扶过程中发现村民最关心的事情有三件：政务、党务、账务，这三件事情必须公开透明。然而，一些村庄的现实情况是，在乡村熟人社会，村民委员会虽是由民主选举产生，但不少村民持有谁当村干部都一样的想法，随之而来的是"办事靠关系""自身利益最大化"等连锁反应的产生。长此以往，村民对基层自治组织的信任度降低，也无意参与乡村公共事务。

2.2.4 农民群体利益无法保障，参与治理冷漠化

在快速城镇化进程中，乡村和农民一直处于相对弱势的地位，尤其是农民群体在目前的社会结构中属于弱势群体。近年来，随着国家政策与社会注意力向乡村倾斜，国家各部委支农资金、社会工商资本开始广泛进入乡村，各村也积极成立村集体合作社，展开土地流转、三变改革等实践探索。在此过程中，由于缺乏完整的利益监管与分配机制，村集体在进行利益分配时容易受宗族、血缘、特殊人情等的影响导致利益分配不均，而受损的往往是普通村民的利益。此外，在市场经济背景下，大部分农民家庭的生计模式已实现非农化的转变，这在一定程度

上削弱了村民对于乡村政治生活的需求，同时，由于村民对于"集体""公共"的认识不深，乡村自治更多的是依靠自上而下的行政行为被动推动，这些都导致村民参与治理冷漠化。

2.3 乡村治理危机的深层逻辑

2.3.1 机制局限——乡村治理的推动主要靠政府运作

费孝通认为：中国传统社会的治理是沿着"由上而下"和"由下而上"两条轨道进行的（费孝通，1948）。但受清末民初的动乱以及"经纪体制"的影响，乡村社会日益衰败，乡绅和宗族难以维持其在乡村治理中的统帅地位，而科举制的废除彻底泯灭了乡绅入仕的希望，有能力、有文化的乡绅大量流失并逐渐退出乡村治理舞台，自下而上的治理链条自此断裂。1949 年后国家通过土地改革、合作化运动、人民公社化运动三个政治步骤将国家权力全面深入乡村，乡村自治组织的发展空间被极大压缩。改革开放之后，国家权力退出乡村，乡村社会实行"乡政村治"的治理模式，但由于传统的"由下而上"治理链条的断裂、"乡村精英"的外流、乡村治理水平与乡村社会发展速度不匹配等原因，导致基层组织在治理村庄时出现"水土不服"的问题，国家为了乡村的稳定发展，只能"由上而下"地推动乡村治理的正常运行。

2.3.2 角色模糊——基层组织角色与行为的异化

乡村基层组织是与农民联系最为直接、密切的主体。在现行的"乡政村治"治理模式下，乡村治理主要通过村民选举产生的"村两委"来实施，因此，"村两委"的角色与行为对乡村治理的成效有着举足轻重的影响。但是，一方面，随着基层政权与组织职能由管理向服务的转变，基层组织的权威性和治权被不断弱化，滋生了其角色异化的倾向；另一方面，"村两委"往往集多重角色于一身，难以做到公平治理，有变成自身利益代表的倾向。有研究表明：当前村干部在征地补偿中充当着"三重角色"：一是政府代理人角色，二是村民当家人角色，三是理性经济人角色（付英，2014）。实际上，在压力型社会体制下，"村两委"不仅需要完成上级政府下达的治理任务，还需要管理村庄的大小事务，谋划村庄的发展，同时兼顾自身利益最大化，这在很大程度上模糊了"村两委"的角色定位。此外，不少地区的基层组织为了避免与村民发生正面冲突，遵循"不出事逻辑"（贺雪峰，2010），采取"无所作为"（杜鹏，2016）策略，导致乡村缺少推动国家政策与为民办事的村干部，甚至一些村庄出现了"组织空白"的现象。

2.3.3 主体缺失——"半熟人社会"系统里的权力利益合谋

中国的社会是乡土性的，这是一个"熟人"的社会，没有陌生人的社会（费孝通，1948）。贺雪峰认为随着改革开放的深入，乡村社会流动增加、就业多样化、社会经济分化、农民的异质性大大增加，这些都表明乡村正经历从"熟人社会"向"半熟人社会"的转变（贺雪峰，2008）。在这个"半熟人社会"系统里面，村民、村干部、政府部门、社会企业等在相互关联的权力与利益交错下形成一种新型的社会网络结构。在党的十八大之前，我国部分乡村的村干部、社会企业、乡村富人等容易形成权力利益关系，其中权力指政策、制度以及能支配他人的权势与力量，利益指金钱、人情、面子以及能给人带来收益的象征性资本（卢青青，2019）。而村民在博弈中往往处于弱势地位，当其利益受损时，因缺乏完整的利益表达机制，也只能选择沉默或者表现出"村庄事务完全与我无关"的态度。作为村庄主人的村民主体地位缺失，利益无法保障，甚至在征地过程中失去安身立命的根本——土地，缺少就近就业机会与多元生计保障的村民，只能背井离乡外出务工。

　　随着传统乡村治理秩序的消逝，乡村社会在建设发展过程中或多或少面临上述问题，新型城镇化、城乡融合、乡村振兴战略等政策的出台正是致力于解决城乡发展不平衡、乡村发展不充分等问题。实践证明，随着一系列政策的落地实施，乡村治理正朝治理有效的方向发展，但由于部分基层政府对国家政策在地化探索不够、基层治理经验不足等导致城乡融合、乡村振兴战略等政策在实施过程中出现了村庄主体性缺失、产业设置不合理、项目进村面临"最后一公里"等问题，因此本文将继续在乡村治理的价值思辨中探讨我国乡村治理的价值导向，以期为乡村治理有效目标的实现提供思路。

3　乡村治理的价值思辨

3.1　中西方乡村治理价值差异

3.1.1　中国乡村：整体观下的各安其所

　　我国是一个传统农业大国，农耕文明源远流长，博大精深，上下五千年历史，造就了谦逊、坚毅、团结的民族个性，透露着整体观下的各安其所。从殷周之际的"敬德保民"，到道家思想的"道法自然"，到儒家思想的"仁、义、礼、智、信、恕、忠、孝、悌""一家之言、一地之说"，到汉唐时期的"民为政本"，到明末清初的"民贵君轻"，到孙中山的"三民主义"等，无不体现出丰富的"以人为本"的思想和让普通民众"安居乐业"的乡村治理价值导向，更是一种"知足""不争"和"伦理本位"的精神显现。中华人民共和国成立后，国内经济社会文化各个领域都发生了深刻的变革，"乡土中国"正在向"城乡中国"转变（刘守英，王一鸽，2018）。在这一历史进程中，乡村社会也发生了深刻的变化，乡村治理模式不断演变，治理水平不断提升，表现为从"皇权不下县、县下惟宗族、宗族皆自治、自治靠伦理、伦理造乡绅"的传统治理模式到"党的领导、依法治国、乡政村治、基层民主"的现代治理模式转变（张英洪，2019），科学发展观、城乡融合、乡村振兴等战略决策的制定体现出与时俱进的整体观、民本观，由此观之，我国乡村治理的价值导向是在党的领导下，充分尊重村民主体地位，维护村民利益，确保城乡公共服务供给平衡，在多元治理主体模式下实现乡村社会"天—地—人"的整体和谐发展。

3.1.2 西方乡村：个人观下的竞争驱动

西方国家乡村治理遵循"人本主义"思想，强调理解人、尊重人、爱护人、保护人的个人权利。早在古希腊时期，普罗泰格拉就提出"人是万物的尺度"，蕴含着朴素的人本主义思想。纵观西方人本主义的发展历程，虽然经历了从文艺复兴到现代人本主义的发展过程，但依然是资产阶级的意识形态，具有阶级性和局限性，宣扬的是个人是世界万物的价值中心和社会主体，是个人能力的最大释放，也是个人权利的极致追求，体现出"不知足""尚争"和"个人本位"的精神特性，与我国"家国天下"一体的整体观下的民本思想有着本质区别。众所周知，西方发达国家乡村在文化自信与社区自治方面呈现出和谐稳定状态，这不仅与其多样化的乡村治理模式有着直接关系，也与个人权利极致追求下的依靠法律限定自由边界而形成的特定人地关系密不可分。

3.2 乡村治理价值导向思辨

不论是我国"知足""不争"和"伦理本位"的乡村治理观念，还是西方发达国家"不知足""尚争"和"个人本位"的乡村治理观念，都是在不同国情、文化及意识形态下不断实践探索的结果，中西方不同的乡村治理价值导向不仅存在价值观的冲突，更有发展道路之不同。面对两种截然不同的乡村治理价值导向，我们无需去评判谁对谁错，孰优孰劣，不能全盘否定，更不能全盘西化。过分强调差异性或特殊性，容易将自己置身于世界发展的潮流之外，更是全面复古论的偏狭性所在，也与我国谦虚、包容的民族特性不符。但我们必须正视自己的不足，在中西方乡村治理均遵循"人本主义"的原则下，我国乡村与西方发达国家乡村仍存在不小的差距，这与乡村"人"有着密不可分的关系，村民主体地位的缺失，村民主观能动性的不足导致乡村发展内生动力不足。因此，在传承我国乡村治理传统智慧的基础上，不断从世界文明的实践探索中提出问题、解决问题、总结经验，并结合我国国情进行在地性改造，是实现我国乡村治理现代化的必由之路，也是我们讨论乡村治理问题的前提。

3.3　中国乡村治理的价值导向

我国农耕文明源远流长，乡村治理作为乡村社会稳定发展的关键环节一直处于丰富发展的过程中。从"县政绅治"到"政社合一"到"乡政村治"是我国在乡村发展与乡村治理不断实践探索的结果，也是乡村社会发展的必然趋势。现阶段的多元自治主体下的"乡政村治"体现出一种以民为本、城乡融合、山水林田湖草是生命共同体的价值导向。通过对国内外乡村治理价值的思辨，本文认为我国乡村治理价值导向应为乡村治理有效是社会稳定的根本、乡村治理有效是城乡融合的前提、乡村治理有效是实现村民安居乐业的基础。

3.3.1　国家治理视角：乡村治理有效是社会稳定的根本

当前中国正处于转型发展期，不得不面对国内外一系列挑战与不稳定因素，尤其是在国际社会撕裂、逆全球化进程依稀可见的今天，我国作为传统农业大国，农业、农村、农民的发展充分与否直接影响乡村社会的稳定乃至国家稳定。乡村治理作为乡村社会稳定发展固本强基之所在，其现代化能力直接决定乡村社会能否实现稳定繁荣的目标。首先，截至 2018 年末，我国仍有乡村人口 5.6 亿，有 2 亿多乡村劳动力进城务工往返于城乡之间，作为城市的建设者，理应成为成果的享受者，妥善处理进城务工村民的社会保障、子女教育、留村老人养老等问题，事关城乡社会稳定；其次，以农业为基础，为留村村民提供与其劳动力技能匹配的就业岗位，引导村民在就业中提升个人素养，并提供多元生计保障和社会兜底，以此激发村民农民主体身份认同感，维护乡村社会稳定，依靠有效的乡村治理；最后，我国农村市场蕴藏着巨大的消费潜力，可以在扩大农村内需的同时，将合适农村发展的产业留下来，提升村民收入，实现城乡居民消费结构升级。因此，对国家治理而言，乡村治理有效是国家治理有效的关键环节，乡村治理有效是乡村社会稳定的基础，也是国家稳定的前提。

3.3.2　城乡关系视角：乡村治理有效是城乡融合发展的前提

党的十八大以来，户籍制度改革深入推进，城乡统一的劳动力市场正在形成。但我们也必须认识到当前城乡二元制度尚未完全消除，城乡要素流动依然不充分，城乡公共服务供给失衡等问题依然突出。随着城乡融合、乡村振兴战略等政策的提出，城乡关系将继续发生深刻变化，由快速城镇化阶段的城市主导的"城乡支配关系"转向乡村振兴阶段的城乡对等的"城乡共生关系"，这对乡村治理提出了新要求。一方面，城市和乡村有着各自的优势，在平等的基础上承担着各自的职能，并互为消费市场，城乡人民的生活水平、社会保障等应差不多，城乡之间应形成的是一种"有差异、无差距"的均衡发展关系，这种城乡均衡态有利于城乡融合发展，也有利于社会稳定；另一方面，城乡发展的不平衡成为我国城乡融合发展的最大阻碍，促进城乡人均可支配资源及其价值的均等化，使乡村地区拥有和城镇地区一样的生活品质，在乡村有限的资源及其价值不变的情况下，农村人口数量的减少带来的人均资源及其价值的分配才能与城市接近，因此，快速持续推进新型城镇化的进程，引导村民向市民转变是城乡融合发展的必然要求。

3.3.3　以人为本视角：乡村治理有效是实现安居乐业的基础

从古至今，安居乐业作为一种治理目标和生活目标而被广泛关注。从"各安其居而乐其业"，到"安居乐业，长养子孙，天下晏然，皆归心于我矣"，到"耕者有其田"，再到"让农村成为安居乐业的美丽家园"的重要论述，无不体现着安居关系人民幸福、乐业就是民生根本的思想。尤其是弱势群体和困难人员的就业问题更是改善民生、维护社会稳定的关键，也是乡村治理的重要内容。但近年来，由于乡村劳动力资源的外流与发展人才的匮乏，乡村产业发展动力不足，衰退趋势明显。在乡村振兴战略中，从生产发展到产业兴旺，强调了乡村振兴必须要有产业作为支撑，通过乡村产业激发广大村民积极性、主动性、创造性，激活乡村振兴内生动力，让村民在就业中有更多获得感、幸福感、安全感，最终实现安居乐业，这些都离不开乡村治理有效的支撑。

从国家层面来说，以民为本是我国国家治理的基本理念，事关社会稳定；从城乡层面来说，维护村民利益尤其是弱势群体利益，实现城乡等值是城乡融合的必然要求，事关城乡社会稳定；从以人文本的层面来说，为村民提供就业岗位，激发其主体意识，实现安居乐业，是村民的基本诉求，事关乡村社会稳定。因此，不论是从国家治理视角还是城乡关系视角抑或以人为本视角，村民事无小事，事关社会稳定，尊重村民主体地位一直是乡村治理最根本的价值导向，应贯穿乡村规划的始终。

4　村民主体下的乡村规划应对

乡村治理的价值与内涵与乡村的发展阶段有关，不同的发展阶段赋予乡村治理不同的价值与内涵。现在我国已进入城乡融合发展的新阶段，实现农民市民化与城乡公共服务等值化成为这一时期城乡发展的重要目标。在社会分层明显变化，城乡差距拉大的今天，城乡规划作为有限公共资源的配置手段，既要考虑资源配置的效用最大化，还要保证各方的利益，维护社会公平。因此，基于乡村治理的价值导向，结合现阶段乡村发展的实际情况，从宏观、中观、微观三个层面提出乡村规划应对，以此提升乡村治理水平，实现自治、法治、德治相结合的善治目标。

4.1　宏观层面：以促进乡村社会稳定发展为目标

城乡二元制度在我国由来已久，是影响城乡融合发展的最重要的制度安排，自党的十六大以来，为扭转城乡之间资源配置和公共服务的不均衡，形成了城乡统筹的政策体系。此后，城乡融合、农村户籍制度改革、农村土地制度改革等政策的出台均在加速瓦解城乡二元制度的壁垒，这些政策的出台为工商资本下乡创造了便利条件，但不少社会资本在下乡过程中疏于经营管理，导致下乡资本既不能带动村民就业，也不能提升村民收入，甚至加剧抛荒、撂荒现象，村民利益受损。

在宏观层面乡村规划应以维护弱势群体利益、促进乡村社会稳定发展为目标，具体应包含以下几个方面的内容：一是乡村规划应贯彻落实市县级乡村振兴规划与国土空间规划相关要求，加强对乡村山、水、林、田、湖、草各类自然资源的保护，明确约束性指标，避免掠夺式开发；二是加快乡村土地确权，明晰乡村土地流转、流转补偿、土地整治、综合开发的方式，同时将乡村土地管理、建设管理、组织管理纳入乡村规划的范畴中，确保村民利益不会因资本下乡而受损。此外，还应逐步建立"多规合一"的乡村规划编制审批体系、实施监督体系、技术标准体系，注重区域协同，采用差异化的工作思维，编制差异化的成果，对于关联度较高的村庄，应跨越行政边界集中成片编制乡村规划，避免在小空间尺度编制多种重复规划造成资源的浪费。

4.2　中观层面：以实现城乡融合发展为路径

4.2.1　民生为本、渡村入城的规划理念

就乡村规划而言，其更应具有"社会规划"的特点（孙莹，张尚武，2017），不应仅是指导物质空间建设的"建设型"规划，应是"综合型"规划。但在过去数年时间里，我国很多地区基层政府为了追求政绩，编制了很多不切实际的乡村规划，规划成果最终只能"墙上挂挂"，这也直接导致村民对乡村规划产生质疑，对编制乡村规划的不理解、不参与，甚至出现反对的极端态度。

乡村社会具有典型的地域性和乡土性，是中华文明的文化根源。对于拥有6亿农业人口的农业大国来说，乡村城镇化与农民市民化不是简单的"弃农、进城、上楼"可以解决的。应根据乡村自身的基础条件、村民的劳动力特征等进行综合考量，制定差异化的市民下乡和村民进城的路径。首先，乡村规划应以实现城乡人均可支配资源及其价值的均等化为目标，着重解决城乡发展不平衡、城乡之间资源分配机会不均等问题；其次，乡村规划应以提升村民生产生活条件为根本，

对村庄的布点和规划需充分尊重村民意愿、尊重村民民俗文化和村庄生态环境等；最后，乡村规划应以保护传统文化、保持民风民俗、通过完善乡村基础设施、优化乡村公共空间的布局与使用来提升乡村外部环境质量。

4.2.2　分级分类、因地制宜的规划路径

新型城镇化与乡村振兴战略的统筹推进离不开因地制宜、分级分类的基层探索实践。但基层政权在进行乡村振兴战略落地探索时，由于制度不健全、部门协同不到位、自身实际不明晰等问题，导致在实践过程中不能科学准确地把握乡村的差异性，无法制定符合自身实际的乡村振兴落地方案，甚至造成新型城镇化与乡村振兴战略相互掣肘的局面，不利于新型城镇化与乡村振兴战略合力的形成。因此，基层政府应深入乡村，在充分了解村庄资源特征、劳动力技能特征、村民真实的生产生活处境及需求的基础上，做好因地制宜、分级分类的差异化探索实践。在此过程中，应充分发挥村民主体地位、尊重村民首创精神，并善于总结基层实践经验，为乡村振兴战略的落地实施、乡村治理的公平有效、乡村规划的易懂实用提供全方位保障。

4.3　微观层面：尊重村民主体下的动态规划

4.3.1　促进乡村就地城镇化

目前我国城镇化的推动主要依靠乡村居民向城市转移的方式来实现，但我国农村人口众多，完全依靠剩余劳动力的转移来实现城镇化，显然是不现实的。因此，我国多数地区乡村应厘清资源本底，以乡村振兴战略为契机，着力推进乡村地区就地城镇化，充分发挥小城镇的重要作用，实现区域内城乡资源合理配置。一方面，乡村规划应引导乡村不断完善基础设施与公共服务设施，加快中心集镇的建设，在有条件的地区，推动现代化农村社区建设的实践探索，尤其对于城郊融合类村庄和集聚提升类村庄，应根据村庄自身发展需要，推动就地城镇化，实现城乡基础设施互联互通、公共服务共建共享、城乡产业多元融合的目标；另一方面，乡村规划应引导村民就地市民化，通过农科普及与现代化农业知识的输送、农民主体身份认同培育、农产品加工技能和乡村服务技能培训等，从教育科普、政策支持和宣传推广等多渠道改变传统农民形象，让农民成为受人敬重的职业，提升农民市民化能力，使其尽早融入城市生活实现市民化。

4.3.2　设置因人制宜的乡村产业

乡村振兴目标的实现离不开乡村产业的支撑。乡村产业的发展，不能以城市为主体，不能以效率论高下，更不能盲目引入社会资本，展开掠夺式的乡村产业。一是乡村产业规划应围绕村庄资源特征、村民劳动力特征、市场需求展开，以农

业为基础，延伸其产业链条，为村民提供与其劳动力技能相匹配的就业岗位，引导村民就业；二是设置"福利型"乡村产业，通过推动适农型国有企业的下乡，在充分尊重村民主体的前提下设置乡村"福利型"产业，包括部分适度超前产业（适度超越村民劳动技能的产业），保障村民在获得适度培训的前提下可进入就业，使其在就业中提升个人劳动力素质，同时完善惠农政策体系，丰富农业补贴类型，加大对农户个体的补贴力度，使村庄成为庇护老百姓安居乐业的幸福家园；三是乡村产业规划应以生态环境作为村庄的发展基础，协调好生产、生活、生态空间之间的关系，实现村庄的可持续发展。

4.3.3　运用陪伴式的乡村建设方法

乡村规划作为落实乡村振兴战略的综合型规划，既要有政府的引导，也要有社会各界力量及村民的共同参与。从发达国家的经验以及我国乡村建设的实践来看，乡村规划的编制与实施需村民、政府、NGO 组织（包含企业、专家、媒体等）的共同参与，因为乡村规划的主体是村民，需要在政府引导下满足相关法律法规及政策要求，涉及一系列的专业和技术问题，所以需要各方分工协作、多元参与。

在乡村规划编制过程中，由于乡村地域的复杂性与差异性，往往难以推出适合于乡村实际的"事前规划"，更多的是在多元参与的规划模式与产生良好沟通的情况下，因地制宜地提出规划建设想法，而成为一种"事中规划"。在这种多元参与的规划模式中，村民作为村庄的主人，也作为乡村规划的使用者，其主体地位应贯穿始终；政府需协调各方关系，引导并规范乡村建设行为；NGO 组织则提供资金、技术、宣传媒介等支持。

在乡村规划实施与建设过程中，以共同缔造的方式展开乡村建设活动，实现"共谋、共建、共管、共评、共享"的目标，不仅可以提升乡村物质空间环境的建设水平，更是重启乡村社区自组织能力的重要路径。可根据村庄发展的实际情况，采取"政府整合 + 社会融资 + 村民分担"相结合的方式，促进政府、社会、村民形成合力，共同为村庄的发展贡献一份力量。只有慢慢引导村民加强对"集体""公共"的认识，增强村民获得感与幸福感，才能增强村庄凝聚力，最终激活乡村内生动力。

5　结语

乡村治理有效、村民安居乐业，则乡村社会稳定。乡村治理的主体是人，乡村振兴的主体亦是人的振兴，不论是乡村治理还是乡村振兴，对乡村人的关注永远是第一位的。面对今天乡村发展人才匮乏、产业发展动力不足、乡村建设缺乏弹性、乡村传统文化衰落等现实困境，依靠现代化的乡村治理提升村民的幸福感和获得感，吸引劳动力资源回流，进一步促进乡村发展，使乡村和城市一样，成为承载村民幸福生活的理想人居环境，成为满足村民"居业同体"诉求的幸福家园，这是乡村振兴战略的要求，更是我国现代化事业的必然要求。

梁漱溟的"山东邹平试验"，晏阳初的"定县模式"实践，新农村建设、美丽乡村建设、乡村振兴战略等，这一系列的探索与实践说明乡村治理是一场乡村运动，是一场需久久围攻的战役，需上下一心做好思想准备。乡村规划作为乡村有限公共资源的配置手段，既要考虑如何实现城乡人均可支配资源及其价值的均等化，更要维护乡村居民尤其是弱势群体的利益。因此，在以人为本、城乡融合、安居乐业的价值导向下，乡村规划作为乡村治理的一部分，对促进乡村社会、经济、文化、生态环境等和谐统一状态具有不可替代的作用。

（感谢研究生叶靖为本文所做的大量工作！）

参考文献

[1]　陈东平. 农村劳动力流失对农村经济发展的影响与措施研究 [J]. 农民致富之友，2016（08）：32.

[2]　党国英. 我国乡村治理改革回顾与展望 [J]. 社会科学战线，2008（12）：1-17.

[3]　杜鹏. 村民自治的转型动力与治理机制——以成都"村民议事会"为例 [J]. 中州学刊，2016（2）：68-73.

[4]　付英. 村干部的三重角色及政策思考——基于征地补偿的考察 [J]. 清华大学学报（哲学社会科学版），2014（3）：154-163.

[5]　费孝通. 乡土中国 [M]. 上海：上海人民出版社，2007：275-293.

[6]　贺雪峰. 乡村治理研究的三大主题 [J]. 社会科学战线，2005（01）：219-224.

[7]　贺雪峰，刘岳. 基层治理中的"不出事逻辑" [J]. 学术研究，2010（06）：32-37+159.

[8]　贺雪峰. 农村的半熟人社会化与公共生活的重建 [G]// 中国乡村研究（第六辑）. 福州：福建教育出版社，2008.

[9]　何晓杰. "后农业税时代"中国乡村治理问题研究 [D]. 长春：吉林大学，2011.

[10]　刘守英，王一鸽. 从乡土中国到城乡中国——中国转型的乡村变迁视角 [J]. 管理世界，2018，34（10）：128-146+232.

[11]　卢青青. 资本下乡与乡村治理重构 [J]. 华南农业大学学报（社会科学版），2019，18（05）：120-129.

[12]　陆益龙. 乡村社会治理创新：现实基础、主要问题与实现路径 [J]. 中共中央党校报，2015，19（05）：101-108.

[13] 马亚西 . 基于农业利润视角的农业金融发展条件研究 [D]. 北京：中国社会科学院研究生院，2014.

[14] 孟莹，戴慎志，文晓斐 . 当前我国乡村规划实践面临的问题与对策 [J]. 规划师，2015, 31（02）: 143–147.

[15] 全球治理委员会 . 我们的全球伙伴关系 [M]. 伦敦：牛津大学出版社，1995.

[16] 苏敬媛 . 从治理到乡村治理：乡村治理理论的提出、内涵及模式 [J]. 经济与社会发展，2010, 8（09）:
      73–76.

[17] 孙莹，张尚武 . 我国乡村规划研究评述与展望 [J]. 城市规划学刊，2017（04）: 74–80.

[18] 徐勇 . 乡村治理与中国政治 [M]. 北京：中国社会科学出版社，2003.

[19] 习近平 . 把乡村振兴战略作为新时代“三农”工作总抓手 [J]. 社会主义论坛，2019（07）: 4–6.

[20] 叶超，于洁 . 迈向城乡融合：新型城镇化与乡村振兴结合研究的关键与趋势 [J]. 地理科学，2020,40（04）:
      528–534.

[21] 姚华松，邵小文 . 中国乡村治理的新视域：基于现代性与认同互动的角度 [J]. 地理科学，2020, 40（04）:
      581–589.

[22] 张康之 . 论新型社会治理模式中的社会自治 [J]. 南京社会科学，2003（9）: 39–44..

[23] 折晓叶 . 陈婴婴 . 项目制的分级运作机制和治理逻辑——对“项目进村”案例的社会学分析 [J]. 中国社会
      科学，2011（4）: 126–148.

[24] 张英洪，等 . 善治乡村：乡村治理现代化研究 . 北京：中国农业出版社，2019：1–24.

[25] 张婷，庄海伟 . 以公共服务推进乡村振兴 [J]. 农业开发与装备，2018（08）: 38+45.

刘奇志，中国城市规划
学会标准化工作委员会
副主任委员，武汉市自
然资源和规划局副局长

姜涛，武汉市规划编制
研究和展示中心主任工
程师

姜涛 刘奇志

关注城市健康、做好城市体检

2020 年是我国大多数城市现有城市总体规划及土地利用总体规划的目标实现年，也是大多数城市新的国土空间规划编制完成并上报审批年，可以说，这是我国规划事业发展一个继往开来的年份！可是恰恰就在这样一个重要的年份之初，一场对全国乃至世界人类造成极大安全影响的新冠肺炎疫情事件，给一百多年前源于解决城市健康问题、现在却忙于建设空间布局的规划行业提了一个大大的醒：关注城市健康、做好城市体检。

1 城市体检的发展及现状

"健康""体检"，原本是医学界用来讲述人体正常状态和通过医学手段对受检者身体进行检查的两个医学名词，多用于讲述医生及受检者通过体检结果与人体正常状态的指标予以比对，辅助其从中发现问题、及时进行诊断和治疗，以便使受检者身体能早日达到和长期保持正常的生活状态。现在，随着大家越来越认识到城市的系统性和整体性，这两个名词被借用到城市，于是就有了"城市健康、城市体检"。这两个新名词不仅给城市规划行业带来了新认识和新方法，更为大家尽早发现城市问题、及时找到解决办法、切实促进社会发展起到很好的作用，因此受到了社会各方面的高度重视，尤其是中央在 2015 年的城市工作会议上明确提出"要提高城市治理能力，着力解决城市病等突出问题"，更是促使各地纷纷开展城市体检工作，各地政府逐步建立常态化的城市体检评估机制，使城市体检工作由规划技术渠道正式走上了政府行政体制。

武汉是全国较早开展年度城市体检的城市之一，当初主要是为了检查规划进展、促进总体规划实施，我们在《武汉市城市总体规划（2010—2020 年）》中特别提出了"建立规划实施的年度评估体系""定期编制城乡规划白皮书，对总规及其实施进行总结"等要求。为此，武汉市规划局自 2010 年开始学习借鉴伦敦、纽约、悉尼、新加坡、我国香港等地的规划年度实施评估报告的做法，每年由局规划编制研究中心收集分析武汉市规划建设相关资料，逐步构建完善武汉市"评估目标—评估指标—监测数据—绩效判断"的规划评估框架，进而提出了"以'年度体检报告'式总规实施评估，促'可实施的规划'编制"（刘奇志，等，2013）的理念。

在当时国家层面评估指标及方法体系尚呈空白的背景下，首版规划白皮书全面解读梳理《武汉市城市总体规划（2010—2020 年）》《武汉市近期建设规划（2011—2015 年）》《武汉都市发展区"1+6"空间发展战略实施规划（2012—2020 年）》及《武汉建设国家中心城市行动纲要（2012—2030 年）》等几个核心规划，从中提取转换有关规模、结构、布局、效率、品质等不同维度的定性、定量目标要求，基于国际上通行的"主题－层次"法，构建了 6 大目标、21 个子目标的近百项考评指标和对标框架，进而通过指标静态值比较、趋势比较、横向比较、空间布局变化、重点功能区放大镜等评估方法（刘奇志，等，2013），完成了 2011 年的城市体检工作。如图 1—图 4 所示。

在随后三年，武汉市规划白皮书逐步将评估范围从都市发展区扩展到全市域、从城市规划扩展到城乡规划，为提高分工协作效率，又将城市体检固定为"1+X"的工作模式，如图 5 所示。其中"1"是白皮书，"X"是局系统各相关单位的蓝皮书，包括《年度用地现状调查及城市建成区界定成果报告》《年度市域人口及公服数据

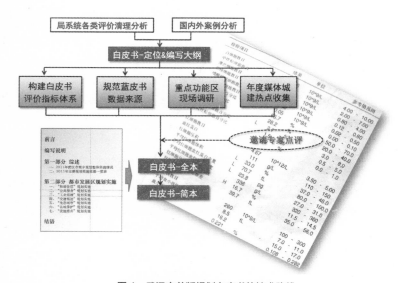

图 1　武汉市首版规划白皮书的技术路线

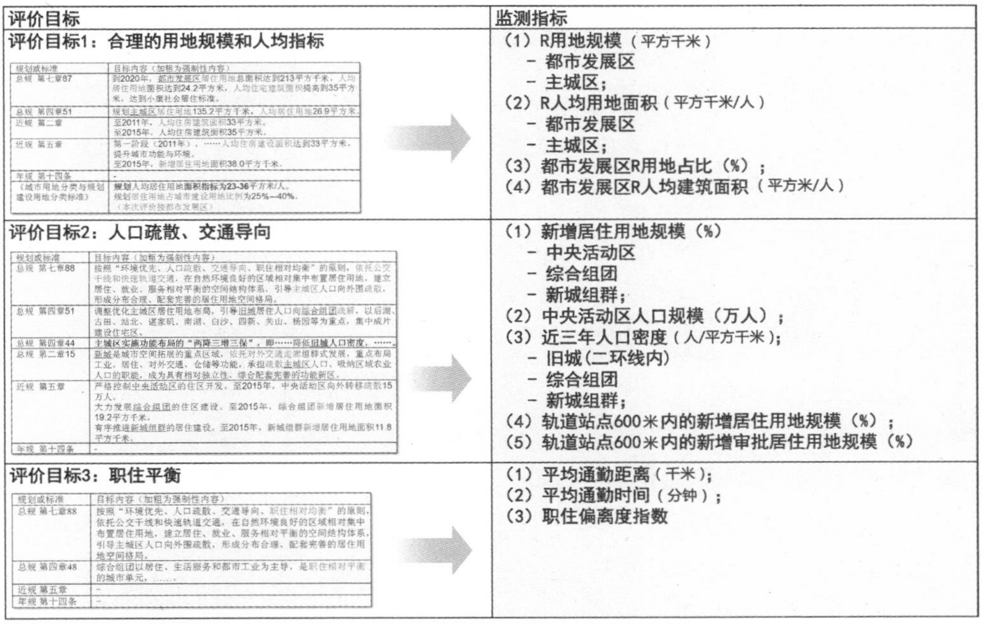

评价目标	监测指标
评价目标1： 合理的用地规模和人均指标 （规划或标准／目标内容） 总规 第七章87 总规 第四章51 近规 第二章 近规 第五章 年规 第十四条 （城市用地分类与规划建设用地标准）	（1）R用地规模（平方千米） - 都市发展区 - 主城区； （2）R人均用地面积（平方千米/人） - 都市发展区 - 主城区； （3）都市发展区R用地占比（%）； （4）都市发展区R人均建筑面积（平方米/人）
评价目标2： 人口疏散、交通导向 （规划或标准／目标内容） 总规 第七章88 总规 第四章51 总规 第四章44 总规 第二章15 近规 第五章 年规 第十四条	（1）新增居住用地规模（%） - 中央活动区 - 综合组团 - 新城组群 （2）中央活动区人口规模（万人）； （3）近三年人口密度（人/平方千米）； - 旧城（二环线内） - 综合组团 - 新城组群； （4）轨道站点600米内的新增居住用地规模（%）； （5）轨道站点600米内的新增审批居住用地规模（%）
评价目标3： 职住平衡 （规划或标准／目标内容） 总规 第七章88 总规 第四章48 近规 第五章 年规 第十四条	（1）平均通勤距离（千米）； （2）平均通勤时间（分钟）； （3）职住偏离度指数

图2　武汉市首版规划白皮书的体检指标选取示意

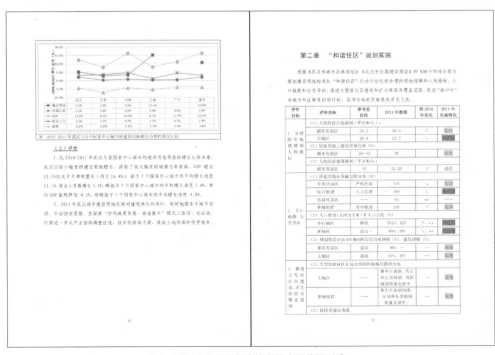

图3　武汉市首版规划白皮书的内页分析形式一

图4　武汉市首版规划白皮书的分析内页形式二

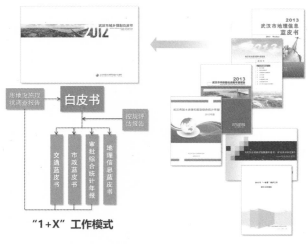

图5　武汉市规划白皮书的"1+X"工作模式

库维护》《年度建筑规模数据库维护》《年度地理国情蓝皮书》《交通发展年度报告》《市政设施年度报告》，以及每年《武汉市国民经济和社会发展统计公报》、相关行业主管部门报告和控制性详细规划、商业、金融、制造业、公共设施等各类规划成果。蓝皮书以各类专项数据呈现和初步分析为主，白皮书则在蓝皮书的基础上，进一步开展关联性数据统计分析、选择和提炼规划年度实施的权威信息。

武汉市规划白皮书主要包括五大方面内容：①规划背景，介绍宏观发展背景及新变化和新要求，分析框架，工作协作及数据支撑情况；②规划强制性目标实现情况，具体又分为全面监测（全市—区—乡镇）及重点监测（重点空间单元、重点资源、重点项目等）实现情况；③其他规划目标分类实现情况；④体检结论及政策建议；⑤图表附录。白皮书报告同步完成有全本（内部版）和简本（发布版）两种形式，全本主要是为局系统内部使用，以便大家全面了解城市规划进展，而简本则面向政府、企业及社会、公众公开发布，以发挥其支撑政府决策、统筹协调各部门行动，以及宣传与监督规划等多方面的效用。

在开展城市体检工作的前期阶段，我们往往会遇到当年各种数据的质量和时效问题，如不同政府部门的统计数据生产标准不一、概念混淆、数据的最小空间单元边界难以对接、人地房等核心空间数据的关联经常出现矛盾等调研分析问题，时不时就让白皮书工作开展陷入"无米之炊"的窘境。为此，武汉市规划局2014年启动了以"人地房"为核心的基础空间数据平台建设，以人口数据的细化、用地数据的集成、建筑数据的深化为重点改进方向，完善数据生产技术规范，强化"人地房"数据之间的校核环节设计；2018年，我局又成立了城市仿真实验室进一步完善该项工作，着重将基础数据库扩展至局内外城乡规划、自然资源、城市管网、交通、园林绿化、公共服务以及经济、社会、环境等海量统计数据，并开发出一系列数据组合分析模块，为实现城市体检"在每年第一季度发布上年信息从而为领导决策及时提供科学支撑"提供了重要支撑。

经过近十年的运作磨合，武汉市规划年报已基本建立了相对成熟也较为"标准化"的指标数据分析方法和表达模板（类似病历书写基本规范）。国土空间规划体制改革前的最后一版城市体检报告——《2018武汉规划实施年度检测报告》，完成了全市城市空间开发与利用效率、自然资源与生态环境、宜居环境与品质服务、产业经济与发展空间、基础设施与运行保障等方面5类74个指标的体检评估，并以简本报告的方式发送给市、区政府。此外，我们还不断尝试城市体检的新方法和新形式，如"数读武汉"折页加微信二维码、编写"联合国—武汉城市繁荣指数报告"等，从而以不同角度和方式来积累和完善城市体检的经验和教训。

与此同时，国内其他城市也越来越重视城市体检工作，如北京市（温宗勇，2016）结合地理国情普查，围绕人口、资源、环境、住房、公共设施、道路交通、经济发展、城市安全等八个专项构建指标体系，于2015年完成了城市体检的试点工作，随后几年又针对部分交通枢纽、历史片区、城中村、菜市场、小学等问题地区开展了专项体检；上海市（林文棋，等，2019）则面向城市体征诊断的运行监测及决策模拟，构建了围绕属性—动力—压力—活力四个维度的城市体检指标体系，并开发了城市体检和动态诊断的决策平台；而国家层面，从 2007 年建设部《关于贯彻落实城市总体规划指标体系的指导意见的通知》，到 2019 年自然资源部《关于开展国土空间规划"一张图"建设和现状评估工作的通知》，主管部门对城市体检的理解和指标构建要求也发生了巨大的变化。从最早的关注经济、社会、资源、环境 4 大类 15 小类 27 项指标，变成现在的要求底线管控、结构效率、生活品质 3 大类 28 项基本指标，加上安全、创新、协调、绿色、开放、共享 6 大类 60 项推荐指标，可以明显感觉到当前对国土空间规划的要求是涵盖领域更加全面、底线思维更加突出。

2　存在问题及反思

回顾武汉及规划行业近十年的城市体检工作实践，我们深深感受到正因为"体检"具有不同于"门诊""急诊"的特殊作用，其才有了独立存在的价值，而且随着人们健康意识的增强，体检越来越受到社会的关注和重视。但是，"城市体检"比人体的体检更加复杂、多样、动态，正是在不知不觉的研究探索中，我们城市体检的数据越来越多、时间越来越长、资料越来越依赖别人、专业圈内感越来越强，城市体检越来越像是在做一份规划实施进展的总结报告，而城市规划学习和借鉴医学体检的初衷却逐渐被遗忘。2020 年初这场疫情，使得我们有机会坐下来对城市体检进行反思与研讨，下面我们就结合武汉市实践谈几点感受与思考。

2.1　城市体检越来越关注未来规划的实现进度，却忽视了城市现状的问题发现与解决

我们启动城市体检的初衷，是学习医学体检的"关口前移，防患于未然"，为能通过城市体检尽早发现城市整体和各部件运行过程中所存在的问题，有针对性地制订解决方案，以便能有效指导规划年度编制计划、土地利用和城建等年度实施计划，优化其实施重点与节奏，成为促进城市精细化管理及高质量建设发展的重要途径。但受到欧美特别是英国规划年度监测报告做法的影响（周艳妮，等，2016），我们的城市体检逐渐把更多的重心放在了关注城市未来规划的每年实施进度检查上，更多地思考如何在考评指标及参考值设置上尽可能贴合主干规划目标，而如果一旦年度目标不够明确，或者规划要求在上下传导中出现调整，或者某些数据拿不到年度更新，就会非常焦虑、不安，但社会所关注的城市现在状况及其已存在问题的及时解决却常常被遗忘，似乎这些不是城市体检的关注内容。

事实上，我们忽视了一个重要问题，那就是在全球城市竞争背景下，城市的

规划目标设置往往代表一个地方政府谋求发展的雄心和远见卓越的胆识，若把城市比作"人"，显然这些都是头脑为达到身体"健壮"而设计的目标，倘若在这个"至千里"的过程中，我们只关注行程与长远发展目标之间的距离却不重视"积跬步"是否安全、稳健，城市每一天、每一月、每一年的运行是否平衡、协调，在这个城市中生活、工作的人是否健康、舒适，无异于我们城市现在所谓的"体检"是更多地在关注其身体的"健壮"却忽视了身体当前最基本的"健康"，而整个社会，尤其是市民们其实对当前城市的状况及其存在问题的解决和预防比规划目标的实现更加关注和重视，城市体检本是为此而立，可如果大家看完我们城市体检的报告后，只看到美好未来的实施进展，却对城市现状已存在并需要解决的问题仍不清楚，那是否意味着我们规划界城市体检的评估理念和方法需要改进？

2.2 城市体检越来越依赖数据分析，却忽视了直观感受的问题诊断

随着生物、信息和制造技术的飞速发展，各种医疗检验和影像工具极大地提高了医生诊断的准确性和效率性；伴随着城市规划管理信息系统的不断完善、城市建设数据获取和分析能力的不断提高，我们城市体检工作的判断与决策水平也一样得以不断完善和提高，但人们逐渐发现规划师在城市体检过程中越来越依赖于数据统计分析，亲身外业调研、访谈、实地感知和体验空间环境的时间却变得越来越少。

事实上，目前尚没有哪位真正的医生敢用全线上问诊去代替门诊，医学界特别强调医生们应该中西医技术相结合地进行治疗判断，尤其是在运用医疗设施及试剂的基础上，应能学习和运用好传统中医"望、闻、问、切"的四诊方法对疾病进行诊断。城市体检其实也应是如此，不能仅依赖管理设施及其数据，还应该有市民的实际感受。

数据确有助于反映城市的健康，但数据到底能多大程度地反映出一个城市的健康程度呢？这本质上近乎一个人工智能最终是否能取代人类思维的问题。深入调研我们会发现，有的区各项指标状态都显示"正常"但居民评价不高，如其公共绿地数据大、人均指标可能还超过国家标准，但这些公共绿地却远离城市生活区、居民日常难以前往或虽靠近生活区但绿地并未配套建设、居民难以使用，故市民对其公共绿地系统的实际体验差、满意度低，这仿佛一个人实质上是处于"亚健康"状况；而有的区某些指标离国家行业标准尚有差距但居民评价较好，如其公共绿地总用地量及人均指标偏低，但其公共绿地个数多、分布广、距离近且配套设施建设好、有特色、有活力、深受市民欢迎，这真有点像我们体检后因几个指标异常而心怀惴惴去进一步请教，却被医生告知其实并无大碍。

2.3　城市体检越来越倾向分类监测，却忽视了问题的系统化、社会化解决

一份普通成人的健康体检报告，除了个人基本信息、不同科目、不同项目和指标的检查值，以及对照公认健康参考值范围后标注异常的符号，一定会由具备相应职业资质的医生完成分科小结，以及一个总的体检结论及防治建议，这里面往往包含日常需改进哪些生活习惯、需进一步前往医院哪个专科就诊等解决方案。也就是说，医疗健康体检是重在对疾病的（初步）诊断而不是治疗，但仍需开展综合性的问题研判、初步原因指认，并帮助病人找到最合适的医生和专科，而不是"一测了之"。但目前我们许多的城市体检报告则渐渐更多的是在分类分项的数据排列和对比分析，却未考虑其应用的社会性与综合性，常常会让城市居民、相关部门及决策者看完体检报告后，脑袋中充斥着各类数据，却找不到问题的实质和解决问题的方向。

那么多的调研分析工作都做了，为什么"最后一公里"的判断决策就这么难？究其原因其实是与规划技术人员的认识及水平有关，城市体检工作看似简单，其实对检查者的专业素养要求很高，若把规划师比作医生，其实是要其掌握城市生理、病理、药理、诊断等方面相当多的专业知识，相当于成为全科医生而且还需要具有与用户沟通、宣传的能力。生活中"医学有分科，但疾病往往没有分科"，"城市病"正是如此，其解决不仅需要谋求系统化、社会化的一揽子方案，而且深挖下去还会发现其原因很敏感，或是解决方案远远超出规划部门的职责之外，规划师们可能就觉得这些不能或不用再写了。

2.4　城市体检越来越重视规划内部分析，却忽视了社会对体检报告的理解及应用

城市体检与个人体检报告最大之不同在于它不属于个人隐私，因为市民、各相关部门及领导都是城市的组成部分，都需要、也应该了解城市的发展现状及其发展中所出现的问题，因此，城市体检报告绝不是规划部门内部的技术分析报告，而是十分需要向政府领导、相关部门乃至全社会予以公开并获得他们的支持和理解，以促进全社会对问题达成共识、各部门能对问题的解决协同整合。

然而，现在随着大家对城市体检工作的重视，规划研究范围越来越广、探索领域越来越深、分析时间越来越久，这本是一个有利于体检工作发展的方向，但关键是大家重点关注自身的研究却忘记了研究成果的应用、忘记了社会对报告的认识和了解，城市体检报告确实研究深入、图文精湛专业，不仅内容丰富、数据浩瀚，而且专业名词满天飞舞，基本上就是一份规划管理部门的内部分析报告，

领导、相关部门及市民若想真读懂此报告，既需要耐心又需要时间来认真阅读和
理解，关键是待大家都真正理解体检报告结论时，有关与体检结论不符的决策可
能早已完成，再想修改已难以做到，体检报告的作用自然就难以再正常发挥了。

3 城市体检工作建议

我们规划界向医学界学习体检理念的真实目的，是为了不再只是把城市当成
一个物质空间的组合而是类比成一个自然人来对待，既要重视其整体形象，更要
关注各项器官，注意其骨骼、肌肉、血管、淋巴、神经等系统的联系。回归规划
界学习体检的真正目的，我们建议城市体检工作尚需从以下几个方面予以完善。

3.1 端正城市体检标准、树立安全底线、区分"健康"与"健壮"之不同

美国运动协会将个人健身分为四个循序渐进的不同阶段，如图6所示：最底
层是"稳定与灵活"阶段；在此基础上是包含五大"运动模式"的第二层，如果
基础关节或部位有问题，进行诸如推、拉、蹲等运动模式训练时，就会发生身体
受限、动作走形乃至受伤的危险；第三层是"负荷"阶段，也就是我们常说的耐
力和增肌塑形训练；最顶层是"爆发"阶段，或者叫作运动表现阶段，要求更高，
往往针对运动员。

对应于城市，则可以将城市的生态、地质、环境等自然本底发展变化状况看
作是第一层级，因为其是城市生命体的"健康"安全底线，是开展一切生产、生
活功能的基础，如果评估出现了问题，则首先需要康复、矫正，而不是开展动作
模式训练；第二层级才是诸如居住、产业、交通、休憩等各项城市功能的评估，

图6 美国运动协会"综合健身训练模型"的四个阶段

重点考察基本运行效率、质量、能耗等，尽早发现日常运转中的不良、损伤隐患；进一步的第三层级，则可以开展城市负重状况评估，考察当城市人口容量、经济发展背景等出现不利波动时，城市是否具有一定的弹性和韧性，能扛住压力、顺利过渡；如果有机会、有条件，第四层级的城市体检也不妨再看看面对突发大事件时（如这次新型冠状病毒肺炎疫情），城市的应急能力如何，是否能够快速反应、紧急调动和处置。

由此可以看到，城市体检首先是分层级的，其次才是分类的。"健康"与"健壮"有区别，对于绝大多数城市来说，完成前两个阶段的体检是应首先做到的，一个城市可以不那么"健壮""健美"，但要力求"健康"，最好是日常每一天都"健康"。

3.2 城市的健康实质体现为人的健康，应将居民健康状况纳入城市评估体系

城市诞生于人类的聚居、交易和专业分工，是人类为提升生活质量、促进生产发展而创造出来的，也是作为人类活动的空间载体和功能活动的延伸而存在的，单论城市的健康只有学术探索而无实质意义，城市的健康实际上主要体现为生活、工作在其中的人们的健康。科学界有一调侃，说人类总在呼吁保护地球母亲，其实地球在宇宙中已经存在有 45 亿多年，不管是陨石撞击还是地震火山，即使人类灭绝，其一直过得很好，实质上真正需要保护的是脆弱的人类自己。所谓生物多样性的丧失、环境的污染、交通的拥堵、职住的失衡、服务的错配等"城市病"，说到底都是未高质量发展的城市反作用于人类而导致的人类健康受到伤害。

因此，在评估指标和方法上，城市体检需要拨开统计数据表面的迷雾，更多地围绕人的基本权利实现、人的生活生产需求、人的用地空间活动规律、人的日常身心感受、人的可持续发展进步等，来组织和考察体检指标数据。在提高数据统计分析能力的同时，也要重视实地调研获取第一手素材，比如鼓励规划师下沉社区、感受生活、建立社区网络来了解民情、掌握发展动态，不能盲目迷信数据对比，更不能简单粗暴地标准化，而应该实事求是地去具体问题具体分析，使城市体检能全面反映城市的真相。

3.3 学习医学不同病症采取不同程度体检的方法，城市体检常态化、多样化，以及时引导城市合理发展

规划之所以学习医学的人体体检法，是因为城市作为一个复杂的社会综合体，其所有的设施和运行系统同人类有机体一样，具有新陈代谢的机能，是有生命周期即运行使用年限的，城市的更新、改建和扩建也是经常发生的，人们只有认识

和掌握它的规律性，正确加以引导，才能保持城市的健康成长。因此，在城市运行过程中的全程监测、维修、保养或更新都是必要的，但目前做下来，我们还只是学习了人体的定期健康体检，而没有学习到医学针对不同症状采取不同类型的体检方法。

若借用人体系统结构逻辑来分析城市运行系统，人流、物流、车流、金融流、信息流等仿佛是运行中的城市消化系统，水、电、气、热等能源系统就组成了城市的代谢循环系统，政府决策、教育、卫生、监管等多元体系则构成了城市神经网络系统（朱伟，2019）。这些系统在城市的发展建设和日常运营中，会如人类一样受到内外部因素的影响而出现各种机体不调的症状，而城市发展到一定阶段所出现的基础设施老化问题，或规划建设滞后造成的结构性、系统性问题，也会长期困扰城市发展，如人类慢性疾病一样，城市需要也应该有耐心去等待规划界做定期体检。那些外因起主要作用的突发性问题和内因在外因影响下所产生的问题，倘若预防不足、处置不力，一旦出现则如人患急病一般，可能迅速恶化进而引发城市安全事件甚至导致系统瘫痪，还可能带来连锁反应，这就需要规划部门能及时拿出体检及治疗方案。事实上，为防止因气象灾害而导致城市市政、交通、电力等重要基础系统设施事故，我们在武汉几乎每年夏天都会就城市防洪排涝问题提前向政府上报一份专项工作报告，这无疑就是一份城市雨水系统的夏季体检报告。

3.4 让城市体检工作社会化、法制化，尽可能成为政府和人大讨论和制定年度工作目标的前提

近十年来，随着信息技术、空间技术，尤其是计算机、物联网、大数据等技术的快速发展，"数字城市、智慧城市"在城市规划、建设、管理与服务中的应用，为城市体检提供了全方位、多层次、实时连续的技术支撑，城市体检的基础更加扎实、评估能力确实更强，但体检报告不能因此而更专业化。因为规划界开展城市体检是为了通过研究城市自然环境、社会文化、城市建设及基础设施发展等相关数据及其时空变化规律，评估城市建设发展状况及水平，以提出相应措施并引导城市更加健康发展。

城市是大家的，是由方方面面所组成的，规划部门毕竟只是其中一个负责就空间发展建设进行统筹协调的部门，不仅不可能全面了解城市发展状况，也不能就城市各方面的问题都能提出解决方案。所以，城市体检工作应尽可能社会化、法制化，让全社会都能参与到城市体检调研及评估工作中来。这不仅有助于体检工作的推进与完善，还能帮助社会各方面及时了解体检中所发现的问题、理解体检报告中所提出的解决措施和预防方案。当然，若能在市委、市政府和人大、人

民政协研究、讨论和制定下一年度工作目标之前，让其研究团队及领导看到我们所完成的城市体检报告，规划及相关部门在城市体检中所发现的问题、提出的解决方案就有可能较快地转化为城市整体认识和想法，城市现状问题及其解决方案才能在全市共同努力下得以更好地解决和落实。

当前，随着国家管理体制的改革，尤其是国土空间规划的改革，为城市体检扫清了许多制度障碍，管理事权划分进一步明晰，规划法律地位进一步保障，各级各类发展建设图底数据进一步整合，相信城市体检工作可以开展得更有底气。但我们始终要牢记的是城市体检不仅需要得到来自全社会的资源支持，也需要回馈全社会，我们应鼓起勇气将体检的方法、数据、结论和建议向社会公开，让城市体检的专业性与社会性并重，促进全社会能关注城市健康、增强对城市体检报告的理解和应用，从而让城市体检更好地发挥引导作用，真正促进城市健康发展。

参考文献

[1] 刘奇志，姜涛，胡忆东 . 以"年度体检报告"式总规评估，促"可实施的规划"编制——以武汉市城乡规划白皮书实践为例 [C]// 首届中国城乡规划实施学术研讨会论文集，2013.

[2] 刘奇志，姜涛，周艳妮 . 城市总体规划实施的年度性评估框架研究 [C]// 城市时代，协同规划——2013 中国城市规划年会论文集，2013.

[3] 温宗勇 . 北京"城市体检"的实践与探索 [J]. 北京规划建设，2016（2）：70-73.

[4] 林文棋，蔡玉蘅，李栋，等 . 从城市体检到动态监测——以上海城市体征监测为例 [J]. 上海城市规划，2019（3）：23-29.

[5] 周艳妮，姜涛，宋晓杰，等 . 英国年度规划实施评估的国际经验与启示 [J]. 国际城市规划，2016（3）：98-104.

[6] 田莉，李经纬，欧阳伟，等 . 城乡规划与公共健康的关系及跨学科研究框架构想 [J]. 城市规划学刊，2016（2）：111-116.

[7] 王兰，孙文尧，古佳玉 . 健康导向城市设计的方法建构及实践探索——以上海市黄浦区为例 [J]. 城市规划学刊，2018（5）：71-79.

[8] 朱伟 . 城市运行系统安全体检：内涵与路径 [J]. 安全，2019，40（12）：1-6.

周建军，中国城市规划
学会学术工作委员会委
员，浙江舟山群岛新区
总规划师，教授级高级
规划师

田乃鲁，浙江省舟山市
自然资源和规划局，博
士，副处长

周建军
田乃鲁

公共服务配套视角下空间规划治理转型初探
—— 以舟山群岛新区自贸核心商务区为例

1 引言

实现公共服务精准化，提升公共服务供给水平是提升城市治理能力的重要目标和中心任务。在新时代背景下，随着社会经济的快速发展，城市居民需求个性化、差异化、多元化的趋势凸显。城市规划作为政府在空间治理领域的一种基本工具，是政府实现公共服务设施合理配置的重要技术手段，但传统的规划思维仍以《城市居住区规划设计标准》GB 50180—2018 为标准，进行统一化、标准化的公共服务设施配置，从而导致了公共服务设施在数量和品质上难以满足市民多样化地需求，这也成为城市治理中亟待解决的问题。

2 理论研究

2.1 国外研究现状和发展动态

19 世纪英国的三部公共卫生法案，特别是 1875 年公共卫生法案的通过，将公共卫生纳入政府统一规划，标志着国外公共服务设施配置进入国家统筹模式。美国学者戴蒙德是国外最早关注公共服务设施配置研究的学者之一，他在 1912 年参加一次规划设计竞赛中首次提出了公共服务设施配置的思想。1929 年，美国人科拉伦斯·佩里（Clarence Perry）创建了"邻里单元"（Neighbourhood Unit）理论，指出社区不仅要包括完善的住房以及安全舒适的环境，同时要设置比如小学、零售商店、银行和娱乐设施在内的公共服务设施，并且减少汽车交通对人们活动的影响。20 世纪 50 年代，苏联对"邻里单元"理论进一步继承发展，形成了设施更为完善、布局更加合理的小区，同时也对我国的居住区规划带来深远影响。1963 年，库帕（Cooper L）将韦伯工业区位论与公共服务选址结合，提出了公共服务设施区位—配置模型（Location Allocation Model，LA 模型），用以优化公共服务设施空间分布上的选址布局。1968 年，麦克尔·忒兹（Michael Teitz）发表了《走向城市公共服务设施区位理论》，创造性地提出了公共服务设施区位理论，指出公共服务设施区位决策与个人的不同，讨论在公平与效率的前提下如何最优将福利最大化与城市公共设施配置相结合，同时用定量的方法来选择公共服务设施的空间落位，开创了地理学区位研究的新领域。20 世纪 70 年代发展起来的现代区位论开始关注居住区公共服务设施的区位选择，追求的目标开始注重社会效益，为公共服务设施布局的研究奠定了理论基础（程顺祺，等，2016）。同一时期，西方城市积极推进建设"服务型政府"，其目的是完善政府服务职能，以市场力量改造政府绩效，提高公共服务效率，这也为公共服务设施均等化提供了新的方向。其中的代表人物包括美国著名公共行政学家罗伯特·登哈特（Robert B. Denhardt）。20 世纪 80 年代，由于新技术的出现，特别是个人计算机的兴起，可达性分析、设施空间优化和设施配置模式与评价在公共服务设施配置研究方面逐渐展开。20 世纪 90 年代，"以人为本"以及不同人群之间的"公平、公正、平等"逐渐成为公共服务设施布局思想的主流，如 1996 年，Scott 等指出公共服务设施的配置既需要空间分布的公平，更要满足不同社会群体的需求与偏好。20 世纪 90 年代末以来，由于经济全球化和社会结构分异的加速，公共服务领域形成了公共服务多元供给理论，这些理论以最大限度地维护公共利益为着眼点，强调公民权、公众需求和参与。同时期地理信息系统（GIS）开始发展，并且与库帕的 LA 模型逐渐融合，对现实情况进行模拟，为公共服务设施配置布局提供了新路径（图 1）。

2.2　国内研究现状和发展动态

我国公共服务设施研究起步较晚，主要关注实证案例分析，主要基于满足居

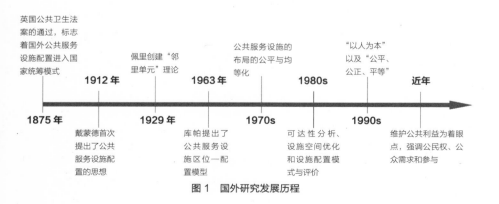

图 1　国外研究发展历程

住区层面的公共服务需求为主，研究方法和理论有待发展。公共服务设施规划理论主要著作有《城市规划原理》《城市住宅区规划原理》《居住区规划设计》等，此类著作分别在城市层次、居住区层次对公共服务设施的配置、布局等进行了阐述（李震岳，2012）。1993年，民政部联合14个部委发出的《关于加快发展社区服务业的意见》，开启了我国对公共服务设施的研究。

规划布局方面，朱华华（2008）、巫昊燕（2009）、闫萍（2010）、肖晶（2011）等从各自角度出发，分别对设施空间布局的优化、公益性公共服务设施整合、公共服务设施集约用地、综合动态预测等角度提出了公共服务设施的规划布局方法。配置标准方面，2008年我国出台了《城市公共设施规划规范》GB 50442—2008，但是只对大类进行了控制。1993年出台、2002年修订的《城市居住区规划设计规范》GB 50180—1993也有关于公共服务设施的规定，但是只适用于居住区的公共服务设施。赵民（2002）指出："分级配套"和"千人指标"无法兼顾到不同群体对于配套设施的多样化要求，明显已经不适应我国当前社会经济的发展。在社区分层背景下，应当兼顾"效率与公平"，细分服务对象，"量体裁衣"区别对待，同时处理好区域统筹和社区内平衡关系。2000年以来，北京（2002、2006年）、上海（2000、2002、2005、2006年）、南京（2006年）、厦门（2007年）、无锡（2008年）、杭州（2009年）、青岛（2010年）、重庆（2014年）等城市根据自身城市特点和需求出台了地方性公共服务设施的法规和规范，在公共服务设施的分级分类、设施内容和指标规定等方面与国家标准差异较大。政策层面，"十一五""十二五"规划中将"基本公共服务体系"作为经济社会发展的主要目标之一。2007年，十六届六中全会以及十七大报告均把基本公共服务均等化放在了重要位置。2011年，《国家基本公共服务体系"十二五"规划》发布实施，以及2012年十八大报告进一步明确了建立和健全基本公共服务体系，推进基本公共服务均等化作为我国未来发展重要议题的组成部分（图2）。

1993年民政部联合14个部委发出的《关于加快发展社区服务业的意见》
1994年，《城市居住区规划规范》GB 50180—1993
1997年，《上海市城市居住区公共服务设施设置规定》
1997年，《深圳市城市规划标准与准则》

《城市公共设施规划规范》GB 50442—2008

2000s   2009年以来

1990s   2008年

2002年，《城市居住区规划设计规范》（2002年版）GB 50180—1993   2009年，《杭州市公共服务设施配套标准及规划导则》
2006年，《上海市城市居住区和居住区公共服务设施设置标准》   2010年，《青岛市市区公共服务设施配套标准及规划
DGJ 08—55—2006   导则》
2006年，《北京市居住公共服务设施规划设计指标》（市规发〔2006〕384号） 2014年，《重庆市城乡公共服务设施规划标准》
2007年，《杭州市居住区配套设施建设管理条例》   2014年，《深圳市城市规划标准与准则》

图2 国内主要公共服务设施设计规范和标准

3　规划探索：小干岛中央商务区公共服务设施规划

小干岛中央商务区位于浙江舟山群岛新区舟山本岛南侧，是中国（浙江）自由贸易试验区的核心板块之一，也是舟山群岛新区"海上花园城"建设示范岛。小干岛中央商务区是舟山群岛新区未来吸聚最高端要素、汇集最优秀人才的开发区域。其公共服务设施不仅要满足普通市民的日常生活服务需要，还要满足高端人才以及外籍人士的生活服务需求。

规划在现有规划体系中根据区内人口规模设定片区公共服务设施的方法基础上，充分考虑片区未来发展的国际开放属性，探索与研究满足不同人群尤其是国际高端人群的公共服务设施建设发展模式，并充分发挥规划作为资源与公共利益配置工具的作用，通过"技术指标 + 公共政策"双重手段，探索更为高效、更为精准化的公共服务设施供给策略。

3.1　体系：两级配套 + 八大体系

规划构建区级、社区级两级公共设施配套体系和政务服务、社区服务、文化服务、教育服务、医疗服务、生活服务、信息服务和融合服务八大国际服务体系。

区级公共服务重视国际教育和国际医疗服务设施的导入，通过先期国际学校和医院的建设解决外籍人才在教育、医疗、家庭服务等方面的后顾之忧，集聚人气，带动片区发展。并通过对城市核心区域国际学校和国际医院案例的研究，提出国际学校和国际医院的用地和建设规模。其次，强化对博览综合体、博物馆、图书馆、演艺中心等文化设施的配置，通过预留一些合适的地段，鼓励艺术家的发展，加强城市的文化氛围。区级公共设施主要包括博览综合体、行政中心（综合管理中心）、博物馆、演艺中心、图书馆、体育中心及体育场馆、文化活动中心和医院。

社区级公共服务设施鼓励多主体运行机制，建立公益性项目和经营性项目的社会服务标准，明确适应政府投资、政府引导（PPPS）、市场化运作（政府监督）的三种不同运作机制的社区公共服务设施项目类别，体现社会公平和市场效益。其次，在大类全覆盖的前提下，突出不同类型社区的差异化配置需求，提供精准化配置内容。第三，在满足设施总量标准的前提下，重新定位绿地、文体、养老等设施的使用规模和服务半径，探索居住区的多元化层级，提高公共服务设施的使用率。社区级公共设施主要包括社区服务中心、文化活动站、九年一贯制学校、小学、幼儿园、社区卫生服务站、综合市场、派出所和物业管理（图 3）。

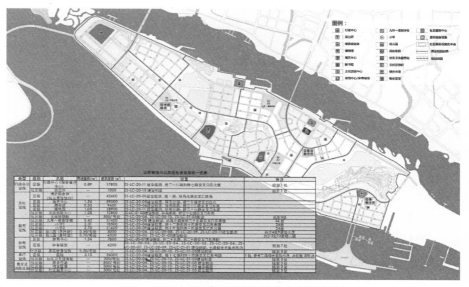

图 3　小干岛公共服务设施总体布局与近期建设重点

3.2　标准：基础保障托底 + 个性定制

规划针对八大服务体系，建立配套指标体系，并按照刚弹结合的控制要求，将指标体系和控制性详细规划指标体系相衔接，便于在后期的城市开发中对公共服务实施建设进行指标管控。指标体系分为两个基本路径和 16 项路径细化，每项路径下分若干指标，共 17 项，指标分为导控类和评价类，分别对应控规指标的总体管控指标和建设组团 / 地块指标（表 1）。

八大国际服务体系的实现路径与配置标准细化　　　　表 1

目标层	路径层		标准层	标准分类	
	两个基本路径	16 项路径细化		导控	评价
公共服务	区级公共服务设施	政务服务	门户网站使用率		评价
			便捷程度		评价
		社区服务	特色运动场布局	导控	
		文化服务	图书馆、博物馆等展馆数量	导控	
		教育服务	国际学校学生数量	导控	
		医疗服务	国际医院规模与床位数	导控	
		生活服务	商业综合体建设规模	导控	
		信息服务	国际媒体与节目收视率		评价
		融合服务	交流互动平台人气指数		评价

续表

目标层	路径层		标准层	标准分类	
	两个基本路径	16 项路径细化		导控	评价
公共服务	社区级公共服务设施	政务服务	居委会工作满意指数		评价
		社区服务	活动场地数量与覆盖率	导控	
		文化服务	社区活动中心、图书室数量与覆盖率	导控	
		教育服务	小学、幼儿园数量与覆盖率	导控	
		医疗服务	社区卫生服务中心数量与覆盖率	导控	
		生活服务	社区商业服务中心覆盖率	导控	
		信息服务	公共教育覆盖率	导控	
		融合服务	交流互动平台人气指数		评价

为实现公共服务设施更为精准化地配置，满足多元人群的需求，规划在基于人口指标的基础保障型公共服务设施的基础上，叠加高端产业人群需求，研究制定社区级公共服务配套设施配置标准（表 2）。

3.3 实施：激励性的公共政策型规划

为进一步保障规划的实施，并充分发挥多元主体在社区公共服务设施供给中的作用，规划通过公共服务设施配置标准和控制性详细规划指标相衔接的方式，在控制性详细规划中通过创设容积率奖励、鼓励用途兼容等激励性政策工具，对公共服务设施配置要求进行落实，进一步调动多元主体供给的积极性和主观能动性，激发社会供给活力。

在容积率奖励政策方面，鼓励开发商通过提供广场、加宽人行道等方式，向社会提供公共开放空间；鼓励开发商代建绿地、公共服务设施和市政服务设施。通过容积率奖励政策，开发商能够得到更高的开发强度和建筑面积，以补偿其所提供的公共面积。并且通过公共服务的提供也可为开发商聚集地块人气，促进地块的开发。

在用途兼容政策方面，鼓励在新建商务、商业、居住用地内兼容一定的公共服务设施；鼓励商务办公建筑综合配置针对外籍及高端商务人士的文化、健身设施；鼓励新建住宅区底层沿街综合设置一定的社区服务设施；鼓励教育、文体与绿地设施等用地混合开发；鼓励养老设施、医疗设施和社区服务设施等用地混合开发；鼓励社区中心与交通枢纽的匹配建设；鼓励社区综合体（区）一体化空间设计和地面与地下一体化开发，并将其纳入土地出让条件。通过使用功能兼容的

表 2

社区级公共服务设施具体配置标准

类别	项目名称		一般规模（平方米/处）		服务规模（万人）	控制指标	配置内容	设置规定
			建筑面积（平方米）	用地面积（平方米）				
教育	小学	12班	≥2900	≥9700	0.6—0.9	生均占地不少于15平方米（旧区不少于9.4平方米），容积率≤0.8	设有200米环形跑道和60米直跑道的运动场地，有标准篮球场、排球场各1个，乒乓球6张以上，有适合低年级学生游乐的场地200平方米以上。九年一贯制学校参照初中标准额外增加相应设施	—
		18班	≥4300	≥11800	0.9—1.2			
		24班	≥5100	≥13600	1.2—1.5			
		30班	≥6200	≥15700	1.5—1.8			
	幼儿园	4班	≥1200	≥1800	0.2—0.4	建筑密度≤30%，容积率≤0.7	层数不宜高于3层和建筑宜布置于可挡寒风的建筑物的背风面，但生活用房应满足底层满窗冬至日不小于3小时的日照标准，活动场地应有不少于1/2的活动面积在标准的建筑日照阴影线之外	应独立设置，设于阳光充足、接送地段，按每千人口40名幼儿计算相应幼托配置规模。每班30座
		6班	≥1800	≥2700	0.4—0.6			
		9班	≥2500	≥3700	0.6—0.8			
		12班	≥3200	≥4700	0.8—1.0			
医疗卫生	社区卫生服务站		300	500	1—1.5	—	全部或1/2以上的面积宜设在首层，并有方便的对外出入口。可与居委会等其他建筑进行设置	服务人口超过5万或其服务半径过大时，可设若干社区卫生服务站；服务半径过小或人口过少时，可合并设置
文化体育	文化活动站		400—600	400—600	1—1.5	—	宜配置文化康乐、图书阅览、科普宣传、老年人活动、青少年活动及儿童活动等设施	宜结合或靠近同级中心绿地安排。独立性组团也应设置本站
	居民健身设施		—	1000—1700	1—1.5	—	宜设置户外健身场地（包括室外器械场地、慢跑道等）、篮球、网球、羽毛球游泳池、儿童活动场所等设施，条件许可时还宜设置游泳池、排球场等	宜结合绿地安排
社区服务	社区服务中心		200—300	300—500	1—1.5	—	家政服务、就业指导、中介、咨询服务、代客订票部分给老年人服务设施等。宜与社区居委会及其他独立占地的社区公共服务设施组合设置	
市政公用	邮电所		100—150	—	1—1.5	—	业务包括电报、电话信函、包裹、兑汇和报刊零售等。宜与居住小区邻里商业中心结合或邻近设置	—
	公共厕所		居住用地30—60；公共设施用地50—120	居住用地60—100；公共设施用地80—170	—	独立式公共厕所与周围建筑物的距离应不小于6米，周围宜设置不少于3米宽的绿化带。应附设10—20平方米环卫工具房1间		居住用地3—5座/平方千米；公共设施用地4—11座/平方千米
商业服务	肉菜市场		1000—1500	1000—1500	1—1.5	—	肉菜市场宜在运输车辆易于进出的相对独立地段，应保证全部或1/2以上的面积设在首层，且有方便的对外出入口。肉菜市场与住宅要有一定的隔离措施，与住宅之的面积设在首层。市场内净空高度不应低于4米	新区内菜市场宜独立建筑设置，旧城区允许结合非居住建筑设置

方式，进一步提高土地的利用效率，不但可以使居民享受到更为便捷的服务，同时也使投资者能够更好地获利，以激励更多的公共服务设施供给。

4　结语

近年来，随着社会经济的发展，人群的多元化趋势和需求的提高，城市治理中的公共服务设施的供给面临着精细化不足、除政府外的其他主体参与度低的问题。本文探索了规划从纯技术型的空间指标化管理向指标化管理和公共政策治理双重手段并用的规划方式的创新，通过基础保障加差异化定制的公共服务设施指标的制定和容积率奖励、用途兼容等方面公共政策的提供，对公共服务设施配置方式进行了探索，并与控制性详细规划指标相衔接，使公共服务设施的配套要求能够更好地落实，以期对现阶段城市治理体系的改革和创新有所裨益。

参考文献

[1]　朱华华，闫浩文，李玉龙 . 基于 Voronoi 图的公共服务设施布局优化方法 [J]. 测绘科学，2008（2）：72–74.

[2]　巫昊燕 . 基于城市分级体系的城市公益性公共服务设施规划研究 [D]. 重庆：重庆大学，2009.

[3]　肖晶 . 城乡一体化背景下的志丹县公共服务设施规划研究 [D]. 西安：西安建筑科技大学，2011.

[4]　赵民，林华 . 居住区公共服务设施配建指标体系研究 [J]. 城市规划，2002（12）：72–75.

[5]　杨震，赵民 . 论市场经济下居住区公共服务设施的建设方式 [J]. 城市规划，2002（5）：14–19.

[6]　徐增阳，张磊 . 公共服务精准化：城市社区治理机制创新 [J]. 华中师范大学学报（人文社会科学版），2019，58（04）：19–27.

[7]　奚文沁 . 社会创新治理视角下的上海中心城社区规划发展研究 [J]. 上海城市规划，2017（2）：8–16.

张松，中国城市规划学
会学术工作委员会委
员、城市规划历史与理
论学术委员会副主任委
员、历史文化名城规划
学术委员会委员，同济
大学建筑与城市规划学
院教授

张松

城市保护与保护管理规划 *

近年来，健康城市、生态城市和低碳城市一直是城市规划理论研究领域的热门选题。新型冠状病毒肺炎疫情发生以来，健康城市和城市安全等问题再次引发规划学科领域更为广泛的关注和更多学科领域参与的全方位探讨。世界卫生组织（WHO）《渥太华宪章》（1986）指出，健康是一种"日常生活的资源，而非生活的目标"，健康"是一种积极观念，强调社会和个人资源以及物质性要求"。如果场所的物质性改变未能与体制和机构的变化一起发挥作用，那么……也无法通过政策来推动建设和规划更加健康和公平的城市。因此，健康城市的重点应放到"城市治理"这一进程（杰森·科尔本，2019）。

在此，笔者回归 2017 年参与规划学会主题论文集《理性规划》所论及的城市可持续性与规划主题，基于城市有机生命体的可持续性，在回溯城市保护相关基础性理论的基础上，探讨在空间规划变革和城市治理背景下城市保护管理规划的策略与措施。

可持续性（Sustainability）"是关于城市和建筑环境的，是关于社会、经济和生态问题的；现在以前所未有的方式渗透并贯穿到文化意识中。"而且，"越来越多的人已经意识到城市建成形态对可持续性的巨大影响。"（比希瓦普利亚·桑亚尔，劳伦斯·J. 韦尔，等，2019）。

一直以来，城镇都是可持续发展政策中的重要实施载体。早在 1972 年 6 月瑞典首都斯德哥尔摩举行的首届人类环境会议，通过的《人类环境宣言》是对全球人类环境影响的首次评估，就如何应对保护和改善人类环境的挑战达成基本共识。宣言确定了 26 条原则，洋洋洒洒提出了 109 条建议。

* 基金支持：国家自然科学基金项目（51778428）。

宣言中明确宣布："理性规划（Rational Planning）是一种必要的工具，用以调和发展之需求与保护改善环境之需求之间的任何冲突"（原则十四）；"规划必须应用于人居和城市化进程，以避免对环境造成不利影响，并为所有人获取最大的社会、经济和环境利益"（原则十五）；在关于人类环境行动计划的 109 条建议中第一条建议即是"城乡人居的规划、改善和管理，在任何层面都需要一种考虑到人类环境所有方面的方法，包括自然环境和人造环境"。

1 欧洲城市保护的缘起和发展

1.1 城市保护观念的出现

回顾西方城市规划设计思想史，19 世纪末 20 世纪初城市保护思想的萌发，几乎是与现代城市规划兴起同时出现的。在 20 世纪上半叶帕特里克·格迪斯（Patrick Geddes）和刘易斯·芒福德（Lewis Mumford）产生影响之前，城市规划偏向于工程技术和建筑。这段时间被称为"布扎艺术"（Beaux-arts）或"城市美化运动"时代。设计所关注的重点在纪念性和外观上，规划被当作"大规模的建筑设计"来进行，街道景观和沿街立面是规划设计的重点。

在现代城市规划的早期历程中，欧洲的城市公共政策主要集中于建立国家权力的象征、交通体系的现代化、公共空间的改善、上层社会和中产阶级住房需求以及工人阶级的居住改善等，以霍华德、柯布西耶等为代表的现代城市规划主流思想，尝试以统一均衡的方法解决复杂的城市问题。与此同时，一些城市规划、城市设计领域的先驱者们开始认识到历史城市的价值,以帕特里克·格迪斯（Patrick Geddes）、古斯塔沃·乔瓦诺尼（Gustavo Glovannoni）为代表的城市规划理论家，认识到历史城市作为一个整体所具有的历史和艺术价值。

意大利建筑师、规划师古斯塔沃·乔瓦诺尼不仅在建筑修复理论上有过卓越贡献，还是城市保护领域的开创人之一。他认为，城市肌理是由主要建筑（Major Architecture）和次要建筑（Minor Architecture）共同建构的整体环境，强调古城视觉景观和"如画"（Picturesque）价值的重要性。他认为城市形态和空间肌理代表了时间的层积，古城的每一个片断都应整合在总体设计之中。他并不认为新建的城市街区比老街区更好，明确反对分割肢解城市的历史中心区。乔瓦诺尼提出的整体性规划方法成为历史城市管理的重要工具，可以对城市发展在功能上的需要进行选择性引导。法国建筑理论家弗朗索瓦丝·萧依（Francoise Choay）认为，乔瓦诺尼发明了"城市遗产"（Urban Heritage）这个概念，他所提出的技术方法直到现在仍然是城市保护实践的基础。乔瓦诺尼确立的一个非常重要的原则就是需要保护历史纪念物的建成环境，即代表时间层积的城市肌理。这是一种非常明确的立场，即反对"肢解"建筑——一种现在仍然盛行于世界各地的"简单"做法（班德林，吴瑞梵，2017）。

历史建筑保护过程中，社会集体保护意识的形成，对整体历史环境的保护的启发，以及现代城市规划兴起之初，对城市整体的历史、建筑和美学价值认识不断深入，共同促使城市保护思想在欧洲逐渐萌芽。不过，1945年以前的城市遗产保护大多集中于单体历史纪念物和历史建筑上，对城市整体价值的认识还比较模糊，只有少数城市开展了一些历史地区保护实践，距离形成明确的、完善的城市保护制度还有一段距离。

1.2　城市保护思想的演进

过去一百多年里，城市建成环境领域内的保护对象和范围不断扩展，经历了从纪念物（古迹）到历史建筑，从历史地区（城镇）到历史性城市景观的拓展过程。英国学者丹尼斯·罗德威尔（Dennis Rodwell）认为城市保护出现于1960年代，其标志是法国国家保护区制度的建立（丹尼斯·罗德威尔，2015）。早期的"城市保护"一般被理解为历史建筑和历史地区的保护，如英国的城市规划体系中涉及城市保护政策主要为登录建筑和保护区制度。国际保护专家尤嘎·尤基莱托（Jukka Jokilehto）指出，随着人类对生态和自然环境越来越强烈的关注，城市保护才实现真正突破（Jukka Jokilehto，2010）。由此可见，城市保护观念是建立在对城市整体环境的深刻认识基础之上通过历史环境保护实践探索后才得到广泛认同的。

伴随着经济全球化和城市化的快速推进，城市保护面临的局面日益复杂。与此同时，受可持续发展理念的影响，人们对城市的认识逐渐深入全面。2005年以来，国际遗产保护领域围绕"历史性城市景观"（Historic Urban Landscape，简称HUL）观念、历史城市保护与景观管理等课题展开了广泛的讨论。2005年通过的《保护历史性城市景观维也纳备忘录》中指出，历史性城市景观植根于历史和当代在这个地点上出现的各种社会表现形式和发展过程。历史城市景观的保护，包括在保护名录中的单体纪念物，建筑群体及其有意义的联系、物质环境、功能、视觉、材料和关联性，以及历史类型和空间形态等。共同努力保护城市遗产，同时在考虑现代化和城市发展问题时应注重文化和历史因素，强化城市特征和社会凝聚力。保证城市生活的环境质量，以促进城市经济繁荣，提高城市的社会和文化活力。同时强调"充满活力的历史城市，……需要一种以保护为主要出发点的城市规划和管理政策"（WHC，2005）。

2011 年 11 月，联合国教科文组织（UNESCO）在第 36 届大会上通过了《关于历史性城市景观的建议》(以下简称《建议》)，这是国际城市保护领域的新举措。《建议》指出"城市保护不局限于单体建筑保存，它将建筑作为整体城市环境的组成要素看待，使得城市保护成为一个复杂的、多方面的学科领域，因而城市保护处于城市规划的核心位置"。

2　我国历史名城保护的成效与困局

2.1　名城保护的成就及制度特征

我国是世界上的文化遗产大国之一，五千年绵延不断的中华文明史留下了数量众多、异彩纷呈的物质和非物质文化遗产。文物建筑是凝固的历史和文化，历史城市是不同地域传统文化的体现和延续。

历史文化名城保护与文化传承是改革开放四十年来所取得的重大成就之一。在住房和城乡建设部和国家文物局的共同推动下，历史文化名城名镇名村和历史建筑保护工作取得了显著成效，众多历史文化遗产被抢救和保存下来，一大批文物保护单位得到保护修缮，有效地保护了名城名镇名村的历史文化价值和城镇景观特色，延续了地域历史文脉。

21 世纪以来，随着我国对外开放的不断深入，城市化水平的提高，历史文化名城保护工作出现了机遇与挑战并存的局面。新版《文物保护法》《城乡规划法》《历史文化名城名镇名村保护条例》等国家法规的出台，对名城名镇名村保护实践具有指导意义。在理论研究方面，通过国外理论的学习借鉴和本国规划实践的经验积累，逐步形成了一套具有实践指导意义的历史文化名城保护理论和方法，尤其在保护规划编制技术方面开展了广泛的实践性探索。

简而言之，我国名城保护制度呈现出以下主要特征：其一，由专家引领推动、从中央到地方"自上而下"开展的体制特点明显；其二，参照国家保护重点文物的保护管理体系，以国家名义公布历史文化名城和推进保护规划管理，但名城保护制度机制不健全；其三，我国的历史文化名城，数量多、规模大、类型全、分布广，在城市发展和旧城改造过程中不同地域的名城面临的问题与矛盾相当不同（张松，2012）。

2.2　名城保护实践中的困局

由于保护观念和保护制度上的欠缺，在历史文化名城和历史文化街区保护方面普遍存在着消极静态保存、片面单一保护、建设性破坏等共通问题。笔者在《历史城市保护学导论》中阐述了历史文化名城保护不仅体现在对单一的文物古迹和局部的历史地段保护，而应当是包含城市社会、经济和文化结构中值得保护的潜在对象在内，历史环境和文化景观的整体保护再生的理念，并借鉴国外历史城市保护和文化遗产资源再利用实践经验，为历史文化名城的可持续发展提出保护性策略和环境管理措施建议。

国外的城市保护从一个较狭义的范畴逐步迈向更广泛的目标，经历过不同的发展阶段。第二次世界大战后兴起的欧洲城市保护运动，与住房问题和交通问题有较好的协同推进；从重点保护城市历史地区的物质特征，到重视遗产地区的经济、社会协调发展，尊重原住居民意愿；进入新世纪后以可持续发展为目标，将城市遗产和环境景观整体性保护与促进全面可持续发展目标平衡整合推进。基于本土意识以及促进可持续发展需要，城市保护的对象更加全面，规划管理方法更加注重城市遗产保护再生与城市整体环境保育维护的整合。

反观我国的历史文化名城保护，从历史文化价值认知角度看，历史文化街区和历史城区的综合价值没能得到与文物保护单位同等重要的评价；在生态环境价值上，又未能将历史地区的传统肌理与生态环境、自然保护区同等对待。加上历史地区长期积累的各种现实问题，地方政府在土地开发中的近期需求等，最终让历史名城保护陷入了在观念理念上高度重视，在保护更新实践中长期被忽视的困局。

3　城镇景观价值与传统设计智慧

3.1　现代规划对城镇景观的忽视

城镇景观是城市设计的基石，也是在城市语境中与建筑保护平行运行，并且是连接建筑设计与城市规划的一条纽带（丹尼斯·罗德威尔，2015）。戈登·卡伦（Gordon Culien）在《简明城镇景观设计》这本城市设计和城市景观的经典著作中，系统阐述了城市是景观的一种特殊形式的观点，城市景观涉及环境的一切组成元素，包括建筑、树木、自然、水、交通等。这种分析最终建立起一种超越城市建造的"技术"维度，并界定出一种能够融建筑和环境于一体的"艺术"设计方法论。

戈登·卡伦认为，现代的规划（尤其是对新城镇的规划）及其技术法规均无法把城市视为一个统一的空间（一种城镇景观）。由于忽视了对历史城市所具有的历史空间层积的借鉴，我们通过规划创造品质空间的能力最终受到了限制（班德林，吴瑞梵，2017）。

然而，随着现代城市规划的全面拓展，规划专业人员大量表现为具有社会科学背景的实践者，他们需要了解地理学、政治学、经济学和统计学，此后，规划专业的目标变得如此宽广，已经完全脱离了"建筑学"的框架，规划由"大规模的建筑设计"变成了"小规模的城市管理"，有形的规划与设计开始忽略艺术（汤姆·特纳，2006）。

3.2　可持续城市与设计智慧

在可持续城市发展战略进程中，众多城市研究者及城市规划师将城市空间形态作为其研究的核心与焦点。一直在试图找寻一种可持续性的现代城市空间结构模型。越来越多的研究者期待能够规划出一个"良好的城市形态"或"可持续性的城市形态"，以提高城市的经济活力并维护空间正义。城市蔓延与"紧凑城市"（Compact City）相关研究成果的大量出现，至少表明了寻找可持续性的城市空间形态正成为学界关注的焦点。

无论是倡导"精明增长"（Smart Growth）还是"新城市主义"，都在倾向于所谓的"紧凑城市"空间形态。尽管关于城市蔓延是否影响到城市生活质量的争议至今并没有停止，但大多数北美规划学者更倾向于紧凑的城市空间模式。紧凑城市空间形态将更适合可持续的城市发展，欧洲城市规划更是提出了"向传统城市学习"的号召。总之，寻找可持续性，创造出更加密集、更加紧凑的城市，是近年来规划设计的重要观念，对于具有丰富的传统规划智慧和文化积淀的中国城市更应进行反思性实践。

另一方面，城市遗产保护的原真性和完整性，要求考虑到建成环境遗产与社会功能的联系、传统与现代的差异性，更全面认识建成遗产的价值。原真性和完整性涉及时间、地域、遗产特征、空间联系、功能活动等多种因素，其评估因素可以归纳为物质结构、视觉景观、社会功能等方面内容（张松，镇雪锋，2007）。

"在保护中发展，在发展中保护"要求通过空间规划的制度设计和精细化城市管理，让城乡环境中历史文化资源"活"起来，为丰富城市生活，繁荣城市文化发挥积极作用。城市文化是一种生活方式。加强建成环境遗产保护，既要发挥国家的主导作用，也要激发遗产保护主体的力量，要让城市遗产保护的观念融入百姓的思想观念之中，就必须通过保护更新实践切实改善旧区的居住环境质量，让老城居民在日常生活中能自觉爱护身边的历史环境。

4　空间规划格局中的城市保护管理

4.1　作为治理过程的空间规划

欧洲委员会的共识是，"空间规划是对经济、社会、文化和生态等社会政策的地理学表达。同时，它是一门科学学科、一项行政技术，是基于跨学科和综合性方法所制定的政策，旨在实现区域发展的平衡和依据整体战略组织物质空间。"因而，"可持续性在全球的规划学中已经成为一个明确的结构性概念"（加文·帕克，乔·多克，2013）。

科罗斯特曼（Klosterman）提出了规划学的四重正当理由，其中保护社区的集体利益最为重要，其次是规划行动，为了改善作为制定决策和规划准备基础的知识及信息，其三是有助于在保护弱势和边缘化群体方面发挥作用，其四是考虑和缓解来自外部的负面影响（加文·帕克，乔·多克，2013）。

今天，城乡规划管理正在经历一场重大改革，以土地规划管理为重点转向更加综合的以空间资源综合管理为重点的国土空间规划。单从技术和管理层面理解，空间规划既是一种范式转型，也应当是一种观念回归。

4.2　空间秩序与可持续城市

美国伊利诺理工学院资深建筑史讲席教授马尔格雷夫（Harry Francis Mallgrave）的艺术史里程碑巨著《现代建筑理论的历史，1673—1968》，围绕17世纪到20世纪的建筑史学变迁，系统回顾并论述绵延三百年的观念变化与变革历程，并在建筑艺术史与当下生活之间建立起有效的联系。他在中文版前言中写到，"我们都是处于一个环境中的、受到文化熏陶的生物有机体，而这一认识，的确对我们的健康与福祉产生了深刻的影响"（马尔格雷夫，2017）。

更早的时候，刘易斯·芒福德在《城市文化》中引用德国思想家托马斯·曼（Thomas Mann）的观点指出"一旦城市不再是艺术和秩序的象征物时，城市就会发挥一种完全相反的作用，它会让社会解体，令碎片化的现象更为泛化"（刘易斯·芒福德，2009）。

城市建成环境既复杂又多变，长期以来在规划领域似乎对作为有机生命体城市的可持续性缺乏全面系统的研究。事实上，物质环境的保护和管理一直处于可持续性问题的核心位置，并要求人类在人与环境的关系中需要形成以生态为中心的观念。美好的建成环境是改善人们健康和福祉的重要组成内容，良好的城市规划有助于支持和促进更健康的生活，减少健康不平等（张松，2020）。

可持续城市（Sustainable City）观念，力图以全球尺度的生态可持续性来平衡地方的需求和市民愿望。城市是自然环境消耗和退化的焦点所在，如果要想获得一个可持续的世界，我们就必须从城市规划管理开始。而排在前面的问题包括土地使用、水资源、不可再生资料和能耗，减少污染、废弃物的回收、处理和利用，以及城市环境质量和适应性。

可持续城市力图保护和提升自然环境、建成环境和文化环境中现有事物。将城市看作一个动态的、复杂的生态系统，其中的一个核心目标就是基于功能、结构和社会多样性来获得平衡的和自动调节的社会经济和环境组织（丹尼斯·罗德威尔，2015）。

4.3　可持续性问题的紧迫性

需要再次声明的是，可持续发展不仅是宏观政策层面的事务，而且与空间、场所和人的日常生活密切相关；不仅涉及水、绿化、自然资源等生态环境要素，建成环境的方方面面都与可持续发展密切相关。

今天，我们各地正在大力推进城市更新和街区复兴工作。在城市更新中，对建成环境资产和历史文化资源需要进行科学评估，不应再像过去那样"大拆大建"简单化处理，当然也不应该采用过去快速开发的方式来实施建筑保护修缮和城市修补修复工程（张松，2017b）。

在对建成环境进行改善提升的时候，需要保持场地的环境特征和场所精神。通过城市设计有效管理景观风貌的"变化"。变化是城市建成环境的基本特征，但不应当是随意的、缺乏管理的改造变化，或是影响整体品质的"突变"，同时也不应当是回到从前辉煌的舞台式布景建设。

将物质环境的保护和管理置于可持续性争论的核心，并要求人类的思维在从与物质环境的关系中走向以生态为中心。戴维·哈维（David Harvey）认为，"人造的城市化世界的环境，它们的特性和特殊困难，易于新疾病产生及传播的新结构，在可持续性（无论在何种意义上）问题上的异常困难等，都必须受到我们的重视，较之许多当务之急——如荒地、边缘农民运动、风景保护等——它们更是急中之急"。因此，他呼吁开展争取环境正义的运动，以实现"生态现代化"。他认为"社会应当对于环境调节和生态控制采取更主动的姿态，应采用一套更加系统的政治、制度安排以及调控实践来取代专门的、分裂的及官僚的国家调控方法"（戴维·哈维，2010）。

5　城市保护管理规划及措施

5.1　保护管理的关键性举措

自然环境、人工环境和人文环境是一个有机统一体，是人类社会过去、现在和未来的连接体，也是城市生产、生活和生态之间平衡或融合所形成的肌理和生境。作为整体的建成环境，作为文化生态斑块的城市，也是一种真正的栖息地

（a Genuine Habitat），需要切实保护、维护和管理（张松，2017a）。

城市建成遗产需要整体保护与环境品质需要全面提升。历史性建成环境是城市发展的积淀和成就，既是城市的文化遗产和集体记忆，又是城市未来发展的重要资源，对塑造城市特色个性和文化复兴有着重要的意义。过去的旧城改造方式基本上是以土地开发经济效益最大为优先考虑，大多采取"大拆大建"方式，对既有建筑全面拆除重建、推倒重来。对环境带来的负面影响、对资源和能源的浪费都是巨大的。

划定历史文化保护区，即意味着在这些特定的政策性区域应该承担更为广泛的公共管理责任。所谓"复兴（Revitalizing）就是要缓解历史功能与现代需求之间的不协调。城市历史街区的振兴就同时包括了物质结构的振兴以及在那些建筑和空间中的经济活动的振兴"（史蒂文·蒂耶斯德尔，蒂姆·希思，等，2006）。

在高质量发展和存量规划的新时代，如何对城市历史性建成环境进行整体保护和全面实施环境品质提升工程，直接关系到旧城民生的改善，历史城区整体复兴和特色维护等重要课题，具体涉及以下若干关键性策略和举措：

（1）以生态文明建设、绿色创新发展为引领下，在保护历史环境的特色和空间记忆前提下，全面改善旧城区人居环境、转变城市发展方式相关政策措施。因此，必须将历史文化名城保护放到城市发展战略决策的地位统筹考量，历史城区整体保护，历史文化街区和历史建筑保护与活化利用，亟需探索适合各历史城市的有效途径。

（2）采取各种有效政策措施盘活存量老旧住宅等城市存量资产，为实现改善旧区生活环境条件、促进地区复兴和城市文化旅游发展等多重目标，在住房保障制度、供给和管理方式等方面进行必要改革和创新。

（3）全面化解城市特色危机问题，在保护复兴历史城市特色的同时，发掘、总结并提炼传统的城市设计智慧，在文化传承和城市设计、建筑设计之间建立良性关系，鼓励城市建筑设计的创新思维，创新城市设计管理方法。

（4）将可持续发展观点纳入日常城市环境维护管理工作中。在城市规划设计方面应当以我国丰富多彩的地域建筑文化特色和资源，促进地域文化再生，在推进绿色、生态和节能的同时，全面提升建筑创作和设计管理水准，采用新技术、新材料和新方法，创造富有时代精神和地域特色的建筑空间及人居环境，促进城市文化的多元化发展与全面繁荣，社会、经济、环境和文化的可持续发展。

5.2 保护管理规划的框架建构

建成环境维护管理是可持续发展的重要内容，国土空间规划应当强化对自然资源、文化资源和社会资源的全面保护和有效管理。在国土空间规划管理制度改革进程中，在高度重视自然资源和生态环境保护的同时，不应忽视建成环境和文化资源的保护利用。建成环境管理必须在空间规划管理等不同领域内建立起专业知识桥梁，以确保多学科建设性共同探索能够取得有益的实效。建成遗产保护的方法和技术应与国际保护理念接轨，尽可能吸收国外城市保护的成功经验和政策措施。

联合国教科文组织批准《关于历史性城市景观的建议》两周后，第17届国际古迹遗址理事会大会在巴黎通过了《关于历史城镇和城区维护和管理的瓦莱塔准则》（以下简称《瓦莱塔准则》），在《内罗毕建议》和《华盛顿宪章》的基础上，对历史城镇和历史城区整体保护和维护管理制定了系统性准则和操作性指南。《瓦莱塔准则》指出，保护管理规划是建立在对物质和非物质资源的理解、保护和强化的基础上制定的纲领性文件（ICOMOS，2011）。

保护管理规划应当：

（1）明确文化价值；

（2）指明利益相关者及价值；

（3）指明潜在冲突；

（4）决定管理目标；

（5）确定法律、财政、行政技术方法和工具；

（6）了解优势、劣势、机会和威胁；

（7）界定恰当的策略、工作期限和具体行动；

（8）管理规划的制定出台应当是一个广泛参与的过程。

5.3　HUL 保护管理技术指南

保护管理规划，并不是要把历史环境的现有状态固化下来，而是要使与人相关不断变化的自然环境和历史环境质量不致下降的动态维护过程。针对历史性城市景观（HUL）的保护管理，在此前的《维也纳备忘录》中针对历史性保护城市景观的维护管理，特别是新的开发和新建筑设计做出了如下指南（WHC，2005）：

（1）对历史性城市景观中进行干预和当代建筑的决策需要仔细斟酌，须注重文化和历史的敏感性，通过与利益相关者协商，并借助专家的知识。在这一过程中允许对个案采取充分和适当的行动，以尊重历史肌理与既有建筑的原真性和完整性为前提，审查新旧之间空间的环境背景。

（2）深入了解场所的历史、文化和建筑特性，而不仅仅是对象建筑，对于保护框架的发展至关重要，城市规划以及类型和形态分析等应提供给建筑审查委员会。

（3）在规划过程中，一个关键因素是及时识别和确定风险与机会，以保证良好的开发和设计进程。所有的结构性干预应基于对历史性城市景观价值和意义的全面调查与分析。评估干预的长期影响和规划的可持续性是规划过程的组成部分,旨在保护历史肌理、既有建筑和环境背景。

(4)城市规划、当代建筑和历史性城市景观保护应避免一切形式的伪历史设计(Pseudo-historical Design),因为它对历史和当代构成了双重否定。一种历史观不应取代另一种历史观,因为历史必须保持可读性,通过高质量干预实现文化的连续性是最终目标。

总之,城市保护管理规划应更好地融入城市规划各专业领域,包括社会和经济发展领域。必须在城市管理的不同领域建立专业知识桥梁,以确保建设性的、多学科的、横向的理解,并建立起跨学科的研究平台和协同机制。

6　结语

一个好的环境,就像一个人拥有一个好的健康状态一样,容易让人察觉出来,但难以给它一个准确的定义。而且"没有疾病的到来,健康就无法估价"(汤姆·特纳,2006)。

彼得·霍尔在《明日之城:一部关于 20 世纪城市规划与设计的思想史》这部有关 20 世纪城市规划思想史的巨著中指出,"20 世纪的城市规划作为一场理性和专业运动,从本质上来说正是针对 19 世纪城市的弊端所采取的纠正行动"。然而,在经济高速发展和城市化进程中,城市日益表现出对经济功能的专注性。城市规划的功利性、城镇景观和文化形态的单一性也越来越严重。

在回答城市规划是否会消亡的问题时,彼得·霍尔认为"在经济学家眼里,好的环境是一种按照收益具有弹性的物品,当人民和社会总体变得更加富有时,相应地对环境有了更多的要求。个人除了建造有院墙的私人房产外,要获得好的环境只有通过公共行动。人们愿意甚至迫切地想花费更多的宝贵时间,通过加入各种各样的志愿组织,并且通过参加公共调查活动来保卫自己的环境",这便是城市规划继续生存的可能性(Peter Hall,2009)。

今天,"对于城市危机的实质来说,是容量的不断扩张导致中心城市的资源和人口消耗,还有对土地需求的不断增加。"(比希瓦普利亚·桑亚尔,劳伦斯·J.韦尔,等,2019)。毫无疑问,我们必须应对真实的城市危机。在抗击新型冠状病毒肺炎疫情期间,中国城市规划学会向全国规划工作者发出倡议,呼吁规划师要面向未来,为建设健康、安全、可持续的美好人居环境,"聚焦真问题、开展真研究、寻找真方案"。显然,这是十分重要的倡导和方向性指引。

参考文献

[1] 比希瓦普利亚·桑亚尔，劳伦斯·J. 韦尔，等 . 关键的规划理念：宜居性、区域性、治理与反思性实践 [M]. 祝明建，彭彬彬，等译 . 南京：译林出版社，2019.

[2] 戴维·哈维 . 正义、自然和差异地理学 [M]. 胡大平，译 . 上海：上海人民出版社，2010.

[3] 丹尼斯·罗德威尔 . 历史城市的保护与可持续性 [M]. 陈江宁，译 . 北京：电子工业出版社，2015.

[4] 弗朗切斯科·班德林，吴瑞梵 . 城市时代的遗产管理——历史性城镇景观及其方法 [M]. 裴洁婷，译 . 上海：同济大学出版社，2017.

[5] 加文·帕克，乔·多克 . 规划学核心概念 [M]. 冯尚，译 . 南京：江苏教育出版社，2013.

[6] 杰森·科尔本 . 迈向健康城市 [M]. 王兰，译 . 上海：同济大学出版社，2019.

[7] Jukka Jokilehto. Reflction on Historic Urban Landscapes as a Tool for Conservation：Managing Historic Cities，World Heritage Papers No.27[Z]. Paris：UNESCO，2010.

[8] 戈登·卡伦 . 简明城镇景观设计 [M]. 王钰，译 . 北京：中国建筑工业出版社，2009.

[9] H. F. 马尔格雷夫 . 现代建筑理论的历史，1673–1968[M]. 陈平，译 . 北京：北京大学出版社，2017.

[10] ICOMOS.The Valletta Principles for the Safeguarding and Management of Historic Cities，Towns and Urban Areas[Z]. Paris：ICOMOS，2011.

[11] 刘易斯·芒福德 . 城市文化 [M]. 宋俊岭，李翔宁，等译 . 北京：中国建筑工业出版社，2009.

[12] Peter Hall. 明日之城：一部关于 20 世纪城市规划与设计的思想史 [M]. 童明，译 . 上海：同济大学出版社，2009.

[13] 史蒂文·蒂耶斯德尔，蒂姆·希思，等 . 城市历史街区的复兴 [M]. 张玫英，董卫，译 . 北京：中国建筑工业出版社，2006.

[14] 汤姆·特纳 . 景观规划与环境影响设计 [M]. 王钰，译 . 北京：中国建筑工业出版社，2006.

[15] WHC. Vienna Memorandum on World Heritage and Contemporary Architecture-Managing the Historic Urban Landscape[Z]. Vienna：WHC，2005.

[16] 张松，镇雪锋 . 遗产保护完整性的评估因素及其社会价值 [C]// 中国城市规划学会 . 和谐城市规划——2007 中国城市规划年会论文集 . 哈尔滨：黑龙江科学技术出版社，2007.

[17] 张松 . 历史文化名城保护的制度特征与现实挑战 [J]. 城市发展研究，2012（9）：4-11.

[18] 张松 . 城市的可持续性与理性规划 [M]// 中国城市规划学会学术委员会 . 理性规划 . 北京：中国建筑工业出版社，2017.

[19] 张松 . 全球城市历史风貌保护制度的主要特征辨析 [J]. 上海城市规划，2017（6）：8-14.

[20] 张松 . 规划作为社会治理的过程和工具 [J]. 城市规划学刊，2020（2）：7.

李健，上海社会科学院城市与人口发展研究所研究员

张剑涛，中国城市规划学会学术工作委员会委员，上海社会科学院城市与区域研究中心客座研究员

陈晨，上海社会科学院城市与人口发展研究所助理研究员

陈
张
李

晨
剑
健
涛

城市更新推动产业转型发展研究
—— 兼对上海城市更新工作的探讨

1 引言

早在 1858 年 8 月，荷兰就召开第一次城市更新研讨会，对城市更新的发展内涵进行了初步解析：对城市建筑物和街道、公园、厂房等环境进行改造，形成舒适的生活环境和美丽的市容，这些建设活动即为城市更新（陈萍萍，2006）。在第二次世界大战以后，随着发展背景和发展需求的变化，以城市重建、城市更新、城市再生以及文艺复兴等为概念的城市更新改造活动不断推进，城市更新也逐步从物质更新为主的阶段，走向更多元有机更新的阶段，产业、民生、文化等领域被广泛关注，支撑着城市经济和城市社会体系的螺旋升级（董玛力，陈田，等，2009）。

进入 21 世纪以来特别是 2010 年之后，包括纽约、伦敦、东京、巴黎等城市都推出自己的新一轮总体规划。在新的规划中，城市更新依然是重要的工作内容，但在发展趋向上更突出科技、人文、生态等新的发展理念（李健，2016b），首先是基础设施建设，包括智慧基础设施、智慧公共服务、智慧绿色发展等成为城市发展的重要内容，这其中人文关怀、生态绿色都贯穿其中。其次则是空间改造，更加关注创新空间的营造如何更好地支撑科技创新发展，实现人文服务，建造更加开敞的公共绿色空间目标。第三则是城市更新如何更好地实现城市生活的安全保障，特别是智慧城市建设与城市更新工作的结合，亦成为未来城市更新的重要工作内容。

城市更新的过程必然伴随产业结构调整、产业转型升级等共生发展。其中，产业转型发展和升级是城市更新的重要驱动力，同时也更能受到城市更新的刺激

与反促进作用的影响（李健，2016a）。考察发达国家城市在不同阶段城市更新作用的进程，亦可发现产业转型在其中作为结果和动力共存的现象。现阶段，包括上海在内的国内城市普遍面临着经济结构调整、产业转型升级的发展要求，给新一轮的城市更新工作带来机遇与挑战，新的产业结构调整与转型升级需要城市空间的有力支撑，但新的高科技产业或文化创意产业体系，又往往与过去工业园区平台的发展路径不相适应，他们更希望完整产业生态圈的支撑，更是基于人的生活而对生活环境有更高需求，其发展运行机制有待深入研究。

2　迭代视角下城市更新不同阶段的工作重点

现代意义上的城市更新始于第二次世界大战之后的 1950 年代。相关学者对于西方城市第二次世界大战以来的城市更新历程从时间轴上已经有了较为全面的梳理，一般可分为以下几个阶段：城市重建（Urban Reconstruct）（1950 年代之后）、城市再开发（Urban Renewal）（1960 年代之后）、城市复兴（Urban Regeneration，Gentrification）（1970 年代之后）、城市文艺复兴（Urban Renaissance）（1990 年代之后）等（陈萍萍，2006；董玛力，等，2009）。

现代城市更新经过了长达半个多世纪的历程，这一历程与全球政治、经济、社会、科技、文化等领域的发展密不可分。欧美城市在不同时期的城市更新工作涉及的重点领域、关键需求、现实挑战、实施路径存在明显的区别。总体来说，城市更新逐步从物质更新为主的阶段，走向了多元有机更新的阶段，民生、社会、文化等领域被广泛关注，不同阶段有其深厚的社会经济内涵及内在逻辑（黄幸，等，2012）。如今，科技创新正在城市更新过程中发挥着日益重要的作用，这一趋势亦值得重视（李健，2016）。本文以欧美城市更新为对象，从城市更新发展的迭代角度分析不同阶段的社会背景、经济发展、市民需求等，剖析在更新过程中所发生的内在逻辑。需要说明的是三个阶段在时间序列上不是绝对分割独立的，存在一定的"交叠"。

2.1　城市更新 1.0 阶段：满足物质供给

城市更新 1.0 阶段大致从 1950 年代至 1980 年代，该阶段城市更新工作关注的重点是解决城市物质空间条件的供需矛盾。在第二次世界大战后，不少西方城市（例如柏林、华沙等）面临着战后重建的任务，需要开展大量的物质空间的建设，包括大规模推倒重建与清除贫民窟等工作。同时，战后"婴儿潮"导致人口增长迅速，城市中住房需求的矛盾也日益突出。因此，这一时期城市重建的重点任务是改善城市的住房与生活条件，其中一方面是要改造原有的居住条件较差的区域（例如贫民窟），另一方面是需要新建大量住宅区，满足人口快速增长的需求。从发展模式上看，由于该阶段重建任务大，需要在较短的时间内见到成效，需要强有力的城市更新的主导力量，因此这一时期规划主体、资金提供方主要是国家和地方政府，以保证重建工程高效推进。但缺乏社会资本的参与，使得该阶段城市重建任务缺乏效率和活力。

到 1970 年代后，从欧洲城市经济社会发展的基础情况看，城市的战后重建任务基本完成，并且汽车作为城市交通工具日益普及，居民通勤距离大大增加，郊区空间较大、环境优美的新住宅区得到青睐，不少城市出现了中产阶级向郊区迁移的趋势，即所谓的"郊区化"现象。税源的减少和城市基础设施投资的减弱，使中心城区再次出现衰败的情况。

2.2 城市更新 2.0 阶段：重视人文需求

城市更新 2.0 阶段大致从 1980 年代至 21 世纪初，这一阶段城市更新工作的关注重点转向关照日益增长的经济、社会、文化等的综合需求。1980 年代以来，纽约、伦敦等西方城市面临着经济转型、结构调整的压力。由于转型带来的经济增长压力和就业岗位减少等原因，这一阶段不少城市的人口出现小幅度减少趋势。

城市经济的衰退再加上之前开始出现的"郊区化"现象，使西方不少大城市的内城出现了衰败的迹象。这一情况带来不少社会问题，也给城市提出了通过城市更新刺激城市经济、复兴城市活力的要求。西方城市开始意识到这个问题，并且开始将非物质建设的手段纳入城市更新的工作中，包括邻里复兴、社区规划、公众参与等。通过固定资产投资来开展城市更新工作，拉动城市经济发展是这一阶段的主要手段。由于旧城区往往位于城市内部区位较好的地段，开发商主导的不少城市更新项目为了追求利润最大化，将开发产品往精品化、高端化、贵族化方向发展，往往被具有一定资产实力的中产以上阶层的人士购买，并形成阶层的空间集聚趋势，即内城的绅士化（Gentrification）现象（黄幸，等，2012）。

1990 年代之后，西方城市的经济转型取得一定成效，经济发展开始复苏，城市的人口止跌回升，开始出现了新一轮经济繁荣。并且"以人为本"和可持续发展理念在这一阶段开始深入人心。人们越来越多地意识到，城市更新不仅仅是经济问题，还要重视人文、社区、环境等因素的重要影响，才能实现旧区（或者称为待更新区域）的真正复兴，即所谓的"城市文艺复兴（Urban Renaissance）"。

在这一阶段，城市更新不仅仅关注物质建设和经济发展，还更加重视人居环境、社区肌理、人文氛围的保护与发展。因此，这一阶段的更新手段较为综合，运行机制也相对复杂，更符合社会和大众的实际需求。

城市更新 2.0 阶段的城市更新工作逐渐重视人的需求和社区营造，这一阶段的更新工作的实施主体更加多元，政府不再是城市更新的唯一主导部门，房地产开发商等私有经济单位在经济角色上承担了日益重要的角色，社区居民、非营利公共组织等第三方也有效参与了进来，城市更新活动更加有效率和有活力。

2.3　城市更新 3.0 阶段：响应科技创新

城市更新 3.0 阶段大致从 21 世纪初至今，该阶段城市更新的主要工作与新科技、新技术的迅猛发展密不可分，创新发展和智慧城市发展的导向在城市更新过程中发挥着日益重要的作用，这一阶段的城市更新从理念、手段、路径上都开始充分响应科技创新的发展（李健，2015；林兰，2016）。

创新发展是当代全球城市发展的主题，科技创新是现阶段驱动城市更新改造的关键力量。科技创新驱动城市更新的成功案例具体可以归纳为几种类型，一是通过建设创新空间促使传统工业区转型，例如巴塞罗那的普布诺地区；二是抓住数字经济兴起的基于复兴旧城区的契机，例如伦敦的"硅环"和纽约的"硅巷"地区；三是通过建设新型科技园区引领废弃工业园区创新、创业发展，例如纽约康奈尔大学园。

创新区是以科技创新为导向的城市更新发展的重要空间载体。相比传统园区以资源、资本为核心驱动力，创新区更多地以技术、创意、创新作为核心驱动力（表 1）。从空间特征上看，创新城区通常是开放的，没有明确边界（例如纽约"硅巷"和伦敦"硅环"），而且功能高度混合，与城市中其他功能区充分有机联系，这与传统园区相对封闭、边界明确、功能隔离、尺度通常较大的特征有明显区别。

从传统园区到创新城区的特征变化　　　　　　　　　　表 1

园区类型	核心驱动力	主导型产业	知识层次	空间特征
传统工业区	资源、资本	纺织、机械、化工等	低	封闭、分区、大尺度
科学园区	资本、技术	电子信息、精密机械	较高	封闭、分区、较大尺度
创意产业区	创意	设计、动漫、影视文化等	高	开放、混合、高密度
创新城区	创新	知识产出、研发、培训等	高	开放、混合、高密度

资料来源：李健（2016）

在发展模式上，3.0 阶段的城市更新工作通常以来自创新基本要素自下而上的自发发展为主，发展到一定阶段后，辅以自上而下的政府规划力量引导，进而做大做强。城市经济内在的发展规律与城市政府的规划工作相互触动，最终引导新阶段的城市更新工作。从纽约、伦敦、东京及上海、北京等城市在新一轮城市总体规划或者战略规划中的工作内容看，对于城市更新引导城市科技创新活动，推动智慧城市建设都用了大量笔墨重点描述和分析。

3　不同阶段城市更新与产业转型互动发展路径

从欧美城市不同阶段城市更新的动力和效果总结，产业变革与转型发展存在密切的互动关系（杨震，2016；邹兵，2017）。一方面，传统产业的衰败与新兴产业的兴起都会影响到城市（片区）活力；另一方面，城市更新作为一个政策性的手段和工具，本身在实施过程中亦会通过平台打造和升级，推动产业转型发展。本文重点介绍近期两个阶段组织路径和发展成效，以更好地为当前我国城市更新活动提供可供借鉴的经验。

3.1　城市更新 1.0 阶段的产业转型

在城市更新 1.0 阶段，城市更新的主要目标是城市重建、增加住房等空间的供给、改善并提升城市形象，产业发展的主要目标则是恢复生产并实现经济相对高速的增长，这一时期的产业转型的需求并不突出。这一阶段城市更新主要通过物质建设手段为生产生活提供空间保障，具体举措包括：清理贫苦人群居住的破败地区，推土机式重建旧城；增加住房和就业岗位供给，满足人口与就业岗位的增长需要；改善人居环境，提升城市形象（图 1）。

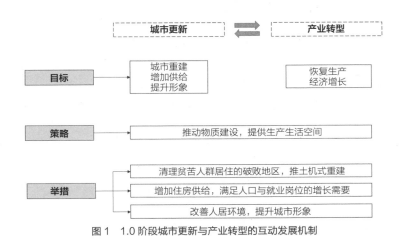

图 1　1.0 阶段城市更新与产业转型的互动发展机制

3.2　城市更新 2.0 阶段的产业转型

3.2.1　理论层面的互动发展机制

到了城市更新 2.0 阶段，由于欧美城市普遍经历了 1980 年前后的经济衰退，面临着产业转型升级的迫切需求，因此，这一时期的城市更新与产业转型的结合显著密切。该阶段城市更新的主要目标是复兴衰败的内城、保护历史文化、营造社区氛围、促进城市要素的多样性等。产业转型的主要诉求则是复苏经济并实现第三产业即商业服务业的长足发展。

在城市更新 2.0 阶段，主要策略是通过推动旧城复兴，实现旧城经济、社会、文化活力提升。主要举措包括：在内城地区大力发展现代服务业；实施文化复兴计划，保护历史文化等资源要素；鼓励开发商实施市场导向的旧城再开发工程；保持城市空间与要素的多样性，在旧城注入新功能；尊重社区文化和肌理，重视社区软环境的营造（图 2）。

3.2.2　互动路径的实证分析

（1）现代服务业与城市更新相互促进

现代服务业在全球城市的经济结构中占有举足轻重的地位。尤其是进入城市更新 2.0 阶段后，欧美大城市普遍面临大力发展现代服务业以应对经济结构调整、产业转型等挑战，因此，现代服务业的发展与城市更新的特定阶段存在相互促进的关系。学者姜冬冬（2015）就曾使用定量研究的方式，发现了服务业中各大类产业的产值，与城市更新固定资产投入在特定阶段中存在明显的正相关关系，其中，IT 业、金融业、房地产业产值与城市更新投入呈现明显线性正相关关系，租赁和商业服务业、科研技术服务业、运输仓储邮政业产值与城市更新投入主要呈现"倒

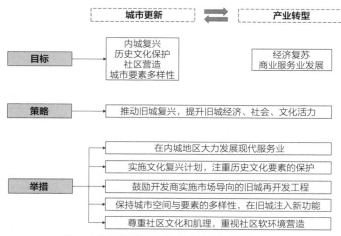

图 2　2.0 阶段城市更新与产业转型的互动发展机制

U"形的关系，即在城市更新投入相对较小的数值区间内，服务业产值与更新投入呈明显正相关。从发展的内涵解释，说明 IT 业、金融业、房地产业等生产性服务业与城市基础设施的质量存在更加密切的关系，证实了城市更新在特定阶段对于现代服务业具有明显的正向拉动作用。

纽约 SOHO 区是城市更新 2.0 阶段结合现代服务业发展的典型，也伴随这一时期常见的"绅士化"现象（李文硕，2013；俞剑光，2013）。纽约 SOHO 区在1960 年代之前为工业区，城市面貌较为破败，整个地区处于衰败阶段，租金不断下降。正因如此，当时有不少无法支付高租金的艺术家搬迁至此地并逐渐集聚。当地艺术家和纽约市政府曾经共同努力致力于当地的城市更新，同时吸引不少的商业和服务业的入驻，实现了 SOHO 区的复兴。该地区于 1973 年被纽约市文物局定为重点文物保护单位，是纽约首个属于商业区的古建筑保护区，众多著名品牌服装店都在这里设有分店，如"Victoria's Secret""LV""伊芙·圣洛朗"和"Prada"等，商业兴隆使该地区地价不断攀升（俞剑光，2013；章锐，2017）。

（2）城市更新助推文化创意产业发展

西方城市更新在城市更新 2.0 阶段与历史文化遗产的保护与开发密不可分。随着时代的发展，文化产业成为国际大都市的重要支柱产业，也成为城市更新的重要推动力。城市更新推动了文化发展的繁荣，也促使了文化创意阶层的诞生，并逐渐成为城市中的核心社会阶层（张伟，2013）。观察新加坡、芝加哥的经验更进一步证实文化创意产业发展对于城市更新的重要推动作用（林兰，2012；李健，2012；屠启宇，2014；张剑涛，2014）。

3.3　城市更新 3.0 阶段的产业转型

3.3.1　理论层面的互动发展机制

在 2008 年全球性金融危机之后，西方城市更新的进程中出现了新的趋势，即科技创新成为推动城市更新的重要动力，城市更新与创新空间（园区）的打造日益紧密地联系在一起。这一时期，城市更新的主要目标是改善人居环境、促进产城有机融合、提升城市竞争力等，产业转型主要目标是引导产业集聚和分工化，促进产业的高新化、智能化，培育产业的核心驱动力，从而实现以产业发展促进城市转型升级。因此，3.0 阶段城市更新的主要策略是集聚创新要素，培育创新源动力，利用新技术驱动旧区可持续更新。主要举措有：通过建设创新空间促使传统工业区转型；把握数字经济的机遇，集聚相关要素驱动旧区更新；建设新型科技园区，引领城市创新创业发展；运用智慧技术手段来辅助城市更新实践（图 3）。

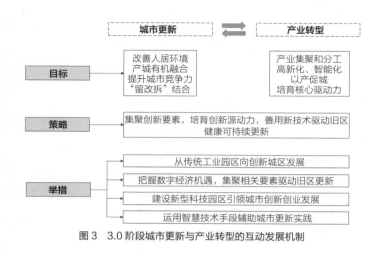

图3   3.0阶段城市更新与产业转型的互动发展机制

3.3.2 互动路径的实证分析

（1）从传统工业区向科技创新区发展

巴塞罗那普布诺是全球第一个创新城区，是通过老工业区改造塑造"创新区"的典型案例（周婷，等，2013；周蜀秦，等，2015；李健，2016a，2016b）。

普布诺地区地处巴塞罗那大都市区核心地带，在过去两个世纪中一直是巴塞罗那乃至西班牙制造业的领先中心，包括纺织、食品、酒类、建材产品以及金属结构产品等行业在全国占据重要位置。随着西班牙乃至欧洲产业经济调整与转型，巴塞罗那制造业中心地位开始衰落，至1990年代初有近1300家企业破产或撤资、居民也出现搬迁，这个曾经繁华的城区变得破落不堪，土地开发价值急剧下降，如何实现再开发成为大难题。从1992年开始借助举办奥运会之际，巴塞罗那推动对滨海区废弃工业用地的改造，将以工厂、仓库、集装箱等为主的海岸区改造为具有新兴功能的港口，带动城市地区复兴。

在2000年7月，巴塞罗那城市委员会通过了针对普布诺地区再开发的地区总体规划修编（MMPG），规划中提出以"22@"（新兴知识技术密集型产业）替代传统劳动密集型产业的"22a"（传统工业生产专用代码），即"22@计划"。规划拟对普布诺地区200公顷的废弃工业用地进行再开发，以重塑一个创新经济引导的新城区。根据总体规划目标，"22@计划"重新开启普布诺地区作为巴塞罗那城市经济枢纽的生产任务，并根据当前以知识经济为基础的社会需求来塑造一种全新的城市空间组织模式。

规划包括三个具体目标。①城市更新活动：重塑普布诺地区的活力。这个200公顷的更新区域将形成一个多元开发、综合建设平衡空间，包括生产中心、社会居住、公共设施和开发空间等功能，提升地区生活和工作的质量。②经济复兴运动：将整个区域转型为一个经济繁荣地区，在知识经济时代吸引更多知识技术密集型企业。其中的 @ 活动包括信息技术、设计、出版、多媒体等与知识、信息生产、交换等直接相关的高科技活动，经济活动对环境无污染、无破坏。③社会结构重构：创造一个企业、机构乃至居民互动的城市社会网络空间，推进活动者社会网络联系。

（2）把握数字经济机遇、集聚创新要素驱动城市更新

全球城市的中心城区具有无可替代的区位优势、完善的基础设施和公共服务设施条件、良好的生活环境以及人才集聚带来的创新交往的机会，近年来以数字经济为代表的高新技术企业和团队越来越多地往大都市区的核心区域集聚，例如伦敦的"硅环"地区、纽约的"硅巷"地区等。这些地区充分利用自身的区位优势，紧抓数字经济机遇，引导相关创新要素集聚，给特大城市中心城旧区注入了新的活力与发展驱动力，成为旧区更新和产业转型结合的典范。

1）伦敦"硅环"地区的数字经济产业的大发展

伦敦科技城（"硅环"）兴起于 2008 年，位于伦敦东部区域，紧邻伦敦市中心和伦敦金融区。伦敦"硅环"地区并无明确的边界，主要位于东部肖尔迪奇地区（Shoreditch），这一地区在历史上是贫民区，城市面貌相对破败，经济类型相对低端。伦敦政府通过一系列措施（如将 2012 年奥运会主会场"伦敦碗"设于伦敦东区）提升东部地区的战略定位，肖尔迪奇地区逐渐开始了产业结构转型和城市更新改造的工作，逐渐吸引了上千家的高科技公司入驻，目前已经成为大伦敦地区名副其实的科技创新与文化创意中心。伦敦"硅环"地区的经济活动以数字经济、信息与通信技术及数字内容为主，并且不断增长。该地区的兴起，归因于伦敦全球顶级科技城市的地位和伦敦科技产业的突破性发展。

2）纽约"硅巷"地区的互联网改造媒体产业发展

纽约"硅巷"（Silicon Alley）地区通常是指聚集在从曼哈顿下城区的熨斗大楼到苏豪区和特里贝卡区等地的互联网与移动信息技术的企业群所组成的虚拟园区。与伦敦"硅环"地区一样，"硅巷"地区没有固定的边界，不是传统意义上的科技园区。"硅巷"地区在经历了 1990 年代的科技股泡沫后，随着互联网经济再度崛起，现在已经成为超过 500 家初创企业的聚集地，包括 Kickstarter 和 Tumbler、谷歌卫星中心等，大量创新企业在进入成熟阶段后，仍愿意留在"硅巷"地区（邓智团，2015）。"硅巷"的成功可以归因于纽约的人才积累、纽约国际金融中心的资金和服务优势、纽约打造科技中心的政策支撑等多种因素。当前，纽约"硅巷"地区的高科技就业岗位数量已经与加州的"硅谷"地区处于同一个数量级，而在吸收风险投资方面更是增长快速。

"硅巷"的成功是政府推动与市场化运作的完美结合，其中政府推动的手段包括：减税计划、成立新媒体理事会、大力改善基础设施等（表2）。其中，基础设施改善措施与城市更新结合，具体的措施包括：①推行数字化纽约计划，纽约市政府号召地方性的非营利组织与房产主、技术服务提供者三方结成合作伙伴，共同推动新的高新技术区域形成，向高技术公司提供可以承受的、因特网设施到位的办公空间；②推行管线改造计划，通过对曼哈顿34大街的南面和布鲁克林商业区的地下总计175英里（约282千米）长的旧管道的利用，安装光纤线路；③加强地铁站Wifi和移动信号建设；④打造纽约市"科技地图"。

纽约"硅巷"复兴路径的简化模型   表2

复兴举措	降低成本	提升收益
政府推动	房地产税特别减征5年计划；免除商业房租税；曼哈顿优惠能源计划；实施管线改造计划	政府、商业区联盟和业主成立公私合作伙伴；数据公开法案；加强地铁站Wifi和移动信号建设；打造"科技地图"
市场选择	丰富优秀的创新人才队伍；纽约是国际金融中心，拥有丰富的风投资源，降低融资成本；纽约拥有至少12个"孵化器"，丰沛的投资、成熟的指导和全面的服务帮助初创企业更快地站稳脚跟	成熟的科技创新生态系统，整合金融、时尚、媒体、出版社和广告商为科技产业开路；国际大都市浓郁的文化氛围，闻名于世的公益文化、表演艺术、传播媒体、娱乐休闲和时尚风俗的汇集地；接近市场

资料来源：邓智团（2015）

（3）新型科技园区引领城市创新创业发展

与传统科技园区不同，新型科技园区结合大学、研究机构、产业孵化、文化创意、商业服务业等多元创新功能。作为创新发展核心承载体与创新源动力来源，新型科技园区的落地往往能对所在片区乃至整个城市的产业转型升级发展带来巨大的推动力（图4）。

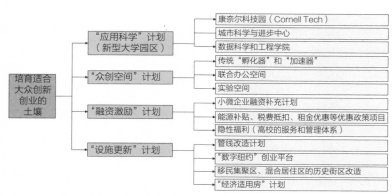

图4　纽约以大学园区建设引领创新创业发展的策略

纽约市长布隆伯格 2009 年倡导实施的"应用科学"计划（Applied Sciences NYC）中，致力于吸引世界顶级理工院校来纽约市建立大学和科技园区，该计划启动最早、规模最大的一个项目是由常春藤名校康奈尔大学和其学术伙伴以色列理工学院共同斥资建设的"康奈尔科技园"（Cornell Tech）。纽约希望将这些大学和园区培育成为创新创业孵化基地，以此为载体强化纽约产业界与科学界的联系，促使科研成果迅速转化为生产力（盛垒，等，2015）。

纽约"康奈尔科技园"（Cornell Tech），位于曼哈顿罗斯福岛，毗邻纽约中央公园，大学园规划占地 210 万平方英尺（约 20 公顷），可容纳 2500 名研究生和 280 名员工，以交互式媒体、健康、环保等前沿科技领域为主要的发展方向，重点培养计算机科学、电子与计算机工程、信息科技、生物医学等 20 多个理工科专业的研究生，总投资逾 20 亿美元，一期工程已于 2015 年启动，预计 2037 年全面建成。该园区在发展理念上强调产学研紧密衔接和科研成果的商业转化；在研究模式上，以企业运行的实际问题为导向；在人才培养上注重产学合作，是典型的新型园区（盛垒，等，2015）。"康奈尔科技园"（Cornell Tech）是纽约市培育适合大众创新创业土壤的"应用科学"计划中最重要的项目，也是引领性项目，并且与"众创空间"计划、"融资激励"计划、"设施更新"计划协作，为纽约市建设"世界科技创新之都"奠定基础。

4　上海提升城市更新工作的建议举措

对标欧美城市更新三个发展阶段，我国多数城市在更新发展方面基本已跨越 1.0 阶段，目前在 2.0 阶段和 3.0 阶段之间。正如前文所述，城市更新的不同阶段并不是在时间线上完全隔离的关系，而是存在一定的交叠，上海新一轮城市更新工作也必须把握这一判断。此外，与西方城市空间结构的组织模式不同，上海市既包括内城核心城区，也包括有大量工业用地的郊区地带，不同区域之间的发展特征和发展诉求的差异比较明显，不能以"一刀切"的方式处理不同区域的城市更新，更需要充分尊重区域发展阶段的差异，因地制宜制定城市更新策略。

4.1　重视中央活力区在城市更新与产业转型中的关键地位

借鉴伦敦等全球城市的经验，上海在新一轮的总体规划中提出了中央活力区（CAZ）概念，并划定相应范围。CAZ 是上海全球城市核心功能最关键的载体，在城市更新与产业转型中具有关键的地位和作用。上海 CAZ 在城市更新发展中，可以重点借鉴新加坡、芝加哥、伦敦、纽约等地的经验，一方面大力发展文化创意产业助力城市更新，另一方面积极发展现代服务业，多元化经济类型，提升城市活力。

4.2　突出科技创新引领作用，以数字经济集聚高科技要素

科技创新发展既是纽约、伦敦等全球城市的发展主题，也是我国许多城市的发展主线。上海将具有全球影响力的科技创新中心建设作为中长期发展目标之一。在桃浦、南大、吴泾、高桥等主城区内的大片工业区的转型发展中，必须以创新发展作为关键导向，充分借鉴西方城市推动旧工业区向创新城区转型发展的经验，同时鼓励区位较好的更新改造区域发展数字经济，集聚高科技企业、团队和人才。

4.3　重视新型科技园区等重大项目对于城市更新的推动力

纽约致力于通过康奈尔科技园区建设，推动纽约整体的创新创业氛围的提升。新型科技园区等重大项目在创新发展为主导的当下，是资本、人才、思想等创新要素高度集中的区域，是创新源动力的来源。上海一方面要利用好现有的高水平大学园区、科研院所（例如中科院）、大科学设施等资源，另一方面也针对创新领域的薄弱环节（例如纽约市重点弥补在应用工程科学领域的发展短板和劣势）积极引进新的重大项目，对当前薄弱但是具有重大战略意义的区域（例如新片区）优先布局发展，推动城市更新和产业转型升级。

4.4　注重文化元素、文化产业的植入，营造社区文化生态

文化是城市更新 2.0 发展阶段所关注的重点之一，欧美第一梯队的全球城市无一不是具有国际影响力的文化中心。上海也将国际文化中心作为自身的发展目标之一。在城市更新的工作中，上海需要充分重视文化资源的综合利用，培育文化产业，营造社区文化生态。主要可从硬件和软件两个方面入手。一方面要通过政策引导和规划制定吸引美术、音乐、演出、展出等文化设施的入驻和集聚。另一方面，在土地、税收等政策方面予以一定支持，扶持艺术工作者早期的文化创作，营造健康可持续的文化生态。

4.5　重视滨水地区城市更新在提升城市品质中的关键作用

滨水地区是全球城市重要的活力区，伦敦泰晤士河两岸、巴黎塞纳河两岸、纽约滨水地区都是重要的地标区域，也是城市更新工作重点关注区域。这些城市更是在不同时期通过持续地城市更新不断地提升这些地区的城市品质。上海市的黄浦江和苏州河等主要河流的两岸也是城市重要的门户地标地区，政府也在这些

地区进行物质空间的建设与改造，2017 年底黄浦江两岸 45 千米岸线的公共空间全线贯通并向市民开放。后续上海将结合吴泾等滨水转型发展地区的工业搬迁等工作，将黄浦江两岸滨水公共空间延伸贯通，合理布局绿色交通线路，植入公共文化服务设施，协调商业服务业与住宅区发展，打造世界级的滨水地区。

4.6　注重城市多类型元素与城市活动多样性的保护与发展

全球城市的一大特征是物质要素和非物质活动的多样性，这一特征也是全球城市吸引力和综合竞争力的体现。上海在城市更新工作中需注重城市元素和城市活动多样性的保护与发展。一方面，上海需要充分挖掘、保护、再利用现有资源。例如，在工业区的转型发展中保护好能够体现城市记忆的重要工业遗存，并实现"活化"使用，注入新的功能。另一方面，在片区的城市更新功能布局规划中，要注重功能的多样性，包括平面视角和纵向空间视角的功能多样性，并鼓励功能之间的有机融合。

4.7　顺应技术潮流以发挥新技术对城市更新的统筹和组织

随着科学技术的发展，5G 等互联网通信技术、人工智能、物联网、云计算等尖端技术发展迅速，也给城市更新模式的变革和效率的提升带来了重大的机遇。上海一方面要加强面向城市更新工作的新兴技术框架应用的顶层设计，另一方面也可选择若干热点区域（例如虹桥、自贸新片区、长三角一体化示范区等）作为技术应用实践的试点区域。

4.8　发挥社会参与积极性引导"自下而上"力量的有序发展

城市更新发展的一个重要趋势就是逐渐从国家、城市政府主导的"自上而下"的主导模式发展为包括企业、社会组织、公众等多角色参与的"自下而上"的"自组织"模式。"自下而上"的模式能够有效地调动社会资源，发挥开发商和社区居民的积极性，也能够一定程度地响应社区发展诉求。不过，"自下而上"的更新模式也存在资源配置与利用的公平性、发展视角的战略高度与长远性、实施推进的效率等多方面的问题与挑战。因此，政府仍需发挥重要的管理、引导与服务作用，合理配置公共资源，引导"自下而上"力量在城市更新工作中的有序发展。

参考文献

[1]　Florida R. L.. Startup City：The urban shift in venture capital and high technology[R]. Toronto：Martin Prosperity Intstitute，2014.

[2]　Gashurov I.，Kendrick C. L.. Collaboration for Hard Times[J]. Library Journal，2013，138（16）：26–29.

[3]　Hutton T. A.. The New Economy of the inner city[J]. Cities，2004，21（2）：89–108.

[4]　Office Of The State Comptroller N. Y. S.，Dinapoli T. P.，Bleiwas K. B.. New York City's Growing High-tech Industry[Z]. New York City Public Information Office，2014.

[5]　Peng S.. Silicon，Silica and Silicone in New York[J]. Silicon，2015，7（3）：307–308.

[6]　陈萍萍 . 上海城市功能提升与城市更新 [D]. 上海：华东师范大学，2006.

[7]　邓智团 . 创新型企业集聚新趋势与中心城区复兴新路径——以纽约硅巷复兴为例 [J]. 城市发展研究，2015（12）：51–56.

[8]　董玛力，陈田，等 . 西方城市更新发展历程和政策演变 [J]. 人文地理，2009，24（05）：42–46.

[9]　李斌，徐歆彦，邵怡，等 . 城市更新中公众参与模式研究 [J]. 建筑学报，2012（S2）：134–137.

[10] 李健 . 创新驱动城市更新改造：巴塞罗那普布诺的经验与启示 [J]. 城市发展研究，2016a，23（08）：
     45-51.

[11] 李健 . 从全球生产网络到地方创新城区 [M]. 上海：上海社会科学院出版社，2016b.

[12] 盛垒，洪娜，黄亮，等 . 从资本驱动到创新驱动——纽约全球科创中心的崛起及对上海的启示 [J]. 城市发
     展研究，2015，22（10）：92-101.

[13] 谭琪 . 探究城市微更新的发展策略 [J]. 中国房地产业，2019（25）：65.

[14] 陶希东 . 中国城市旧区改造模式转型策略研究——从"经济型旧区改造"走向"社会型城市更新" [J]. 城
     市发展研究，2015，22（04）：111-116.

[15] 魏志贺 . 城市微更新理论研究现状与展望 [J]. 低温建筑技术，2018，40（02）：161-164.

[16] 翟宇琦，吕宁 ."智慧城市"视角的城市共建研究——阿姆斯特丹工业区更新机制研究 [J]. 城市建筑，
     2019，16（04）：16-22.

[17] 张剑涛 . 文化复兴与城市更新：欧洲文化之都的动向 . 国际城市发展报告，北京：社会科学文献出版社，2014.

王世福，中国城市规划学会理事、学术工作委员会副主任委员，城市设计学术委员会副主任委员，华南理工大学建筑学院教授、粤港澳大湾区规划创新研究中心主任

易智康，华南理工大学建筑学院在读博士研究生，注册规划师

王世福 易智康

赋权与共治
—— 既有建筑的治理困境与出路

1 引言：既有建筑作为城市空间治理的对象

治理的需求，源于事物关系中不可避免的矛盾和冲突，可以说"治理"即指向"问题"的解决。现代城市规划起源于对现代化进程中城市问题的反思，面向未来制定目标与计划并付诸实现的过程，本质上就是一种空间治理的实践活动。目前，我国城市规划由增量转向存量受到普遍认可，面向存量的规划逻辑、方法已有不少深入的探讨（邹兵，2013；赵燕菁，2014）。不同于增量规划以增长和经济效率导向的物质性空间规划设计，存量规划面对的是空间资源经过开发并使用后的状态，即社会性建成环境。在复杂空间现状与权利关系的建成环境中，城市规划需要进一步发挥空间治理的效用，通过规划的制定、实施，解决城市空间问题，推动城市发展。在治理目标下，规划需要理顺权利体系，完善法规与制度设计，尊重多元价值，建立协商机制，创新内容与实施模式（张京祥，陈浩，2014）。

建筑是城市土地开发后的空间结果，不同年代、不同类型的既有建筑构成了城市存量用地的"现状"，也是大量城市空间问题"原因"。既有建筑在建设之时即产生了所有权的意义，虽然我国在法律意义上将建筑物所有权与土地所有权、使用权分别看待，但作为土地上的建筑物，其权利和土地天然地紧密联系在一起（崔建远，1998；高富平，2010）。从城市开发控制角度看，城市空间治理必须面对既有建筑的改建、扩建或拆建问题，而从建筑生命周期角度上看，既有建筑的更新、改造、再利用也是一项长期性、刚性的需求。因此，治理目标下的空间规划，除了土地以外，在土地上的既有建筑也是不可忽视的对象。

针对既有建筑的治理需求在历史城区中尤为凸显。历史城区存在大量传统建

筑，由于历史原因大多老旧，其安全性、环境品质亟待改善；而部分既有建筑因具有特定的社会、文化价值成为需要保护的空间资源，即建筑遗产。历史城区在增量空间受限以及保护城市文脉的要求下，"大拆大建"式的再开发活动已被深刻诟病，而对既有建筑及公共环境的"微改造"则成为历史城区空间治理的趋势。面对既有建筑的治理需求，当前城市规划的方法和机制仍有待进一步完善。

2　当前规划体系在既有建筑治理上的困境

2.1　土地使用作为规划对象未能充分实现治理的效用

我国的规划体系形成于增量建设的背景之下，指向新增建设用地供应需求，通过新增用地的开发配置推动城市发展（邹兵，2015），但无论存量还是增量，规划的核心对象仍然是土地使用。由于计划体制的延续，早期规划编制主要偏重工程技术体系的合理，路网密度、功能配比等要求下，过于理想化的地块划分往往不顾及实际的宗地建筑产权界限，地块划定本身事实上造成了新的权利冲突。即使按控制性详细规划新开发建设一块用地，其建筑结果也是多栋单体组成的建筑群组，而产权在商品化的过程中进一步分散，业主以"专有部分"与"共用部分"区分建筑物所有权（陈华彬，2008），用地开发问题转变为物权关系问题，甚至可以说，控制性详细规划在完成房地产开发过程后就失去了空间治理的作用。

土地使用作为规划对象具有整体开发实施的优势，如在新区开发或全面更新时，以单元地块为整体整合产权并分配开发权，是有效且高效的方式。但对于建成环境的整治或再开发，土地使用控制则几乎不具有治理效用，在保留既有建筑条件下，地块为对象的规划不能有效对应既有建筑复杂的权利关系，不能对建成环境问题与权利冲突做出足够精细的协调指引，很难实现城市环境品质提升、价值提升的治理目标。规划对象上的错配直接导致规划措施的失效，大部分"微改造"的项目不涉及控制性详细规划的管理,或者说控制性详细规划没能在"微改造"中发挥其治理的效用。

2.2　规划技术体系及规范未能应对治理的需求

我国现行的规划技术体系源于城市增量开发及土地出让制度下的建设管控，主要通过文本图则设定土地用途、建设指标和建设要求，以规划为法定依据实现开发权的配置，规范土地权利主体具体的建设、开发行为。既有建筑的规划治理，需要在建成环境的基础上提升空间效益，并应对不同权利主体自发、非特定性的建筑使用或建设需求。治理方式上更多采用的是"微改造"，区别于以拆除重建为主的全面改造，是在维持现状建设格局基本不变的前提下，通过建筑局部拆建、建筑物功能置换、保留修缮，以及整治改善、保护、活化，完善基础设施等方式实现更新（张晓阳，2017）。现行控制性详细规划中，针对地块整体的土地用途、容积率、建筑密度、绿地率等内容很难对既有建筑发挥出管控和治理的效能，规划指标的"刚性"也一定程度制约治理的措施；而增量逻辑下面向新建型开发的规划技术标准、规范，难以与建成环境的实际需求相吻合。

在存量治理的背景下，工程设计思维的规划技术体系在需求不确定与规划确定性之间的矛盾进一步显现，我国规划行业也在持续探讨规划制度、技术方法的应对与变革（孙施文，刘奇志，王富海，等，2015；吕传廷，孙施文，王晓东，等，2017）。一些创新性的规划方法也在逐步尝试，比如在历史文化保护地段等特殊区域采取新加坡的"白地"规划的模式（黄经南，2014）；结合社区"微改造"的具体实践，提出针对性的规则、程序等，以突破技术规范、行政流程对合理更新行为的制约（王世福，2019）。但是，既有建筑的规划管理或干预作为我国城市普遍性的需求，其系统化、制度化的规划治理方法仍有待进一步讨论建构。

2.3　规划过程未能契合利益相关者参与治理的需要

城市规划可视为一种空间权利配置的政治过程，规划涉及的多元权利主体的诉求应在规划过程中予以充分协调。指向存量空间的规划，需要处理复杂的建筑权利关系调整问题。我国的城市规划编制和实施主要是政府主导的"自上而下"的过程，虽然"公众参与"一直是规划工作的必要内容，但实际上相关利益主体表达权利诉求的渠道有限，参与规划决策的程度偏低，这也为规划治理埋下利益冲突的隐患。

"公众"是相对模糊的概念，不能完全代表产权人的利益诉求，"公众参与"亦不能等同于"产权人参与"。面向治理的规划，需要利益相关者充分参与协商，其中建筑产权人的在场和充分参与尤为重要。在一些产权利益诉求突出的规划场景，产权人参与决策已成为推动规划实施的必要环节，比如城中村改造中的村民表决，旧楼加装电梯的业主同意等。现行法定规划的编制过程未能契合利益相关者参与治理的需要，特别在详细规划层面，存量空间中的权利关系未能得到充分反映，权利人充分参与的制度流程也有待完善。

2.4　规划失效下的既有建筑更新治理问题

规划未能有效地对建成环境的空间权利进行规范和配置，面向既有建筑的规划制度供给与经济社会需求脱节，一定程度上制约了既有建筑长效治理，并在既有建筑更新利用实践中显现出以下问题：

一是既有建筑合理的改造利用"无章可循""无路可走"。既有建筑合理的改造利用缺乏法规、规划的明确支撑，也难以在现有法规框架下获得合理的建设增量；而标准规范、行政流程存在瓶颈障碍，常与建成环境的实际需求与实施条件产生矛盾，消防、道路红线、间距退让成为合理更新中需要应对的"问题"。这使得实施主体选择规避规划管理流程，许多既有建筑改造利用行为处于无控制引导、无审批监管的状态。

二是既有建筑的刚性使用需求得不到有效引导。非正规使用、建设的持续积累，导致建成环境恶化与利益冲突。违规改建、加建难以有效控制，"住改商"、民宿经营等行为长期处于规划的"灰色地带"，使得管理上陷入常态化懈怠、运动式整治的困境。

三是产权的分散与开发权集中的矛盾，使既有建筑再开发的更新投入与增值收益分配机制难以建立。"土地财政"的发展模式，是政府通过增量开发权的配置获得土地增值收益，由此进一步推动城市的扩展和基础建设（赵燕菁，2014）。当前"全面改造"更新模式仍然延续这种制度惯性，以新建增量物业为主要收益来源。而在既有建筑"微改造"更新模式为主的存量空间治理中，政府对建成环境承担了大部分发展的权责，却很难建立"投入—收益"的循环机制，缺乏权属人自主的投入。因此，目前"微改造"的尝试虽有着积极意义，但更多的仍然是政府主导的公益性项目，其中的效率公平、可持续性、利益相关者冲突等问题仍有待讨论。既有建筑的规划治理应该通过空间权利的合理配置，促进建成环境的联合开发和品质提升（图 1）。

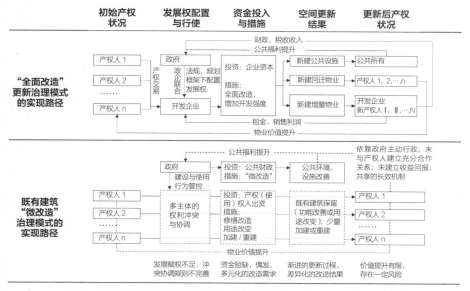

图 1　当前"全面改造"更新治理与既有建筑"微改造"治理实现路径比较

3　赋权——既有建筑治理的规划需求

3.1　既有建筑治理需要规划赋权

如果说开发权和再开发权，或称为发展权（Development Right）的科学合理配置是规划在空间治理中发挥的主要作用，那么在非拆除重建的存量空间治理中，规划对空间发展权的配置应具体到既有建筑的空间单元上，才可发挥规划应有的效用。在土地层面，我国实际上采取土地发展权国有模式，通过政府的管制措施实现国家对土地发展增益的分配干预（陈柏峰，2012；程雪阳，2014）。若从空间治理精细化、法制化的需求看，也有必要通过法定化的规划或规则，将发展权从土地拓展到既有建筑，赋予到具体的权利人。

在存量治理的背景下，规划对于建筑面积增量的"开发"属性减弱，符合市场、权属人价值需求，提升空间品质的"发展"内涵加强，"产权"成为更新治理中的关键因素，愈发受到重视（黄军林，2019；周详，2019；姚之浩，2020）。因此，既有建筑规划治理应该在尊重现有建成环境格局及产权的基础上，赋予与物质状态、公共价值、产权关系等相匹配的合理的"发展"权利。既有建筑需要配置的发展权应包括以下几方面内容：

首先，建筑功能改善以及建筑空间调整的基本权利。大量的既有建筑，由于年代久远或本身的建造问题，其安全性、功能性不佳，需要按照当下的需求进行功能改善，运用现代的材料、构造、设备进行优化，比如外部加装电梯、加装消防楼梯、通廊，加固或替换不安全的建筑结构，更换老旧的门窗等。由于产权人使用需求或使用方式的变化，既有建筑的空间调整亦较为普遍，比如内部空间分隔调整、增加夹层等。目前，符合一定条件的小规模建筑工程，在广州、上海等城市可通过免于许可的形式得以实现，但权利冲突、程序漏洞等问题时有发生，必要的规划赋权是解决权利冲突，推动空间治理的迫切需要。

其次，合理改变建筑用途的发展权利。在市场规律的作用下，建筑产权人倾向于追求最高收益的空间使用方式，最常见的表现就是建筑"住改商""工改商"的诉求。土地和建筑物的用途转变管理也是规划业界一直在探讨的问题，地方政府也在尝试土地用途管制的创新方式，从刚性的土地用途分类中逐步融入"可兼容""混合用地"等方式，以满足规划管控的弹性需求。但在实际管理环节，土地用途与建筑用途是不完全对应的两套维度，用地上的可兼容商业，并不意味着在用地上的其中一处建筑可以无碍地作为商业使用。因此，合理改变建筑用途应该作为有条件的发展权，在规划或规则中予以明确。

另外，基于整体公共目标的发展权利。为了推动城市修补、建成环境优化等目标的实现，"微改造"中常会面对既有建筑修缮、改建、扩建、重建的问题。传统街道立面的风貌整治、公共空间"活力触媒"的置入、小型公共服务设施的建设等，都需要有相应的规划依据与规划许可流程，其本质也是既有建筑发展权利的配置，需要明确其建设行为的边界和要求。治理体系现代化语境中，对既有建筑的规划赋权更可以作为一种政策激励工具，促进建成环境治理的多元协商与行动。

3.2　既有建筑治理需要规划管制

对于既有建筑的空间发展权配置，规划赋权与规划管制是一体的两面。针对既有建筑的规划管制实践虽然在法定规划体系中尚不足够清晰，但在城市治理的现实中并不少见，特别是缺乏更新的老城区以及充满非正规活力的城乡结合部等地区。比如，历史街区在保护的要求下，基于土地使用控制的建筑增量开发被严格限制，既有建筑成为相对稀缺的更新发展空间资源，其具有区位、文化、社会等综合价值，但同时也是日渐老化的待更新对象，精明赋权的同时，针对性的规划管制也是空间治理的必要举措。以广州市为例，治理导向的既有建筑的规划管制大致包括专项规划编制与专项规则制定两类途径。

3.2.1　专项规划编制

专项规划对既有建筑的管制重点在于使用与建设行为的规范与引导。例如历史文化街区保护规划中建筑分类保护整治的规划内容，对保护范围内每一栋建筑物、构筑物进行分类，针对修缮、改建、迁移、重建、拆除等方面提出分类措施，以此作为规划实施管理的依据（图 2）。

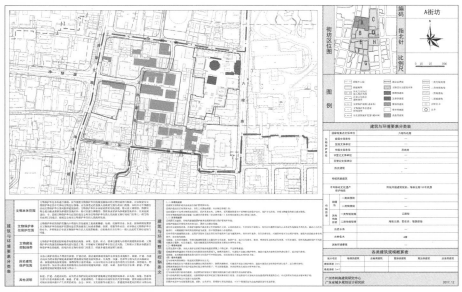

图 2　历史文化街区建筑与环境要素图则

　　另外，对既有建筑使用功能提供管理依据也是专项规划的重要内容。例如广州市基于历史文化街区活化需求，在保护规划中特别要求对建筑使用功能兼容性进行分类规划，根据保护需要、建筑现状、周边环境以及鼓励业态等综合评价，允许部分居住建筑改为公共服务或商业服务用途（图3）。

　　同时，专项规划在必要时应该以详细设计的深度拟定既有建筑的具体处置要求。以广州市恩宁路历史文化街区为例，为实现街区历史环境的修复与整体利用，政府通过编制《恩宁路历史文化街区试点详细设计及实施方案》（以下简称《实施方案》），提出修复、改善街区环境的详细设计，明确保留、复建建筑的范围与要求；开发运营主体依据《实施方案》设计建筑方案，申请规划审批，开展工程建设（图4）。若无《实施方案》的详细设计环节进行衔接，在恩宁路破碎的街区环境现

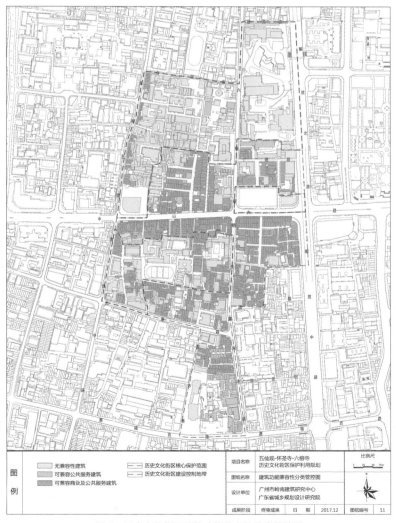

图3　历史文化街区建筑功能兼容性分类管控图

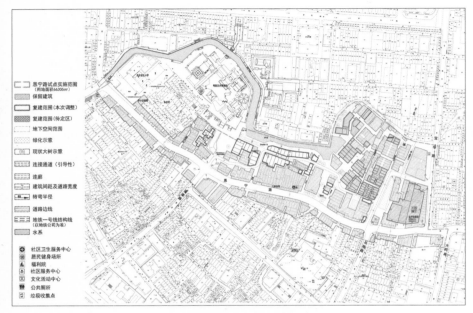

图4　历史文化街区保护实施方案

状下，仅依靠控制性详细规划是很难实现精细化的空间治理的。

　　针对建筑遗产则需要进一步细化管制与赋权的内容。广州历史建筑保护规划实现了"一处一图则"，除了提出保护范围、要求、核心价值要素等管制性内容以外，也进一步规定了多功能使用与适当增加建筑使用面积的权利，以及相应的前提条件（图5）。

图5　历史建筑保护规划图则

3.2.2　专项规则制定

而针对非特定区域的某一类既有建筑的治理，仍然可能要通过政府制定特殊的专项规则来实现，以地方性法规、规章、规范性文件等形式，对建筑相关的责任和权利关系进行明确或调整。例如危险房屋，《广州市房屋使用安全管理规定》既明确了危房治理的责任与要求，也赋予了产权人对建筑原址原状重建的权利；历史建筑通过《广州市历史文化名城保护条例》及后续出台的系列规范性文件，确定保护的责任，同时提供了修缮补助、修缮服务、租金减免、功能改变、增加使用面积等一系列的权利补偿；多层无电梯住宅通过《广州市既有住宅增设电梯办法》（穗府办规〔2016〕11号）规定了增设电梯的权利，同时也明确了相应的程序与要求。

针对既有建筑权利主体自发、非特定性的使用、建设行为，根据空间治理的需求，及时制定、调整相应的治理规则，能够有效推动治理目标的实现。一方面，需要针对空间治理中的权利冲突，制定针对负外部性和公平性原则上相应的管制要求，规范调整多元主体的权利关系，明确权利的前提；另一方面，将适度的发展权赋予产权人，以受益者负担的原则让产权人成为推动既有建筑治理的实施主体。

3.3　既有建筑的治理体系构建

既有建筑治理的目标不是单一的，而是综合的、系统的，不同的治理措施相互关联、相互影响。即使是"微改造"，也会产生更新与保护、公有与私有、集体与个人等权利冲突的"大问题"。当前针对既有建筑的具体措施与规定主要是以管制为重点，但不同的管制要求之间存在着矛盾与冲突，而发展权的合法合理赋予，作为与管制相伴的另一面，其治理需求也愈发凸显。因此，规划赋权与规划管制的综合考量与系统性政策措施制定，在尊重权利的基础上建构面向既有建筑治理的规划体系，非常值得研究探讨。

首先，城市更新政策涉及的城市建成区，在土地使用控制的基础上，城市规划应以既有建筑为核心对象，提出规划赋权与分类管制（图6）。除了《历史文化名城保护规划标准》GB/T 50357—2018中要求的保护与整治的分类，也应包括空间发展增值的发展权内容；规划体系应提供指向治理的综合政策工具包，根据不同的既有建筑类型选取治理措施，促进多元主体在政策工具的引导、激励作用下参与既有建筑的治理，共同行动。既有建筑分类治理应包括"综合评估—合理分类—规划与规则赋权—权利行使与监管"的流程，需要规划编制工作开展深入的调查，掌握既有建筑的面积、产权、建造年代、结构、使用功能等基本信息，建立细致

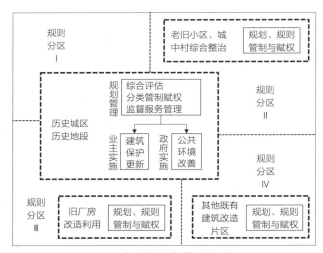

图6　既有建筑规划与管理空间体系

的建筑信息档案，进行客观、综合的分类评价，制定恰当的管制与赋权措施，并运用城市信息系统实现精细化管理。

其次，对于不同类型的城市更新项目，包括"微改造"、综合整治、全面改造等不同程度涉及功能变更的区域，也需要规划治理进行分类管制与赋权。比如老旧小区"微改造"、城中村综合整治、工业旧厂房改造创意园等，面对建筑安全、消防、工商管理等诸多问题，一方面需要规则体系的创新，破解瓶颈；另一方面需要将规则在空间范围内落实，明晰不同类型建筑可采取的措施，让改造利用"有章可循"，通过分建筑类型或分区域制定规则，将发展的权利赋予参与治理的不同主体。

"赋权"即发展权配置，一般也意味着空间增值收益的分配。增量开发中，土地开发增值收益体现在土地的开发强度，规划制度使土地开发增值收益能够反馈到公共利益与政府投入上；但存量治理中，空间增值收益的分配反馈机制仍在探索的过程。政府主导的"微改造"、综合整治需要进一步拓展资金投入与收益渠道，才能实现可持续的良性循环；旧厂房改造增加使用面积、改变使用功能，实质上提高了土地使用强度，其空间增值收益也应一定程度反馈到公共利益之中。面向既有建筑治理的规划与规则体系，需要进一步探索完善以空间品质为基础的空间增值收益的分配机制，促进空间治理的长效、可循环。现有规则创新大多采取"迂回"的策略，通过"临时""不计入产权面积""建筑设备"等方式实现既有建筑的改造，不涉及法律意义上的不动产的增值，虽然对推动实施有着积极的意义，但是从长远看也一定程度上影响了权利界定与收益的再分配，因此也需要更顶层的制度变革以支撑规划、规则的赋权。

4　共治——从规则制定到共同行动

4.1　多元共治：既有建筑规划治理的实现路径

既有建筑的规划治理，是发展权赋予及分配协调问题。通过合理配置空间发展权，力图达成"帕累托改进"的最优化过程，在实现发展增益的同时尊重他人的合法权益，并保障公共利益不受到损害。但是，现实中多元主体的权利边界无法简单界定，而权利冲突往往难以避免。既有建筑发展权的赋予与行使，不仅仅是建筑产权人单方面权利的体现，更与邻里权利、社会公共利益密切相关，不同程度的建筑本体改造与使用状态变化，会导致不同层面的负外部效应，也由此产生了一定的权利冲突。

政府"家长主义"行政理念下的"整治"，常常由于对在地居民、公众的权益、诉求、意见的忽视，导致实施的冲突与排斥，治理成效不佳，积极的初衷反而导致负面的口碑。因此，既有建筑规划治理要求利益相关者的"在场"，是多元主体共同认可、共同行动的过程。首先，既有建筑多元共治体现在相关的规划、规则制定过程的多元主体的充分参与，在参与中建构"共识"，并界定问题、权责关系，形成合作与行动，渐进循环推进规划的制定与实施（芮光晔，2019）。治理导向下的既有建筑规划赋权与规则制定，应该是经过多元主体充分协商后形成的共识，并以此作为合作与行动的规范和保障。其次，权利的行使也需要共治，既有建筑改建、改变用途需要遵守规划、规则的行为约束，取得利益相关者同意，并接受多元主体的监督。

4.2　既有建筑多元共治的范围

既有建筑多元共治，需要多方共同界定"公共利益""个人权益"的边界和厘清各方的"利害关系"；创造"权益交易区"并建立交易契约，最终实现既有建筑环境治理的有效共赢。既有建筑治理涉及公共性的程度需要结合具体的改造利用行为进行判断，不同的行为、措施应有其适当的"共治"范围，范围过小则公共利益无法表达，范围过大则增加权利行使与交易的非必要成本。

因此，既有建筑多元共治应依据不同的行为、措施区分"共治"的范围（图7）。首先是"邻里共治"，不涉及公共利益的建筑内部改造、负外部性低的用途改变，应该在规划、规则的许可下，征得相邻产权人的同意。其次是"社区共治"，涉及必要的扩建、外部改建，如电梯加装，以及有一定负外部性、人员集聚的经营用途改变等行为，一方面需要在社区的范围内依法依规协调权利冲突，获得社区普遍认可，另一方面需要社区管理人员、专业管理人员的监督管理。

图7　既有建筑多元共治范围

最后是"城市共治",公共财政投入的片区"微改造"、合理的局部市场化增量开发、具有重要历史文化价值建筑的改造更新等涉及重大公共利益的举措,应该做到规划建设信息的公开透明,城市专业议事机构的审议同意,公众的广泛认同、监督。

4.3　既有建筑多元共治的关键

在土地公有制基础上实施既有建筑的多元共治,需要政府的有力主导或引导,是一种中国特色社会主义制度环境中的多元主体共谋、共建、共享的模式。既有建筑规划治理需要建立完善的法规制度,保障信息的公开透明及实质性参与渠道的畅通,也是培育社会参与共治能力的过程。

依法依规是多元共治的基础,多元共治需置于法规制度框架之中,各个权利主体依法行使自身的权利,协调权利关系的冲突。政府主导的既有建筑治理过程中,政府既是公有建筑、公共环境的实施主体,也是管理主体,很容易过度运用行政权力,激发权利冲突。因此,政府行为应更加审慎,严格遵守法规程序,同时也需要持续完善制度,填补权力不受监管的漏洞。

规划信息的公开透明以及实质性参与渠道的便捷,是多元共治的保障。多元主体的有效参与,需要建立在规划信息的充分了解之上,也只有足够的公开透明,规划才能成为多元协商博弈的平台,帮助公众理解治理目标与过程,促进共同行动。现有信息技术条件下,规划信息传播便捷,多元主体也可以通过各种渠道表达自己的意见、诉求。因此,实现信息的公开透明及参与渠道的畅通,不在于技术,而在于政府治理理念的进步。

既有建筑规划治理需要社会共治能力的培育。治理不是自上而下的权力行使,而是多元主体基于空间权利的交易与协作,是不断地产生冲突与解决冲突的磨合过程,需要基本的法律、规则认知,需要利益相关者的理性对话、妥协,需要包容的社会环境。这种社会共治的能力要经过持续的治理实践才能得到锻炼,积累组织经验,建立共同契约并自觉履行责任,最终形成共治的社会意识。

5 结语

如果说既有建筑是构成城市空间的"细胞单元",城市规划制度和技术方法的"供给"则应契合"细胞单元"的新陈代谢和自我完善"需求"。一方面,现有的规划技术体系并未将既有建筑作为一类管制、干预、引导的规划对象,急需在规划编制、设计控制等方面完善相应的技术标准;另一方面,规划制度创新也需要因应治理转型而建立针对既有建筑的权利设定、开发赋权、行政许可以及相应的规划管理程序。

面向城市建成环境的高质量可持续发展,既有建筑应该成为规划管理与治理的重要对象,并通过规划的技术与制度创新,实现合理赋权,促进多元权利主体的交易与协作,共同实现建成空间价值、社会福利提升的治理目标。既有建筑的管理与规划是一项具有长期性、刚性需求的空间治理实践过程,与我国的土地、规划、物权等制度深刻联系,在规划体系变革的背景下,针对既有建筑的系统性规划内容与规划方法有必要尽快建构并不断完善,需要在实践中持续地创新、探讨。

参考文献

[1]　邹兵 . 增量规划、存量规划与政策规划 [J]. 城市规划，2013，37（02）：35-37+55.

[2]　赵燕菁 . 存量规划：理论与实践 [J]. 北京规划建设，2014（04）：153-156.

[3]　张京祥，陈浩 . 空间治理：中国城乡规划转型的政治经济学 [J]. 城市规划，2014，38（11）：9-15.

[4]　谢英挺 . 基于治理能力提升的空间规划体系构建 [J]. 规划师，2017，33（02）：24-27.

[5]　崔建远 . 土地上的权利群论纲——我国物权立法应重视土地上权利群的配置与协调 [J]. 中国法学，1998.

[6]　高富平 . 土地使用权的物权法定位——《物权法》规定之评析 [J]. 北方法学，2010，4（4）：5-15.

[7]　邹兵 . 增量规划向存量规划转型：理论解析与实践应对 [J]. 城市规划学刊，2015（05）：12-19.

[8]　陈华彬 . 论建筑物区分所有权的构成——兼议《物权法》第 70 条的规定 [J]. 清华法学，2008（02）：99-113.

[9]　张晓阳，王世福，费彦 . 可实施的"微改造"——历史街区的活化提升策略探讨 [J]. 南方建筑，2017，181(5)：56-60.

[10]　吕传廷，孙施文，王晓东，等 . 控规三十年：得失与展望 [J]. 城市规划，2017：109-116.

[11]　孙施文，刘奇志，王富海，等 . 城乡治理与规划改革_孙施文 [J]. 城市规划，2015，39（1）：81-86.

[12] 黄经南,杜碧川,王国恩.控制性详细规划灵活性策略研究——新加坡"白地"经验及启示 [J].城市规划学刊,
     2014：104-111.

[13] 王世福,张晓阳,费彦.广州城市更新与空间创新实践及策略 [J].规划师,2019：46-52.

[14] 赵燕菁.土地财政：历史、逻辑与抉择 [J].城市发展研究,2014,21（01）：1-13.

[15] 陈柏峰.土地发展权的理论基础与制度前景 [J].法学研究,2012,34（4）：99-114.

[16] 程雪阳.土地发展权与土地增值收益的分配 [J].法学研究,2014,36（05）：76-97.

[17] 黄军林.产权激励——面向城市空间资源再配置的空间治理创新 [J].城市规划,2019,43（12）：78-87.

[18] 周洋,成玉宁.产权制度与土地性质改造过程中上海里弄街区城市功能再定位的思考 [J].城市发展研究,
     2019,26（05）：63-72.

[19] 姚之浩,朱介鸣,田莉.产权规则建构：一个珠三角集体建设用地再开发的产权分析框架 [J].城市发展研究,
     2020,27（01）：110-117.

[20] 芮光晔.基于行动者的社区参与式规划"转译"模式探讨——以广州市泮塘五约微改造为例 [J].城市规划,
     2019,43（12）：88-96.

邹兵，中国城市规划学会理事、城乡规划实施学术委员会副主任委员、学术工作委员会委员，深圳市规划国土发展研究中心总规划师、教授级高级规划师

谷志莲，中国城市规划学会会员，深圳市规划国土发展研究中心规划师

张立娟，中国城市规划学会会员，深圳市规划国土发展研究中心副总规划师、高级工程师

张立娟　谷志莲　邹兵

产权共享、多元共治：深圳治理合法外空间的新型路径探索

1　引言

到 2020 年，深圳经济特区已经走过了 40 年的历史发展进程。经过过去 40 年的快速工业化和城市化，深圳一方面建成了一座现代化国际化的新型大都市，另一方面也形成了占据现有建成区接近一半面积的合法外空间（罗罡辉，等，2013）。"合法外空间"一词是深圳独自创设，是相对于合法空间提出的概念。它是指：深圳快速农村城市化过程中，由于相关法律法规欠完备、政府政策执行不到位以及特定历史时期出台的特别制度安排等诸多因素共同影响下，形成的不完全符合现行国家法律法规、但又不能简单视作违法占用和违法建设、亦或处于合法和非法交织状态的空间形式；深圳大量存在的在原农村集体土地上建设的旧工业区和城中村就是这类空间的典型。基于上述因素，这类空间既无法依据现行法律法规实现产权合法化，又无法当作违法建筑实施严格的执法拆除。现实中，这类空间之中的各级政府、原农村主体、外来暂住人口、开发企业等多元主体多重利益博弈形成的复杂权利关系、城乡土地二元制度的摩擦，使得合法外空间成为现代城市治理的巨大难题，对政府的空间治理能力提出严峻挑战。另外，2010 年以后深圳进入存量发展时期，合法外空间的资源盘活与再利用已成为深圳城市持续发展必须破解的首要难题。这都迫切需要从空间治理的视角出发，深入剖析深圳合法外空间治理的困境及其形成机制，以创新思维探索新的空间治理路径。

2　深圳合法外空间的现行治理方式遭遇困境

为解决规模巨大的合法外空间，盘活存量空间资源，近十多年来深圳探索创

新了城市更新、土地整备等一系列针对存量空间再开发的政策措施，形成了拆除重建、综合整治、利益统筹等多种空间治理方式，取得了较大的成效。但同时也面临着难以为继的实施困境。

2.1　拆除重建更新模式的矛盾日渐凸显

近年来以拆除重建为主的城市更新模式暴露出许多问题。如：更新改造后的开发强度大大突破法定规划的规定要求，造成局部基础设施、公共设施的支撑能力严重超载；改造后生产和生活空间普遍成本上升，挤压城市多层次多样性的包容发展空间，打破空间社会均衡发展格局等（邹兵，2017）。这种高成本、手术刀式的拆除重建模式实施范围有限，难以承担全面治理深圳市规模巨大的合法外空间的任务，治理效率难如预期。整体上，拆除重建式的空间治理面临着治理合法性与柔性不足、治理目标偏离公共性等质疑（张京祥，等，2007）。

2.2　综合整治模式受制于产权制度困境

综合整治是指在改变建筑主体结构和使用功能的前提下，对治理对象实施消防设施、基础设施和公共服务设施等的改善，以及沿街立面修缮、环境治理整治和既有建筑节能改造等活动。为推动空间提质增效，加快转型发展，过去十多年深圳市积极创新了综合整治路径。但无论是合法外的旧工业区还是城中村，在治理过程中都面临一些难以解决的问题。

2.2.1　合法外旧工业区的综合整治实践

2012 年，深圳开始旧工业区的综合整治试点。经过试点经验总结后，从 2015 年起，将以往单一的旧工业区综合整治路径转为以综合整治为主、融合功能改变和局部拆建并加建扩建等多种方式的复合更新模式，设定产权条件为合法用地比例必须达到 50% 以上，同时降低纳入整治的建筑物准入年限，准予增加生产经营性建筑面积，予以地价优惠等。但由于产权处置的政策供给不足，其中 50% 的合法用地比例门槛成为制约整治推进的主要瓶颈，导致旧工业区综合整治进程依然步履维艰。

2.2.2　合法外居住空间的综合整治实践

近年来合法外居住空间整治在全国产生较大影响力的实践，当属万科公司推行的"万村计划"和福田水围村人才公寓改造。

万科的"万村计划"构建了"政府综合整治 + 企业统租运营"的合作模式。由政府落实整治对象的整体外部环境的基础设施改善、消防安全设施改造与空间环境整治。企业负责实施建筑单体的外部装修、房屋内部改造与物业整体管理的提升，承担改造后的房屋的统租运营，并保证原占有主体的租金收益不降低。这种方式使得经过整治的城中村在内外部环境质量、安全保障、物业管理及其运营等方面得到整体提升，实现向长租公寓、商业物业的转型利用。但"万村计划"在实施中遭遇了以下困难。首先，在完善功能、提升空间品质过程中，对合法外空间进行的基础设施和建筑功能完善、空间改造与新增利用等措施，如利用地下空间、边角地及屋顶等空间加建停车设施、水电设施、垃圾转运站、经营性服务设施等，对建筑加建装饰性构筑物、雨篷、连廊、电梯等辅助性设施，等等，都缺乏相应的法律规范支撑，无法进行报建、验收等合规性审查程序，成为新增法外建设行为。其次，改造后的空间无法经过消防安全验收，引进的商铺无法办理营业执照，影响城中村空间的转型利用。其三，城中村房屋没有合法产权证书，使得企业对其的租赁运营行为无法办理工商登记。上述问题使得"万村计划"仅在个别区推进了少数试点项目，难以按原来的计划设想在全市大规模推进实施。

福田水围村案例是为拓展保障性住房供应来源，首次尝试通过城中村改造筹集保障性住房的实践。深圳市福田区住房建设局联合大型国企深业集团，整体租用原农村社区水围新村29栋住宅楼进行空间整治，升级改造为504套可拎包入住的人才公寓。改造措施包括：完善消防、安防、监控、供电、供水等基础设施，重新铺设房屋内部管线，增加烟感、灭火器等设备；增配电梯、空中连廊，以及利用屋顶空间增设洗衣房、菜园和休憩花园等；完善房屋内部功能，每户均增设独立卫生间，定制完备的家私家具和常用电器，实现拎包入住。2017年11月底，水围人才公寓完成改造并面向社会公开配租。但由于面临与万科"万村计划"模式同样的症结，水围模式在深圳全市也仅此一例，未得以普遍推广。

2.2.3 综合整治难以实施的症结

合法外空间综合整治实践显示，空间整治难以有效推进的根本症结，在于以产权理清为起点的一系列合法性规制问题。要有效实现合法外空间整治，走出以往"穿衣戴帽"式的表面治理，实现改善空间品质、推进空间转型升级的目标，核心问题是创新产权处置路径，破解产权症结，这是实现合法外空间全面、有效治理的关键所在。

3 既有产权治理的制度安排及其缺陷

3.1 合法外空间产权症结的成因分析

如前所述的诸多历史原因，深圳的合法外空间在多个环节没有理顺权益关系，形成多方事实权益人与理论权益人之间的利益关系交错复杂，各方权责利难以理清，产权归属无法确认，合法外空间便陷入多元主体间的产权博弈僵局。城中村形成的制度根源，在于土地城市化过程中，政府与原农村（指原农村集体或原村民，下同）之间争夺城市化土地增值收益，对未能协商、理清利益关系，形成未完成土地国有化手续、既不属于农村建制也非正规城市空间的建成区。

而合法外旧工业区的产权症结在于原农村与用地企业之间的权益分配。深圳的工业化先于城市化，在原农村集体土地上大力招商引资，发展"三来一补"经济。用地企业与农村集体订立以租代买或合作开发的用地协议，在集体土地上建设工业厂房。这一特定历史阶段的产物，突破了国家法律关于禁止转卖集体土地、用于非农业开发的规定，无法办理合法产权手续。深圳在处理城市化历史遗留用地的过程中，曾基于尊重历史、实事求是的原则，对部分此类用地完善手续，理清了产权，但尚存较大量用地未完善产权手续，其产权处置仍然面临着企业与原农村之间的权益博弈。城市化过程中大幅上涨的不动产增值收益成为最大驱动力，使得多方主体产权博弈与争夺激烈，均要"产"——得到产权，不要钱——经济利益补偿，导致合法外空间陷入"政府拿不走、村民用不好、市场难作为"的困局。

3.2　合法外空间产权治理的实践与缺陷

为破解合法外空间产权症结，深圳市大力出台了产权合法化处置政策（刘芳，等，2012）。根据处置政策，产权合法化以房屋通过消防质检验收、当事人缴纳确权成本（含罚款与地价）作为条件。但由于相关政策不配套，现行处于合法外状态的房屋也可以自由占有、使用，取得相应收益，并未受到相关使用限制或收益影响。这使得房屋在产权合法化后的权益行使与合法化前差别不大，甚至在拆迁补偿时补偿额度也相差不大。因此，原占有人为办理产权合法化支付的确权成本便成为"赔本买卖"，其办理产权合法化手续的意愿和动力都不强。究其原因，以上产权合法化的制度设计，是从政府单方出发界定产权的路径；而未考虑当中合法外空间占有主体一方的成本与收益情况，因此难以达成产权治理目的。

除正式的政策规制路径之外，深圳市也以试点方式探索合法外空间的产权处置。2010年，深圳市选取宝安沙井壆岗社区作为试点，探索征收社区合法外房屋改造为保障性住房。处置方式为对合法外房屋进行征收补偿后，经过项目审查（测绘查丈、规划国土、质检、消防等审查）、行政处罚（对项目建设各方的违法违规行为进行处罚）、报批立项、签订合同等环节，完善合法外房屋手续，办理产权登记至住房建设部门名下。征收补偿标准以土地征收补偿费用、建筑物成本造价及相关法定规费等核算。但经过测算，社区仅可获取房屋投入总成本5%的利润。而面对全市早已飙升的住宅市场价格，社区难以接受政府给予的征收补偿标准，试点以失败而告终。试点项目失败的原因在于，政府制定的利益补偿方案整体上是基于对社区付出成本的核算，而对增值收益未予分享。这大大偏离了原农村一方对合法外空间的权益预期，最终难以达成一致意见。

上述合法外空间产权治理的制度设计缺陷，均在于本质上是从政府单方利益出发界定产权权益，未考虑合法外空间占有主体已具有并在持续行使的事实权益（张建荣，2007），未能以协商、合作的方式探寻双方利益的平衡点，从而达成共识、推进治理实施。合法外空间的治理亟需革新治理体制，从政府行政命令式的资源配置方式转变为产权主体之间平等协商的经济权利交易方式（万举，2008），在制度安排中综合考虑多方主体的利益均衡（赵静等，2012），在不同利益主体的共同协商下完成产权界定，才能赋予治理举措的现实实施能力（刘芳，等，2012）。

4　产权共享、多元共治：合法外空间治理的新思路

4.1　治理范式的创新思路

笔者认为，针对深圳特定历史条件下形成合法外空间，需要在治理方式、治理路线、治理主体等各方面进行全面的探索和创新，"产权共享、多元共治"是解决问题的一种新思路。治理方式上，要摒弃传统拆除重建模式，鼓励在既有空间基础上通过融合外部环境安全整治、内部空间改造提升、局部空间拆改、增加公配空间、物业管理运营等多元方式，实现合法外空间质量的有效提升。在治理路线上，区别于只单一采取空间整治手段，应以产权症结破解为首要突破，采取产权、空间整治、市场调配的综合治理手段，实现合法外空间价值重塑、产权盘活与转型利用的一体化治理。在治理主体上，打破政府作为单一主体、单向传导的路径，引入政府、市场、合法外空间占有人作为多元治理主体，构建多元主体间协商、合作共治的关系，理清各方权责利，形成合法外空间治理利益共享、权责共担、合力创赢的治理路径。

产权共享、多元共治的治理思路，也契合现代治理理论提出的良效治理六项基本要素，即合法性❶、透明性、责任性、法治性、回应性和有效性（俞可平，2000）。基于治理理论，政府不是治理合法权力的唯一来源，合法外空间涉及的多

---

❶ 治理理论中翻译而来的词汇，并非指"在法律上是合法的"（Legal）的意思，指人们对某种秩序或规则具有一致的共识和认同感从而自觉遵从的状态（Legitimacy）。在英文上为同源词汇，是与"法"的形成与来源有关。合法性（Legitimacy）与法律规范没有直接的关系，从法律角度看是合法的（Legal），并不必然具有合法性（Legitimacy）。只有被人们内心所认可的秩序、规则和权威，才具有合法性（Legitimacy）。合法外空间的传统产权治理正是从合法性（Legal）的立场出发，而未考虑合法性（Legitimacy）。合法性（Legitimacy）越大，治理的有效性才越高。所以治理理论强调有关的管理机构只有最大限度地协调公民之间、公民与政府之间的利益矛盾，取得公民最大限度的同意和认可，增加合法性（Legitimacy），才能使公共管理活动更具有实施性。

元主体均享有一定的合理权益，不应由任何一方占据绝对主导权。长期以来，合法外空间占有主体一直法外行使着合法外空间的事实产权，政府单方面的治理行动难以介入。只有承认并尊重占有主体的合理权益，以协商、对话的方式推进共同治理，才能走向成功。产权共享、多元共治路径正是以多元主体间公开公平、平等法治、互动对话的方式展开，治理的合法性、透明性、法治性、回应性是其必然要素。责任性和有效性要素则嵌于产权制度天然的权责对等机制中，产权享有者也是法律下的责任者，权益落实的过程也是责任落实和义务践行的过程，反之亦然，只有践行了责任才有权益的享受。

4.2　具体制度设计构想

4.2.1　整体运行机制

产权共享、空间共治路径的机制是（图 1）基于多元主体间的基础权益关系建立产权共享关系，化解产权博弈僵局；以产权共享激励空间共治，明晰主体之间的空间权责分配与治理协作方式，完成空间改造提升；产权的理顺与空间质量的提升，为其转型利用铺平道路，转型发展带来的红利会强化产权共享动力，形成良性循环，实现合法外空间产权格局重构、治理权责有序分配、空间资源高效配置的一体化治理，推动其向法治、优质、高效的城市空间转型。在产权共享、多元共治路径的实施中，权益基础关系与获益度是决定其可行性的关键要素。

4.2.2　基于权益基础关系构建产权共享关系

产权共享关系可以基于主体间的事先约定或共同投入等权益基础关系而建立。对于城中村房屋，政府与占有主体具有共同的投入。占有主体的投入较为明确，主要是房屋建设与维护成本。而政府的投入相对复杂，体现为间接投入和直接投入两种情形。间接投入为政府对片区基础设施与公共配套的投入。尽管合法外空

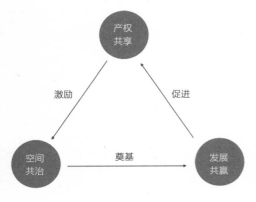

图 1　"产权共享、多元共治"路径机制

间的交易发生在非正式交易市场中，但其市场价值也在随着周边片区公共配套的不断完善而逐步提升。合法外空间价值的提升，事实上是政府与实际占有人共同投入的结果。政府对片区的基础设施与公共配套投入，是构成合法外空间价值增值的重要原因，但合法外空间占有主体并未向政府缴纳过市政配套费。政府直接投入，主要是城中村整治中政府出资对合法外空间进行的基础设施整改、公共配套完善、环境综合整治等，由此构成城中村完成整治改造后政府与原主体共享其产权的基础与依据。

对于合法外旧工业区，具有合作开发协议的属于具有事先约定的情形，可依据协议建立产权共享关系；以租代买的情形，则属于具有共同的投入——原村集体投入了土地、企业付出厂房建设成本，也具备建立产权共享关系的权益基础。

多元主体基于共同投入、既有约定等权益基础关系，经协商一致可建立产权共享的关系。一般情况下，以各方的投入额度核算各自的产权份额；已有约定的情形则根据约定内容核算产权份额，以份额分配权益。同时，权责要对等，各方主体也分别承担相应份额的成本与责任义务。

4.2.3 以获益度激励共享共治

权益基础关系只是构建产权共享关系的基础条件，而获益度才直接关系到行动路径的达成。平衡好各方主体的获益度，是合法外空间治理路径成功实施的关键。空间策略是调节获益度的核心工具。合法外空间在使用安全性与功能完备性等基础性方面实现改观的同时，与周边片区联动，重新定位、重塑角色，通过适当限度的空间拆改、经营性利用增加，激活空间潜能、赋予空间新活力，为各方主体带来显著的正向收益，才能赋予多元主体产权共享、空间共治的动力，实现合法外空间的有效治理。因此，"产权共享、空间共治"的路径，一定是"产权 + 空间整治 + 空间运营与转型利用"的一体化方案，缺一不可。

5 合法外居住社区的治理路径设计

相比于合法外的旧工业区，以城中村为代表的合法外居住社区的治理更为复杂，以下从对象筛选、治理目标、责权关系与实施主体、获益度和配套管理等方面对具体治理路径展开进一步的分析。

5.1 治理对象筛选

建立对象筛选要素体系（表 1），主要包括建成条件、现实需求、政策空间、适用基础、政策衔接五个方面因素。

对象筛选要素体系　　　　　　　　　　　　表 1

因素	内容
建成条件	规划：不属于严重影响规划的情形
	建筑质量：不存在安全隐患或存在但可整改消除的
现实需求	资源盘活与开发利用的迫切性等
政策空间	既有处置政策覆盖情况与成效
	资源配置导向
适用基础	获益度
	权益关系
政策衔接	不存在与既有政策处置的冲突

　　建成条件，包括规划、建筑安全质量条件。有严重安全隐患无法整改的或严重影响规划无法保留的合法外住宅应采取拆除重建的治理模式。

　　现实需求，即资源盘活与开发利用的迫切性，结合合法外空间区位、片区土地供应与利用需求情况等，优先针对具有资源盘活迫切性的合法外住宅展开路径实施。

　　政策空间，一是是否有现行政策覆盖，有政策覆盖的情况下，实施成效如何；二是区域战略上对合法外空间的资源配置导向，如是否被划入综合整治或保留利用区域。应优先选取尚无政策处置路径或既有政策实施成效不足，宏观导向上可保留利用的合法外空间实施。

　　适用基础，包括权益关系与获益度两方面。

　　政策衔接，即不存在与既有政策处置的冲突，如不属于违反相关法律法规应予以严格执法拆除的范围。

5.2　治理目标：将合法外住宅转为政策性住房

　　深圳市合法外住宅体量巨大、占住房总量的半壁江山，但目前大量合法外住宅无处置路径 ❶。在空间上，其在市域范围广泛分布，与合法空间交织共存，耦合于保障性住房的区位需求。在功能上，满足低收入群体住房需求，事实上发挥了城市廉价住房的保障功能，但存在安全隐患、公配不足等问题。

　　2018 年，深圳市人民政府出台《关于深化住房制度改革加快建立多主体供给

---

❶ 2002 年深圳市出台"两规"，仅对 1999 年 3 月 5 日之前形成的原农村私房（属于合法外房屋）进行确权处置；2018 年深圳市出台《关于农村城市化历史遗留产业类和公共配套类违法建筑的处理办法》（深圳市人民政府令第 312 号），未将 1999 年 3 月 5 日之后所建的合法外住宅纳入处置范围；目前大量合法外住宅处于政策空白状态，舆论关注度高、政策需求强。

多渠道保障租购并举的住房供应与保障体系的意见》（深府规〔2018〕13 号），提出到 2035 年，全市将新增建设筹集各类政策性住房不少于 100 万套的目标；基于市域空间资源紧缺的现实状况，提出多渠道筹措房源、拓展供应来源的策略，支持社区股份合作公司或原村民通过"城中村"综合整治和改造，提供各类符合规定的租赁住房。因此，将合法外住宅转为政策性住房，是空间治理的重要目标指向。之前的"万村计划"和福田水围实践，虽然没有取得普遍意义的成功，但符合这一发展方向。

5.3 责权关系与实施主体

由政府出资完成空间综合整治与质量升级，包括消除安全隐患、完善公共设施配套、功能调整、局部拆建等空间优化与整理，显著提升社区合法外住宅空间质量。改造后的住房由政府与原农村社区共享产权，产权份额在各自投入（分别为住房建设成本与整治改造成本）核算的基础上，经双方协商确定。

改造后的房源纳入政策性住房。为提高社区积极性，租金可 100% 归其所有，考虑到保障性住房租金较低，可视情况由政府给予适当额度的租金补贴。原农村社区持有的产权份额可自由流转，流转对象应属于政府住房保障的对象范围。由此经过流转，政府与原农村社区共享产权的租赁型保障房便转为了政府与保障对象共享产权的共有产权保障房，可以实现住房资源的优化配置——从原农村社区盘活流转到了需求最为迫切的住房保障对象。

在实施主体上，可引入第三方主体实施。第三方主体承担空间整改成本、实施空间改造，产权由原农村社区与第三方主体共享；或者第三方主体与政府共同承担内外部空间环境的全方位改造，产权由第三方主体、原农村社区、政府三方共享。改造后的房屋交由第三方主体统一运营，成为公开面向市场的租赁住房。为激励市场主体参与的积极性，提升路径实施性，政府也可以放弃其享有份额的租金收益。租金收入由第三方主体与原农村社区综合各自产权份额、成本分摊等协商确定。原农村社区或第三方主体持有的产权份额均可以自由流转，流转后已订立的租赁协议仍然有效。

5.4 获益度分析

获益度是治理路径能否成功实施的关键。对比分析产权共享、多元共治路径实施前后各方主体的获益情况如下：

对于原农村社区，治理路径实施前由于住房品质低，安全隐患多，物业管理不规范、潜藏风险等因素，原农村社区合法外住宅长期以低质量的出租经济运营，并且无法办理合法产权导致其资产价值未能显化、处于半沉睡状态。治理路径实施后，首先背靠政府的住房保障平台或经过企业更优质的运营管理，出租经济的质量、稳定性、持续性、收益度均显著提升，且原主体不用再负担管理成本；其次房屋取得合法产权后，便成为具有市场流通价值的真正资产，并且空间品质的显著提升也将使其实现市场增值。

对于政府，合法外住宅的综合整治与空间优化虽然支出巨大，但扫除了合法外空间治理顽疾，盘活了稀缺的存量住房资源，解决了保障房房源短缺之急。对于企业，相比于近年来竞争日益白热化的常规市场商品房房源收储，原农村合法外住宅潜力巨大，是可开拓的潜力市场。

5.5　配套管理

签订共管协议并登记。产权共享主体应协商一致后签订共管协议，就各自享有的产权份额、收益与成本分摊、权责义务划分、产权流转等事宜明确约定。共管协议应在产权登记时一并备案。

强化产权监管。为杜绝产权共享主体中的一方擅自处置房屋产权或设定抵押、担保等负担，损害其他主体利益，可通过以下措施强化监管：一是在登记簿中列明禁止未经全体产权主体同意而擅自变更产权或设定负担，若发生则产权变更或设定的负担无效；二是与登记机构等管理部门协同，在房屋进行产权变更或设定负担时必须查验其他主体知情并同意的证明文件。

6　实施案例：深圳光明区两个社区合法外住宅改人才住房的试点

深圳光明区是《粤港澳大湾区发展规划纲要》确定的广深港创新科技走廊的重要节点，正在规划建设的光明科学城作为国家综合性科学中心的重要载体，亟需提供大量政策性住房保障，吸引人才进入。区域内现存的大量质量不高、配套不足的合法外住宅和工业配套宿舍成为空间治理的重点。2019年，深圳市部署选取光明区薯田埔和合水口两原农村社区的合法外住宅项目作为试点，将其处置改造为人才住房。试点方案以实事求是、平衡好各方利益为基本思路，坚持依法处理的同时，经过双方充分沟通、协商，理清权责利，建立政府与原农村主体产权共享、合作共治的机制与模式。

6.1　协商制定规划，兼顾公共利益与原农村社区的事实权益

两处社区合法外住宅项目均存在现状与规划用途不符的情形，尤其是涉及对

规划公共设施用地的占用，在与社区充分协商后，采取占补平衡的方式保障公共利益，即社区需交予政府一定面积其法外占有的规划建设用地，所交用地的面积不小于合法外住宅所占规划公共设施用地的面积。合法外住宅用地范围可结合现状情况调整规划。由此，薯田埔合法外住宅范围法定图则规划功能由原来的普通工业用地、广场用地、公园绿地等调整为二类居住用地、普通工业用地和广场用地；其中占用原法定图则规划公共绿地、停车场和道路用地共 6000 多平方米，交出其社区范围内基本相当面积原规划为工业用地、道路用地的 6000 多平方米的地块。合水口合法外住宅范围法定图则规划功能由原来的体育用地与普通工业用地调整为二类居住用地；其中占用原法定图则规划体育用地 18000 平方米，交出其社区范围内面积 18000 平方米的规划为工业用地与道路用地的地块。原农村社区所交出的地块产权归于政府。

6.2 政府负责承担建筑整改成本与工程完善施工

两合法外住宅存在日照、建筑间距、设施配套等不达标问题，由人才住房专营机构对现状建筑进行整改，委托专业机构完成测绘查丈、建筑施工图现场核查及建筑设计规范性审查、消防审查、房屋结构及质量安全鉴定、续建可行性、地质灾害评估、环境影响评估等相关评估论证工作，依法依规报相关职能部门审批，完成建筑合规性审查。

6.3 采取产权共享的权益处置方案

承认社区对合法外住宅享有一定的产权权益，采取分享增值收益的利益测算方式，与原集体共享合法外住宅的产权。经测算与协商一致，薯田埔社区获得合法外住宅项目 29.27%、建筑面积约 6.6 公顷的物业产权；合水口社区获得合法外住宅项目 34.53%、建筑面积约 7.5 公顷的物业产权；政府共获得总建筑量 68.15%、建筑面积 30 公顷的物业，约为 3600 套人才住房房源。作为政府人才住房及保障性住房的物业，产权为只租不售，配套商业限整体转让，公共配套设施产权归政府所有，社区享有的物业产权为非商品性质，以兼顾社会公平公正原则。

6.4 试点成效评价

项目方案已分别通过两原农村社区股东大会表决，取得社区一致性认可。光明区薯田埔和合水口两社区合法外住宅项目的试点处置，实现了保障公共利益、兼顾社会公平、破解原农村社区合法外资产困局、有效盘活土地资源、实现政府住房保障效能等多重共赢，充分体现了"产权共享、多元共治"路径的有效性与实践价值。

但试点处置也存在局限性。由于产权共享理念与模式的革新性，其需要经过有意识的普及宣传、舆论引导，逐步扭转、更新政府相关管理机构与社会主体的认识，才能得以实践贯彻与运用。当下无论是对于相关政府管理机构还是原农村社区主体尚具有一定的接受难度。因此，试点处置实施的产权共享方式并非最终完全意义上的产权共有模式，而是基于利益合理切分共享原合法外空间产权的方式，"产权共享"只成为过程和手段，而非连同最终产权管理模式的全面运用。这一"打折式"的处置，为了避免社区合法外产权合法化引来社会对试点处置公平性的质疑，方案限定社区所得物业为非商品性质、无法交易流转，与鼓励产权流通、让资源实现更高效配置的宏观价值导向不符，也导致处置后社区无法通过流转部分物业产权抵偿合法外空间建设投入的巨额成本，不利于扶持社区股份公司经济良序发展。未来有待于逐步革新产权治理理念，让产权共享的理念和模式得以真正贯彻、运用，将更好地让社会各方主体受益，更好地服务于合法外空间的产权治理实践。

7　结语

随着城市化与现代化的不断推进，中国已进入空间发展的新时期，城乡空间关系日益复杂、敏感（张丽新，2019），学术界和政府都需要更加重视空间治理，重塑治理思想，革新治理体制，探索治理实践。深圳的实践表明，产权症结是合法外空间治理困境的根源；而既有产权治理模式未能尊重合法外空间占有主体的事实权益、化解多元主体产权博弈僵局，是其难见成效的根本原因。因此，合法外空间治理亟需革新治理范式，创新治理路径。本文提出"产权共享、多元共治"的创新思路以及具体的制度机制设计构想，并通过实践案例进行了一定程度的检验，对于合法外空间的治理应该具有一定的理论创新价值和实践借鉴意义。

参考文献

[1] 罗罡辉，游朋，李贵才，等．深圳市"合法外"土地管理政策变迁研究 [J]. 城市发展研究，2013，20（11）：
    55–61.

[2] 邹兵．存量发展模式的实践、成效与挑战——深圳城市更新实施的评估及延伸思考 [J]. 城市规划，2017，
    41（01）：89–94.

[3] 张京祥，赵伟．二元规制环境中合法外空间发展及其意义的分析 [J]. 城市规划，2007（01）：63–67.

[4] 刘芳，邹霞，姜仁荣．深圳市城市化统征（转）地制度演变历程和解析 [J]. 国土资源导刊，2014，11（05）：
    17–20.

[5] 张建荣．从违法低效供应到合法高效供应——基于产权视角探讨深圳城市住房体系中的合法外空间 [J]. 城
    市规划，2007（12）：73–77.

[6] 万举．国家权力下的土地产权博弈——合法外空间问题的实质 [J]. 财经问题研究，2008（05）：11–16.

[7] 赵静，闫小培．深圳市"合法外空间"非正规住房的形成与演化机制研究 [J]. 人文地理，2012，27（01）：
    60–65.

[8] 刘芳，姜仁荣，刘峰．从产权实施能力看产权界定的重要性——深圳市历史遗留违法建筑确权政策解读 [J].
    国土资源科技管理，2012，29（03）：37–42.

[9] 俞可平．治理与善治 [M]. 北京：社会科学文献出版社，2000.

[10] 张丽新．空间治理与城乡空间关系重构：逻辑·诉求·路径 [J]. 理论探讨，2019（05）：191–196[2019–
    09–9].https：//doi.org/10.16354/j.cnki.23–1013/d.2019.05.028.

李志刚，中国城市规划
学会理事、学术工作委
员会委员，中国地理学
会城市地理专业委员会
副主任，武汉大学城市
设计学院院长、教授、
博士生导师

谢波，武汉大学城市设
计学院副教授、硕士生
导师

谢波　李志刚

透视危机下的城市治理：以新冠肺炎疫情下的武汉"人口流动性管控"为例

2020 年是农历庚子年，这一年注定将是不平凡的一年。1 月 23 日，受新型冠状病毒（以下简称"新冠"）肺炎疫情影响，武汉市被按下了暂停键。一个拥有千万人口规模，具有高密度、高流动性的特大城市全面封城，这在人类历史上也属罕见。城市的一切生活、工作和交通功能停滞，城市经济、社会赖以生存的人口和资源流动被严格管控，给城市居民带来了生活、工作、交通和就医等多方面的挑战。新型冠状病毒的传播主要由人口流动和迁移过程中人与人之间的密切接触引起，如未及时采取有效的预防和控制措施，病毒将从邻里扩散发展到等级扩散，进入人口密度高的地区，甚至沿运输网络向全球流动。"人口流动性"管控作为控制病毒扩散的主要手段，对于有效遏制本次新冠肺炎疫情的发展，发挥了重大作用。据此，本文将秉持"以人为本"的思想，结合"自上而下"的政策制定与"自下而上"的舆情监控，通过大数据来透视人口流动性管控下的武汉城市状况，以此管窥危机之下这个特殊历史时期的城市治理。我们的研究目的：一方面是总结经验教训，为科学合理制定新冠肺炎疫情的防控政策提供参考和建议，另一方面是科学审视危机下的城市治理，为治理优化和城市健康发展提供参考。

后文首先分析人口流动性管控的原理与机制，揭示其特征与难点。在此基础上，我们通过大数据分析了 2020 年 1 月 24 日 00：00—2020 年 2 月 29 日 23：59 期间武汉城市居民及社区的诸方面状况，聚焦新冠肺炎患者、医疗资源、社区居民等的流动性管控，以此对危机下的武汉城市治理效能进行判断和评价。最后，依托以上研究，我们对相关人口流动性管控措施提出一些看法和建议。

1 人口流动性管控有什么用?

1.1 有利于阻断病毒的传播途径

新型冠状病毒具有传播速度快、波及范围广和感染人群规模大的特点(Zhang, et al., 2020; Yang, et al., 2020; Wu, et al., 2020),该病毒的传播方式表现为人口流动带来的人与人近距离密切接触所导致的病毒传播与扩散(Tian, et al., 2020; Organization, 2020)。因此,新冠肺炎的防控应着眼于"人口流动性"管控,积极开展个体、社区、医院和出入境的防护以阻断疾病传播(钟南山, et al., 2020)。

1.2 有利于控制和引导人口和资源的流动

"人口流动性"管控通过对人口和资源流动的控制和引导,能够有效减少病毒传播和扩散,是有效遏制新冠肺炎疫情快速发展的重要手段,相关防疫政策的制定需要统筹兼顾患者、医生、社区居民等的需求,严格控制和引导人口和资源的流动。

1.3 有利于提升新冠肺炎疫情防控水平

尽管在党中央、各地方部门的全面支持下,武汉市的人口和资源流动得到严格管控,新冠肺炎疫情控制取得明显成效。但受医疗资源与基层治理水平的制约,人口流动性管控依然是未来武汉市新冠肺炎疫情防控的难题。如果武汉能探索有效破解这一难题的措施,将为全球各地城市提供"武汉样本"。

2 人口流动性管控难在哪?

2.1 人口流量超大规模

新冠肺炎疫情在新年到来之际爆发,春运来袭,人口流动量大规模增长。武汉市作为九省通衢之地与中部交通枢纽,春运期间铁路、公路、航空总客流量达上千万人次,人们归家心切,回武汉团圆、省亲的人群众多,产生了大规模的人口流量。

2.2 人群心理压力增大

新冠肺炎疾病不但会给患者带来严重的生理健康伤害,还会对患者、患者家属和医护人员造成巨大的心理健康伤害(Bao, et al., 2020; Shultz, et al., 2014;樊富珉, 2003;袁彬,刘钰, 2003),更甚者对城市公共卫生体系和经济发展造成巨大冲击（Fan，2015；Morens，et al.，2004；朱迎波，等，2003）。

在复杂环境和巨大压力下，人的情绪会发生较大变化。疫情期间，城市居民难免会感到焦虑、急躁、压抑和失落。这些情绪交织可能引发人际冲突，造成情绪失控，给人口流动性管控工作带来困难。除了个人需要对自身情绪正确认识，还需要家庭和社区采用合理的方法进行疏导，使其具备管理个人情绪的能力，以减少因负面情绪造成的矛盾冲突。

2.3   无症状感染者的流动

无症状感染者是指无相关临床症状但存在传播风险的人群。由于无症状感染者无任何明显的症状与体征，难以在人群中被发现；而且医疗机构不可能做到实时对所有人群进行检测，导致管理者对无症状感染者的真实行程及活动轨迹的追溯难度加大，疾病传播难以预防。

2.4   多元共治局面尚未形成

现有的疫情治理具有典型的"自上而下"的特征，公众参与意识淡薄，过度依赖政府领导核心，尚未形成多元共治的可持续治理结构，尤其是基层社区多依靠基层党组织、居委会和党员、志愿者进行设卡守岗、信息登记、体温测量等防疫工作，导致基层党组织和社区居委会责任和义务过度集中、任务繁杂，基层疫情防治效率不高。而居民多为被动配合社区治理工作，主要原因是由于居民对社区认同感和归属感薄弱，社区治理参与意识不强，缺乏主动参与社区治理的内生动力，难以形成多元共治的局面。

2.5   制度保障亟需优化

即使许多社区都成立了疫情防控小组，甚至构建了多级疫情防控网络，但仍普遍存在工作框架不明确、组织架构不合理的问题，各部门和单位间缺乏沟通和协调，造成防疫工作重复或做无用功，致使防疫人员配置效率低下，无法有效保障疫情防控成果。例如不同单位对社区上报的人员信息要求不一，内容重复，加大了社区工作人员的负担，物业公司面临人手不够、物资短缺和专业度缺乏的三重挑战。此外，社区物业公司身兼服务者与管理者双重身份，被赋予了过多的社会责任却缺少法律和政策层面的保障。由于缺乏完善的制度支撑，部分社区居民不愿服从物业公司的管理，矛盾频发，增加了社区防疫难度。疫情之下，完善疫情防控监督和问责机制，明确多元行动主体的合法权利与义务，有助于提升社区疫情防控和治理能力。

3　疫情下的"人口流动性"：透视危机下的武汉城市治理

在中共中央和地方各部门的全力支持下，湖北省和武汉市的新冠肺炎疫情目前已经得到有效控制。然而，在疫情初期（2020 年 1—2 月），新冠肺炎患者的快速增长和疫情形势加剧，使得地方政府防疫指挥部门、公共卫生机构、社区及物业在城市治理中暴露出种种问题。究其原因，主要是因为早期疫情防治的措施没有及时有效地反馈新冠肺炎患者、医生、社区居民等广大人民群众的诉求。及时对当时的各方面状况进行追述、总结，对问题进行系统性分析，具有重要意义。

疫情人员管控、疫情人员轨迹跟踪和疫情传染路径统计等工作量巨大，全面获取准确的社区疫情信息和居民生活数据，离不开大数据平台的使用。通过对政府公开数据、互联网用户、新闻媒体等多元数据的收集，大数据平台能够为政府提供有效的舆情监测，为公众提供"自下而上"的信息反馈渠道，并对科学制定疫情防控政策和措施具有重要意义。

3.1　数据来源

本文数据采用大数据监测、预警和分析平台——"新浪舆情通"，围绕关键词"新冠肺炎丨新型冠状病毒丨新冠丨NCP丨SARS-CoV-2丨"，在精准地域设置为"武汉"，搜索行业设置为"医疗"的基础上，对 2020 年 1 月 24 日 00∶00—2020 年 2 月 29 日 23∶59 期间舆情通采集到的 367522 条新冠肺炎患者信息，以新冠肺炎患者、医疗资源、社区居民等的流动性为切入点，对政策文件、医疗资源和患者求助信息展开实施评价、数据挖掘和问题分析，并思考疫情发展后期城市人口流动性的管控措施。

3.2　新冠肺炎疫情下武汉人口流动性管控

3.2.1　引导滞后——确诊标准和公共交通对患者就医流动性的引导滞后
（1）确诊标准过高造成了疑似患者的流动

由于早期缺乏核酸检测试剂以及新冠肺炎确诊标准过高，导致一部分 CT 疑似患者未能纳入确诊病例，患者在开展核酸检测过程中频繁就医流动，造成了病毒的传播。同时，该问题也导致早期政府部门对患病人群的预测不足，使得早期床位供给低于患者需求。

大数据透视：

2020 年 1 月 20 日—2 月 11 日期间，武汉官方统计的新冠肺炎患者开放床位

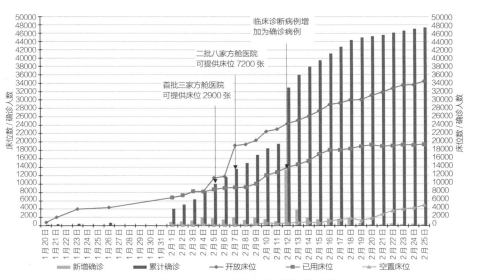

图1 新冠肺炎患者及定点医院床位的时间变化

显著高于确诊患者人数（图1），而大数据显示新冠肺炎求助患者的确诊时间集中在11天，且在2月4日求助患者人数达到了高峰，反映出该阶段疑似患者数量的快速增长，并已超出确诊入院患者数量。

（2）公共交通配套服务缺位限制了患者就医的合理流动

受疫情影响，武汉市采取了严格的交通管制措施：2020年1月23日，城市公交、地铁、轮渡和长途客运暂停运营（武汉市新冠肺炎疫情防控指挥部通告第1号）；1月24日，全市网约出租车停止运营，巡游出租车实行单双号限行（武汉市新冠肺炎疫情防控指挥部通告第5号）。

尽管公共交通设施的停摆限制了市民流动，有助于疫情控制；然而，疫情初期社区为新冠肺炎疑似患者配套的交通工具不足，患者合理的就医行为得不到及时满足，导致其长时间奔波于就医路途中，不仅加剧了病情，也加快了疾病的传播。

大数据透视：

2020年1月24日，政策规定疑似患者由社区安排出租车送诊，然而临近年关，早期出租车供给不足。以武汉市武昌区为例，疫情初期每个社区分配的出租车不足0.6台，难以满足患者尤其是无私家车患者的就医需求。

3.2.2 供需错位——医疗资源配套与需求的错位

（1）医疗配套服务缺位限制了患者就医的合理流动

为了应对发热门诊存在新冠肺炎疑似患病人数剧增、等候时间长和床位安排不及时等问题，武汉市制定了"发热市民分级分类就医"的政策，主要包括三类：

第一，已确定或高度疑似的新冠肺炎患者由市卫健委负责入院治疗；

第二，疑似的发热病人留在发热门诊留滞观察，该类群体往往是 CT 疑似患者，缺少核酸试剂检测，难以入院且大多数返回住所等待核酸检测；

第三，发热情况较轻，还不能确定为疑似的病人在指定地点隔离观察。

大数据透视：

由于早期集中隔离点数量较少，大量疑似患者被迫采取居家隔离方式，带来了家庭感染的风险和疑似患者的快速增长。大数据平台显示，76% 的新冠肺炎求助患者采取了居家隔离方式，然而 41% 的患者造成了家庭感染。

武汉市政府自 2020 年 2 月 2 日开始采取"居家隔离"方式，又在 2 月 4 日连续出台多项政策推行"集中隔离所有疑似病例"的措施，这期间"床位比"持续下降，在 2 月 12 日达到最低值 0.4，确诊患者数量也在 2 月 5 日—2 月 11 日进入高速增长期，导致床位供给滞后于确诊患者的增长。

即使武汉市在 2020 年 2 月 5 日和 7 日建设两批方舱医院共计投入 7200 个床位，床位缺口仍然超过了 35%。因此，在早期疑似患者快速增长、医院床位供给严重不足的背景下，居家隔离的防控模式造成了患者就医行为的阻滞。

（2）医疗资源不均衡配置阻碍了患者的合理流动

2020 年 2 月 12 日，武汉市实行"三量管控"政策，即"控增量、减存量、防变量"，并采取了"就近诊疗，严禁跨区域"的政策禁止病人跨区就诊（武汉市新冠肺炎疫情防控指挥部通告第 11 号），有效控制了患者的流动。从长远来看，随着后期方舱医院的大规模建设和床位数的增加，实现了各区域床位供给与需求的平衡，对于有效管控患病人群及其流动发挥了重要作用。然而，该"就近就诊"的模式未能充分考虑近期医疗资源的空间差异性。

大数据透视：

2020 年 2 月 12 日，武汉市 13 个行政区的床位规模存在较大差异，其中位于远城区的蔡甸区的床位数最多，中心城区武昌区的患病人群规模最高，而床位数仅排第 3。床位的空置率方面，全市空床位数量达到 645 个，11 个行政区仍有富余床位；其中汉阳区的床位空置率最高，达到 17.27%。另外，该日确诊患者与开放床位的差距达到 8625 个，26% 的患者缺少床位。床位紧缺与床位空置的并存现象，充分说明了"就近就诊"模式未能考虑区域医疗资源的空间不均衡配置，不利于实现新冠肺炎患者床位的统筹安排。

（3）医疗资源的衔接不通畅加重了患者流动风险

通过运用舆情通对新冠肺炎求助患者的文本信息进行挖掘，发现患者的医疗资源信息在各级部门之前存在衔接不畅的问题，导致基层社区部门的患者信息难以及时有效地反馈至上层指挥部，影响了患者入院就医的有序安排。

大数据透视：

舆情信息显示，入院患者在转院过程中存在诊疗信息不对称的问题，部分轻症患者反映与重症患者在方舱医院未进行分隔，担心重复感染急需出院。主要原因在于隔离点、方舱医院的医疗检测结果共享不通畅，患者确诊信息难以及时查询，且不同医疗部门对各自检测结果认可度不尽相同，导致部分轻症患者在隔离点和方舱医院被反复检测核酸，然而长期滞留容易造成交叉感染，增加了患者流动成本和风险，不利于轻症患者的合理流动。

3.2.3 基层薄弱——社区居民流动性的管控缺位

（1）社区与物业的衔接失位无法有效管控居民流动

2020 年 2 月 10 日，武汉市采取严格措施，对全市范围内所有住宅小区实行封闭管理。2020 年 2 月 15 日，武汉市出台《新冠肺炎疫情防控指挥部明确住宅小区封闭管理主要措施》，对住宅小区一律实行封闭管理。此前，武汉市有大量居住小区未采取严格的封闭管理措施，导致小区居民为了满足基本生活需求，频繁出行于超市、菜场等公共场所，带来了人口流动、群体集聚和病毒扩散。

大数据透视：

2020 年 2 月 15—16 日，大数据平台搜索"武汉 | 小区封闭管理 | 超市购物 | 交通出行"的微博、微信、新闻、图片和视频等信息发现，小区居民仍然能够正常购物甚至机动车出行；直至 2 月 17 日，该政策才得以全面实施。该时段新增确诊患病人数呈现快速增长，并在 12 日突破万人。

由于政府早在 2 月 4 日就已全面实施了新冠肺炎患者的集中隔离与收治工作，杜绝了就医流动带来的疾病传染。因此，小区封闭管理的缺位导致了新冠肺炎患者第二阶段的快速增长，暴露出大城市基层社区治理能力薄弱的严峻问题。

一方面，由于人口高密度发展与社区管理人员配备不足的矛盾普遍存在，造成了社区服务管理低效；以及社区管理未能形成与居民的良性互动，制约了基层社区治理能力的提升。另一方面，大数据平台显示：居民普遍反映小区早期缺乏消毒、体温监测等防控措施，这暴露出作为市场运作的主体——小区物业在应急管理方面难以实现公共资源有效配置的问题。此外，小区物业对于社区政策的落实存在时间滞后性和操作弹性，导致小区封闭管理措施难以全面、及时、有效地实施。

（2）生活物资流通性不足加剧了居民流动风险

2020 年 2 月 18 日，武汉市出台第 14 号令，采取"无接触投递"的方式鼓励居民网上购物，方便市民居家生活，并出台了多项措施保障民生需求，然而部分政策实施缺乏与市场的有效衔接，导致了物价在物流成本和人力成本成倍增长的推动下快速上涨。

大数据透视：

2020 年通过大数据平台搜索"小区封闭 | 买菜 | 生活物资"，出现的高频关键词主要为：菜价高、品种单一、爱心菜以及慢性病药缺乏。因此，生活物资供给的流通性不足、民生保障措施的滞后，导致了"小区封闭"政策难以有效实施，居民被迫流动以保障生活和服务需求，增加了居民的感染风险。

3.2.4　信息落后——舆情信息流动的阻滞

疫情防控初期，新冠肺炎患者快速增长，"自上而下"的防疫政策制定难以满足"自下而上"的居民需求反馈，根本原因在于大数据平台的开放性受阻，导致舆情信息难以及时有效地反馈。

大数据透视：

互联网平台关于新冠肺炎患者的信息发布包括微博、客户端、微信、网站、论坛、新闻、报刊、博客、政务等多种渠道，然而仅有新浪微博平台的"肺炎患者求助（超话）"能够开放获取。集合了 11 类信息渠道的"新浪舆情通"平台，即使 VIP 付费用户的每天数据获取量也不能超过 5000 条，与每日各类平台数万条的新冠肺炎患者求助信息相距甚远，导致政府部门和社会群体难以通过大数据平台全面获取患者信息，难以辅助防疫政策的制定。

通过运用大数据平台"舆情通"，收集微博、微信朋友圈、新闻和报刊等 11 个渠道的互联网数据，从新冠肺炎患者角度审视疫情的发展过程。自 2020 年 1 月 24 日武汉市封城以来，互联网关于"新冠肺炎 | 新型冠状病毒 | 新冠 | NCP | SARS-CoV-2 |"的求助信息呈现高速增长趋势，平均日求助及转发量超过 1 万条，并在 2020 年 2 月 9 日达到了最高峰 41637 条。该时段内，新冠肺炎患者求助信息出现了三次波峰，分别是 2 月 4 日的第一次高峰（32345 条），2 月 9 日—2 月 12 日的最高峰段（平均 4 万条），以及 2 月 20 日的最后一次高峰（23825 条），此后求助患者数量显著下降（图 4）。对比官方统计的确诊患者数据，大数据所显示的患者增长趋势与其保持了一致性，充分反映了舆情信息对于"自下而上"引导防疫政策的制定与实施反馈具有重要意义。

3.2.5　防不胜防——无症状患者加剧管控的复杂性

武汉市新冠肺炎疫情防控指挥部日前发出通知，强调要突出对新冠肺炎无症状感染者、"复阳"人员及境外省外返汉出现健康异常人员的跟踪排查，做到 100% 开展流行病学调查，确保第一时间检测、隔离所有密切接触人员，绝不放过任何一个传染源。但无症状患者由于症状不明显或几乎没有，难以被发现并且容易被忽略，增加了人口流动性管控的难度。

大数据透视：

统计数据显示，2020 年 4 月 7 日，武汉新增无症状感染者 29 人，当日解除隔离 47 人，尚在医学观察 640 人。该日全国无症状感染者的增量、存量分别为 137 例、1095 例，武汉分别占了 21% 和 58%。无症状患者只能通过详细的流行病学询问和密切监控才能发现，其数量的增加给医疗诊断和人口流动性管控带来了巨大的压力。

3.2.6　掉以轻心——复工复产复学期间小区防疫管控懈怠

武汉市新冠肺炎疫情防控指挥部发布《关于建立疫情防控长效机制持续做好小区封控管理工作》的通知，强调疫情防控形势依然严峻，外防输入、内防反弹的任务依然繁重复杂；继续强化小区封闭管理，引导居民非必要出行尽量不出门。据悉，各小区均继续坚持执行居民出行扫绿码、测体温、查证明等措施。但随着复工复产复学、返汉人员逐渐增多，小区进出人口频繁，小区管控压力随之增大，且随着疫情状况逐渐转好，人们对疫情警惕性降低，部分小区人口流动性管控麻痹懈怠、尺度放宽。

大数据透视：

在武汉市洪山区某一小区，2020 年 3 月底每日进出居民人数不到 2000 人次，4 月 5 日进出小区人数增加到 4071 人次，但大数据平台显示该小区每天扫码人数持续走低，部分居民表示进出小区只需要出示出入证即可，侧面反映出小区管控人员和居民疫情防控意识松懈，小区人口流动性的管控存在懈怠。

4　新冠肺炎疫情下的城市治理：思考与建议

2020 年 1 月中旬新冠肺炎疫情的快速发展，超出了地方政府医疗资源的承载力，也反映出现有城市应急管理体系中的问题，主要体现为："区级指挥部—街区指挥部—社区指挥部"的管理模式存在对接错位和效率不高的弊端，墨守成规、循序渐进的公共卫生处理方式不利于疫情的防范与控制等。疫情之下的武汉市民面临诸多困境：既有新冠肺炎患者就医困难、缺少交通工具、生命垂危的求助，以及医护人员防护物资缺乏、吃饭难和通勤难的困境，也有普通市民生活物资缺乏、生活窘迫和心理问题加剧的问题。

为了科学制定防疫政策，合理有效地控制和引导"人口流动性"，实现危机的有效应对和精准治理，需要坚持以下几点。

4.1　精准施策

人口和资源"流动性"的管理和控制，必须分清对象，充分利用现有信息技术手段，采取"云服务＋大数据＋网格化"方式，构建数字化社区防控平台，建立社区防控小程序和二维码，实现精准施策。①除了对教师、医务人员等武汉市"五类人员"进行检测，还需要对来汉返汉人员做好信息记录和跟踪管理服务工作，复工复产人员由所在单位或企业进行管理。②加强社区封闭管理，严格控制人口流动，提高出入小区人员的分级管控力度。③对于新冠肺炎患者的集中诊治，应当根据其病例、症状以及来源区域进行分级，并制定相应的管控措施，对不同分级人群进行诸如隔离治疗、核酸检测、胸部 CT 检查、隔离观察等管控措施。

4.2　多元共治

截至 2020 年 5 月 10 日，武汉市公共交通恢复全线网运行，餐饮门店有序开放堂食，规模以上工业企业复工率接近 99%。高三年级和中职、技工学校毕业年级复学复课，第一批复学学校 121 所，包括普通高中学校 83 所和中职、技工学校 38 所，企业、学校准备工作有条不紊地展开。自 2020 年 4 月 8 日武汉解除离汉通道管控一个月以来，这座封闭 76 天的城市正加速"回血"，总体看，武汉市复工复产复学进度快于预计，好于预期。

疫情期间人口流动性管控需要社会多元主体力量的参与，构建多元协作网络框架，加大政府与市场企业、单位、社区的耦合度，培育基层自治能力。首先要以立法形式明确多元共治的法律地位，明确多元共治主体维护地方或社区公共健康安全、管控人口流动的责任与义务，使多元共治主体的管控权利得到法律保障。其次，完善多元共治的组织架构，构建实施保障机制。通过区域联席会议、谅解备忘录和签订协议等手段，设置调解委员会或工作小组等长期性工作机构，构建人口流动性管控多元共治工作的总体框架，为多元主体的合作提供制度保障。最后要构建监督机制和问责机制，规范多元共治的疫情防治效果和多元共治主体的责任监督，增加多元共治体系的透明度，以保障多元共治工作持续有效运行。

人口流动性管控的多元共治主体应当充分利用大数据平台构建互联网舆情信息的反馈机制辅助防疫政策的制定。企业复工复产、学校复学应向当地管理部门报备，并做好疫情防控的组织动员、健康教育、人员管理、卫生治理等工作。各级政府、街道办和社区要认真落实属地管理工作责任，加强宣传教育，分类指导，分级管控，督促企业、学校采取有效防控和服务保障措施，确保工作、生产、学习平稳有序地进行。企业和学校发现感染患者或者疑似患者时，应当立即向当地管理部门报告，早发现、早报告、早隔离、早治疗。

4.3　以社区为阵地

疫情防控的关键在于疑似病例早发现早隔离，在症状初期的传播风险较低，通过对疑似患者或者接触者的及时追踪和隔离能够有效控制疫情的扩大（Peiris,et al., 2003；Shimizu, 2020；Gong, et al., 2020）。以互联网为基础，以社区为阵地，增强小区居民的主人翁意识和责任意识，倡导业主委员会、社区志愿者等多种形式的社区群众力量，推进多元主体共同参与社区疫情防治和人口流动性管控（宋律，2017；张宝同，马小飞，2009），共同防疫，相互支持，提升小区人口流动性管控的支持度和理解度，同时对患者及其家属进行保护性流动管控。同时，不仅要提升群众防控知识水平，也要加强对患者及家属的心理疏导和支持服务。

第一，提升群众防控知识水平。将"武汉微邻里""武汉战疫"、居民微信群、宣传栏、小喇叭等线上线下平台相结合，实现当地疫情信息、疫情防控政策和措施动态更新。加强防护知识培训和小区巡逻守护，及时规劝不戴口罩和扎堆行为，引导居民养成良好的卫生习惯，提高居民健康防护意识，增加居民对小区人口流动性管控工作的支持和理解。

第二，为患者及家属提供心理支持和服务。面向大量新冠肺炎患者出院的形势，加强以患者心理辅导为核心的社区服务工作，积极开展社区居民科学的公共卫生防疫知识的教育工作，避免对新冠肺炎患者的"污名化"，是未来疫情防控的关键。

第三，广泛开展科普宣教，营造团结互助的社区氛围。加强对孤寡老人、残疾人士、困难儿童等特殊群体的帮扶工作，鼓励出院患者及家属、隔离人员家属在社区主动寻求支持。坚持每日以上门、电话联系等方式走访探视，及时提供必要帮助，实时关注他们的行为轨迹和活动范围，对其进行保护性流动管控，确保无遗漏。

4.4 大数据支撑

利用大数据技术，能够提供更加及时的精细化管理和服务，从而提升城市的治理能力。推动社区、企业和相关部门数据共享，可依托 GIS 技术实现疫情信息可视化，展示区域网格化防控工作动态图、重点区域防控预警图、确诊和疑似病例行为轨迹地图等。

技术创新和大数据发展能够极大地增强疫情防控和应急管理能力。例如，运用大数据技术能够描绘出人口的空间变化，识别人口集聚的风险点，掌握人口的行为轨迹，计算出风险暴露机会，并通过感染概率筛选出风险人口。基于确诊、疑似、治愈和死亡等人口数据，我们能够发现疾病分布和病毒扩散情况，进而精准确定疫区，然后通过发病率和感染率确定疫情，预测疾病蔓延情况并采取针对性对策。疾病大数据将为疫情防控和卫生管理提供新的工具，进而提供更为精细化的城市治理对策，并将为构建特大城市未来的卫生防疫和健康管理体系提供重要支撑。

4.5　防控常态化

武汉市将继续有针对性地健全完善疫情防控长效机制，持续做好小区的封闭管理工作，实现社区人口流动性管控常态化。不仅需要进一步推动党员下基层和社区志愿者服务工作，还需要建立社区—志愿者—物业的议事规则，提高社区支援服务的效率，尤其是面临复工复产复学后，基层党员正式上班，补齐社区力量缺乏这块短板，进一步督促或辅助社区、物业开展防控工作，对实现社区人口流动性管控而言十分重要。

一方面要落实防控力量，落实常态化的人口流动性管控力量，深化群众自治，组织街道社区工作力量，如业主委员会、社区志愿者等，加强巡查督导。

另一方面要优化管控措施。继续加强出入口人口流动性管控措施，除了要求出入小区的人员戴口罩、登信息、测体温以外，可以根据实际需要合理调整小区出入口数量，集中进出，结合本地实际情况和探索，制发小区健康出入证、将健康码放大打印提前放置在小区进出口，鼓励居民进出扫码等举措，提高通行效率。鼓励使用"武汉战疫"等公众号、电子测温仪等数字化、智能化技术手段，提高小区防控效率。

本次"武汉封城"为城市治理研究留下了一个极为珍贵的城市样本，对于深入解读城市治理机制、提升治理能力具有重要借鉴意义。以疫情大考为契机，未来城市治理主体（尤其是地方政府）应根据新形势、新要求，不断提高应对重大公共卫生事件的能力，建立健全人口流动性管控的长效机制，广泛动员社会力量，强化应急物资保障能力，以此提升未来应对重大公共卫生事件的治理能力，以保障人民生命健康和美好生活。

（致谢：感谢新浪舆情通张青经理、武汉大学城市设计学院陈宇杰同学为本文的数据、案例分析做出的积极贡献。）

参考文献

[1]   BAO Y, SUN Y, MENG S, et al. 2019-nCoV epidemic：address mental health care to empower society. The Lancet[J].2020，395：e37-e38.

[2]   FAN E X. SARS：Economic Impacts and Implications. 2015.

[3]   GONG F, XIONG Y, XIAO J, et al. China's local governments are combating COVID-19 with unprecedented responses-from a Wenzhou governance perspective. Front Med[J]. 2020.

[4]   MORENS D M, FOLKERS G K, FAUCI A S. The challenge of emerging and re-emerging infectious diseases. Nature[J]. 2004，430：242-249.

[5]   ORGANIZATION W H. Novel Coronavirus（2019-nCoV）：situation report[z]. 2020，3.

[6]   PEIRIS J S M, CHU C M, CHENG V C C, et al. Clinical progression and viral load in a community outbreak of coronavirus-associated SARS pneumonia：a prospective study. The Lancet[J]. 2003，361：1767-1772.

[7]   SHIMIZU K. 2019-nCoV, fake news, and racism. Lancet[J]. 2020, 395：685-686.

[8]   SHULTZ J M, BAINGANA F, NERIA Y. The 2014 Ebola Outbreak and Mental Health Current Status and Recommended Response. Journal of the American Medical Association[J]. 2014，313：567-568.

[9]   TIAN H, LIU Y, LI Y, et al.. An investigation of transmission control measures during the first 50 days of the COVID-19 epidemic in China. science[J]. 2020.

[10] WU J T, LEUNG K, LEUNG G M. Nowcasting and forecasting the potential domestic and international spread of the 2019-nCoV outbreak originating in Wuhan，China：a modelling study. The Lancet[J]. 2020，395：689-697.

[11] YANG Y, LU Q, LIU M, et al.. Epidemiological and clinical features of the 2019 novel coronavirus outbreak in China. medRxiv[J]. 2020.

[12] ZHANG S, WANG Z, CHANG R, et al.. COVID-19 containment：China provides important lessons for global response. Front Med[J]. 2020.

[13] 樊富珉 . SARS 危机干预与心理辅导模式初探 . 中国心理卫生杂志 [J]. 2003，17（9）：600-602.

[14] 宋律 . 健康治理中的群众参与及其实现途径 . 中国农村卫生事业管理 [J]. 2017，37（7）：810-812.

[15] 袁彬，刘钰 . SARS 患者的心理问题及护理措施 . 中华护理杂志 [J]. 2003，38（6）：418-419.

[16] 张宝同，马小飞 . 治理视角下的城市社区健康教育供给分析 . 卫生经济研究 [J]. 2009（7）：38-41.

[17] 钟南山，李兰娟，曾光，等 . 权威指导 专家有话说 . 今日科技 [J]. 2020（2）：55-56.

[18] 朱迎波，葛全胜，魏小安，等 . SARS 对中国入境旅游人数影响的研究 . 地理研究 [J]. 2003，（22）5：551-559.

周奕汐，中国城市规划
学会会员，深圳市城市
规划学会规划师。

邹兵，中国城市规划学
会理事、城乡规划实
施学术委员会副主任委
员、学术工作委员会委
员，深圳市规划国土发
展研究中心总规划师、
教授级高级规划师。

周奕汐
邹兵

应对突发公共卫生事件的城市空间治理与规划对策
—— 兼论城市规划在深圳疫情防控中的作用

　　近几个月以来，新型冠状病毒（以下简称"新冠"）肺炎疫情在全球呈现蔓延之势，为各国人民的身体健康和生命安全带来严重威胁，也给城市经济社会生活的正常运转造成巨大影响并带来巨大损失。在世界城镇化迅猛发展的形势下，特大城市和超大城市数量持续增长，人口规模和密度不断提高，城市功能高度集聚和混合，关联性和流动性不断加强，极大地增加了城市公共卫生安全的风险，给城市治理带来了严峻挑战。应对此类重大突发公共卫生事件，不仅需要建立成熟的应急管理系统，也需要城市规划提出前瞻性空间应对策略。

1　突发公共卫生事件特点与各国防控实践

1.1　突发公共卫生事件及其特点

　　突发公共卫生事件是"突发事件"与"公共卫生"的结合。美国《国家突发事件管理体系》（National Incident Management System，2017）将"突发事件"界定为一种需要紧急应对的保护生命、财产、自然环境和稳定社会的事件。与公共卫生相关的突发事件，在我国国务院发布并实施的《突发公共卫生事件应急条例》（2003）中被定义为"突然发生，造成或者可能造成社会公众健康严重损害的重大传染病疫情、群体性不明原因疾病、重大食物和职业中毒以及其他严重影响公众健康的事件"。

　　过去数十年，国际上发生了多起突发公共卫生事件，如 2003 年 SARS 事件、2009 年 H1N1 流感、2014 年埃博拉疫情以及 2015 年寨卡病毒疫情等。以上事件的共同点在于其发生和发展皆具有突然性、群体性、持续性等特点。"突然性"意味着在最初阶段，造成该类事件的原因不明，其波及对象、范围、发展态势等不易预见。"群体性"体现出该类事件影响力强，覆盖面广，传播速度快；而"持续性"则说明产生公共卫生事件的影响不仅限于病毒变异或传染性疾病在病理方面带来的风险，更是多类事件同时爆发而引起的多重经济与社会危机。

1.2　各国城市和地区应对突发公共卫生事件的实践

美国突发公共事件应急管理建设起步较早，其重大卫生系统的发展源于 1918 年的大流感，之后的"9·11"事件对美国应急系统提出了严峻的挑战，催生了应对突发公共卫生事件的三级救援体系建设——自上而下分别为联邦疾病预防控制中心（Centers for Disease Control and Prevention）、州卫生资源和服务中心（Health Resources and Services Administration）以及地方城市医疗应对系统（Metropolitan Medical Response System）。美国作为联邦制国家，州政府和联邦政府在体制上并无对应关系，各州享有独立的公共卫生应急体系，并承担其辖区内公共卫生应急工作。然而，当美国宣布发生全国性突发事件或重大灾害事件时，联邦政府将介入，指挥并协助州政府的公共卫生的应急工作。此外，为了保障应急系统的有效运行，美国在应对突发公共卫生事件方面建立了较为完备的法律体系，如 1988 年出台的《斯塔福减灾及紧急事件援助法案》（Robert T. Stafford Disaster Relief and Emergency Assistance Act），用于指导救灾减灾工作；1994 年通过的《公共卫生服务法》（Public Health Service Act），对于严重传染病的界定、传染病控制条例的制定、检疫官员的职责等有明确的规定。不仅如此，各州、县等也制定了防范流行性传染病的法律、法规，对于应对突发性传染病提供了有力的法律保障。总结美国的突发公共卫生管理策略，其显著特点为"刚柔并济"。刚性体现在相关法律体系的全面保障，以及各级政府、公共卫生部门的明确分工和应对突发公共卫生事件时的合作机制；柔性则表现为美国联邦制度分权背景下，各州、地方高度自治，可以根据自身情况，结合地方价值理念和具体事项安排制定不同的防疫措施，形成量体裁衣式的公共卫生机制。

在 2003 年爆发的 SARS 事件中，日本是少数未被感染的亚洲国家之一。究其原因，可归结为两点。一是坚持立法为先、依法应急。日本应急法律体系起步早，在明治时期就颁布了《传染病预防法》❶，后又根据时代与病症的变化，不断完善并出台新的防治办法，如结合"非典"疫情，对感染性疾病预防法的指南进行了修订；结合 H5N1 型禽流感病毒，根据病症的严重性和病原体的感染力对传染病进行分类，

---

❶ 日本自 1999 年起颁布实施《传染病预防以及传染病患者医疗法》，取代此前的《传染病预防法》。

并继续完善《感染症法》❶。不仅如此,还制定了《综合推进感染症预防的基本方针》《新型流感对策政府行动计划》等包括医疗救助、物质调配等具体措施在内的方案。二是分阶段制定防控对策。在制定具体对策时,以厚生劳动省为主体的国家危机中心将流感等传染病的发展过程分为未发生期、海外发生期、国内发生早期、国内感染期、好转期五个阶段,按照不同阶段采取不同应对措施,同时根据各地区情况,由地方自治体和公共团体灵活应对。

2003 年"非典"突袭后,我国政府逐步构建起以"一案三制"为核心的应急管理系统。所谓"一案",就是国家突发公共事件应急预案体系;"三制"为应急管理体制、运行机制和法制。通过这些正式制度的建立,以有效应对未来可能发生的一系列重大灾难及社会、公共安全事件。

综上所述,不同国家针对突发公共卫生事件的处理方式各异,但其共同点在于建立健全和完善的公共卫生应急法治保障,以及为应对突发公共事件提供具体依据和指导;并且在实施层面,明确划分政府间责任边界,将突发事件的应对和管控工作逐级准确传导,就地开展应急治理。

2　应对突发公共卫生事件的城市空间治理

2.1　城市空间治理

"治理"源于政治学领域,而后逐渐应用到多学科交叉研究中,并被赋予不同的解释与定义,但其本质仍体现为不同利益相关者的共同社会决策。"城市治理"作为治理理论应用于用城市管理层面的工具之一,是指通过城市规划、城市建设、城市管理以及其他相关部门与使用主体进行广泛的协调,来塑造有效的、正确处理城市问题的能力(Hendriks F,2014)。城市空间治理可以理解为在城市空间的范围和尺度上,通过对空间组织的统筹协商,经制度化的设计与安排,实现城市空间和资源有效、公平和可持续利用的过程。

现代城市规划的诞生就源自于城市公共卫生改善的诉求。如 1854 年伦敦霍乱的爆发,直接推动了政府建立城市公共卫生体系,大力改善了城市中人们的生活环境,大幅减少了传染病的爆发风险。1894 年港英政府为了应对鼠疫,颁布了对建筑设计和城市规划产生深远影响的《公共卫生及建筑物条例》,力图通过改善城市规划和建筑设计来控制疫情。罗马不是一天建成,城市建设也并非一蹴而就,其进步与发展更是一个螺旋式上升的动态行为。公共卫生安全作为影响城市经济

---

❶　日本于 1994 年起颁布实施《感染症法》,用于取代《传染病预防法》《性病预防法》和《艾滋病预防法》。

发展与社会稳定的重要因素，始终贯穿城市发展的全过程，也是城市空间治理长期持续要面对的重大课题。

从城市规划的视角研究城市空间治理，需要明确城市空间层级。在层级体系上，城市空间治理主要涵盖城市、片区和社区三个维度。在城市空间尺度上，需要在立足区域整体的背景下，以空间治理和空间结构优化为主要内容，构建合理的空间开发结构；在片区尺度上，构建功能完善、公共设施配套合理、空间关联的开放空间体系；在社区尺度上，不仅要满足居民对空间的"生活性"的基本需求，也要在空间配置上加强对社区公共资源的"公平性""效率性"等特点。

2.2　从疫情防控应对看我国城市空间治理工作的短板

新型冠状病毒潜伏期多为 2—14 天；传染性强，通过人与人近距离接触等多种方式传播；传播速度快，加上春运期间大规模流动人口返乡，导致疫情迅速向全国各地扩散，大大增加了疫情管控的难度。各地纷纷启动重大突发公共卫生事件一级响应，实行大规模"封城"、隔离等最严格的防控措施，在短时间内基本控制住疫情的蔓延。但不可否认，此次防疫工作仍暴露出我国城市空间治理工作方面的一些不足和短板。

一是城市公共卫生安全应急响应机制、反应能力仍显不足，造成城市疫情防治处于被动状态。2003 年"非典"疫情过后，我国建立起一系列突发公共卫生事件监测预警系统及管理信息系统，可根据不同的情况尽快确认事态级别，及时启动相应级别的卫生应急响应。然而自 2019 年 12 月首次出现新冠肺炎病例，至 2020 年 1 月 23 日武汉"封城"，期间长达一个多月。由于地方政府没有及时触发卫生应急预警，没有引起相关部门的高度重视，延误了中央高层决策的有利时机。针对此次疫情，应当反思为应对突发公共卫生事件而建立的国家"突发公共卫生事件报告管理信息系统"是否及时发挥了其监测、预警、直报、响应的效用，以及如何才能避免二次事件的发生。

二是公共卫生基本设施保障落后，与现行经济发展水平不相适应，特别是医疗卫生行业存在资源布局不尽合理，疫情防控应急场所用地缺乏预留等现象。长期以来，基于经济绩效和政绩的考量，我国城市建设相对追求经济效益，而忽视了社会效益，在一定程度上压缩了公共卫生基础设施的建设供给，致使疫情爆发时，基层医疗卫生服务能力薄弱，无法发挥"守门员"作用；不仅如此，具备诊疗收治能力的医疗机构数量和规模也严重不足，导致部分医院因为病患瞬时暴增而几近瘫痪。

　　三是城市社区发展不平衡，尤其是城中村、棚户区等低收入人口居住社区，居住环境较差，基础设施落后，在排水设施、垃圾处理等方面存在较大的安全隐患，不利于疫情防控。同时，居住人员结构复杂、居住空间狭小、空气流动性差是城中村社区的典型特征。在"封闭小区"的禁令下，村民被迫居家隔离，虽然减少了城中村公共空间人群聚集的可能，但却提高了居家隔离的风险—— 一旦发现确诊病例或者高烧疑似病例的家庭，极易造成社区内二次传播。

2.3　城市规划在本次疫情防控中发挥的作用——"被动抗疫"

　　对于疫情防控而言，城市规划承担的职能并不是"主动抗疫"的工作，而是通过超前构建具有"韧性"的城市防御系统——即在城市建设过程中预见性地谋划科学的城市空间布局，提供医疗卫生资源以及生活保障性物资配套的支撑，来降低疫情爆发及传播的风险，减少突发性公共卫生事件发生的概率，做到防患于未然。

　　在疫情防控过程中，我国许多城市针对当地疫情管控情况，结合自身地域特征，采取了富有成效的规划应对措施。如位于此次我国疫情"震中"的武汉，面对巨大的危机和压力，利用城市总体规划"留白"的建设空间，火速修建火神山、雷神山医院，迅速有效地缓解既有医疗资源不足的情况。同时，充分利用现有展览中心、体育馆等大空间建筑的兼容性功能，迅速建设"方舱医院"，集中收治轻症患者，有效控制传染源和切断传播链。上海基于平战结合的理念，结合 15 分钟社区生活圈的规划要求，统筹公共卫生安全相关的社区医疗设施、隔离观察设施、生命线设施等要素，从社区层面建立公共卫生全要素空间体系。

3　深圳城市规划在疫情防控中的作用

3.1　健康稳定的空间结构是有效防疫的基础

　　深圳是一个基本按规划建起来的城市，形成了独具特色的城市总体布局和空间结构特征。从 1986 年第一版的《深圳经济特区总体规划（1986—2000）》（图 1），到现行的《深圳市城市总体规划（2010—2020）》，"弹性规划"和"多中心组团式空间结构"始终是深圳坚持的规划理念和空间发展模式。

　　"弹性规划"的目标在于赋予城市空间应对不确定社会经济环境变化的能力（刘堃，仝德，金珊，李贵才，2012）。而最能体现"弹性规划"的就是"多中心组团式"空间布局和"各组团功能相对独立"的用地结构。1986 年版总体规划根据深圳经济特区东西长、南北窄的地理地形条件，将城市划分为多个功能不同又互为

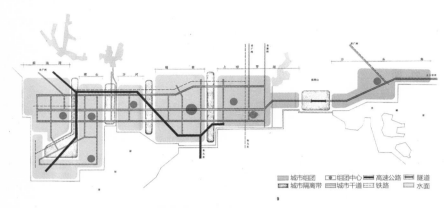

图 1　深圳经济特区总体规划（1986—2000）
资料来源：中国城市规划设计研究院深圳分院

补充的组团，中间预留 400—800 米绿化隔离带，主干道两侧分别布置 15—30 米宽的道路绿化带。多中心组团式的空间结构为应对突发性卫生事件提供了"进可攻，退可守"的重要空间保障，塑造了有效的防疫基础。其优越性主要体现在以下三点：一是组团式的空间组织模式将"大饼"式的城市开发建设用地划分为若干小尺度区域的人口空间分布和用地规模，各功能组团发展相对独立，为组团间更灵活的发展计划和构建丰富的社会经济活动创造了可能；二是由于深圳多中心组团的空间结构，人的活动轨迹并不是聚集于某一中心或某一区域，而是散布于深南大道沿线和各组团中心，以组团为发展单元的城市生活区通过与生产区有机融合，避免了各组团间由于大量人口流动而产生的疫情扩散隐患；三是通过组团隔离带、开敞绿地等实现外围非开发建设用地与城市开发建设用地进行融合，一定程度上充当了防灾避灾的缓冲带，为城市安全提供了前提条件。

　　深圳作为我国第一大移民城市，有着人员密度高、人口集中度高和人口流动性大等特点。根据深圳 2019 年统计年鉴，城市常住人口已突破 1300 万（深圳市统计局，2019），其人口密度几乎是此次疫情"震中"武汉的 4 倍；不仅如此，深圳常住人口中有近 65% 的非户籍人口，人口流动涉及面广、人员构成复杂，管理困难，给防控本次疫情造成巨大压力。面对如此严峻的形势，深圳充分利用其多中心组团空间结构的优势，从城市、片区以及社区三个层面进行分级管控，将"硬性规定"实施于"弹性空间"，把城市运行管理的逻辑，逐级分解融会到片区和社区治理中，有效提高疫情应急管理能力。

3.2　城市层面——统筹管控各大对外交通基础设施

　　在抗击新冠肺炎疫情过程中，深圳市政府及时发布疫情指导意见，从宏观层

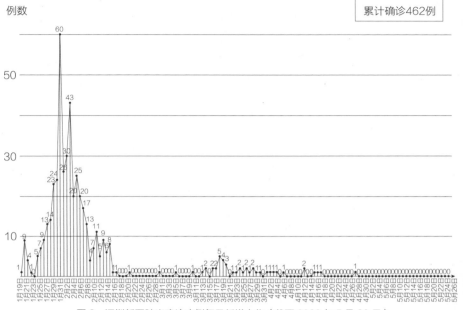

图 2　深圳新冠肺炎确诊病例每日新增变化（截至 2020 年 5 月 26 日）

资料来源：深圳市卫生健康委员会

面对防疫工作进行指导，通过统筹管控各大对外交通基础设施、集中医疗资源全力救治病患等措施，对外实行边境管控，切断外来传播途径，对内减少组团间人员流动，阻断聚集型传播，有效地控制了疫情的蔓延扩散（图 2）。

3.2.1　全市一盘棋，切断外来病例输入

广东省第一例新冠肺炎患者的发现，拉响了深圳疫情防控的战时警报。深圳市按照国家和省政府的要求，启动紧急防控策略，提出"外防输入，内防传播"的指导方针，并根据疫情变化不断推出应对举措。

海陆空入深通道和门户是疫情"外防输入"的第一道防线。在坚守水上防线方面，深圳海事局与其他职能单位协同合作，通过提前制定应急预案、协调安置酒店、协调防疫物资、展开医学排查等紧急部署，陆续开展了阻断病毒传播渠道、保障应急运输绿色通道等应急突发事件处置工作，顺利将停靠于深圳湾的"歌诗达·威尼斯"号邮轮按照"绝对安全，万无一失"的要求妥善处理完毕，保障了4973 名乘客的健康安全。在管控陆运口岸方面，深圳实施封闭式管理，所有进出深圳市的公路及城市道路车辆，均需提前在网上进行申报，严防疫情输入；对从陆路口岸入境的人员，设置专门通道控制人流量，做好核查健康申明卡、体温筛查、流行病学调查、采样等各环节的紧密衔接，全程控制风险。在构建"空中防控网"方面，深圳机场依托联防联控机制，加强与海关、公安、边检、航空公司等多部

门协同联动，通过大数据排查、航班登临检查、专车专送等多项举措，严防境外
疫情输入风险。

3.2.2 设置定点医院，应收尽收，集中救治

深圳按照"集中患者、集中专家、集中资源、集中救治"四个集中的原则来
整合医疗卫生资源，全力救助病患。深圳一方面设置定点门诊、医院用于收治病
患。基于城市空间结构、各区实际服务人口分布以及医疗卫生服务存量资源等因素，
政府迅速设置 52 家发热门诊用于开展预检分诊，指定 30 家公立医院作为疑似病
例的集中收治医院（表 1），并将深圳市第三人民医院（以下简称"市三医院"）设
置为全市新冠肺炎确诊病例定点救治医院。这一系列措施将寻诊确诊的功能下沉
到定点门诊，将疑似隔离观察稳定在片区医院，以空间的分散化换取整体救治的
时间机遇期，减少交叉感染的概率，最大程度分担中心医院的救治压力，以集中
医疗资源救助危重病患。另一方面，利用储备用地，组建应急院区（图 3）。市三
医院应急院区具有"战时"和"平时"两种功能，在新冠肺炎疫情期间发挥应急
救治功能，疫情后用于重大感染性疾病临床医学研究。市三医院在原有应急院区
预留场地上，采取小汤山医院模式的装配式建筑技术，用 20 天时间快速建设了二
期工程，新增床位 1000 张。深圳"小汤山"医院的建成，极大地缓解了当前医院
硬件资源紧缺状况，有效地改善了深圳传染病防治资源紧缺现状。

基于城市空间结构、各区实际服务人口以及医疗卫生服务存量
资源等因素设置发热门诊及定点医院（单位：个）　　　表 1

区域	深圳市发热门诊医院数量分布	深圳市疑似病例收治医疗机构数量分布
罗湖区	3	2
福田区	9	8
南山区	5	4
盐田区	1	—
宝安区	10	7
龙岗区	12	4
龙华区	3	2
光明区	2	2
坪山区	4	—
大鹏新区	3	—

3.2.3 基本生态控制线为疫情防护及应急设施建设创造条件

深圳市于 2005 年颁布《深圳市基本生态控制线管理规定》（深圳市人民政府

图 3　深圳市第三人民医院二期工程应急院区工程实景图
资料来源：中国建设新闻网（2020）

令〔2005〕第 145 号）❶，前瞻性地通过划定"基本生态控制线"，确定深圳基本生态控制线内土地面积为 974 平方千米，并明确生态控制线内只能建设重大交通设施、市政公用设施等重大建设项目，从技术管控角度促使城市形成良好的生态安全格局并预留发展空间。

深圳市基本生态控制线构筑了城市蓝绿基底，空间上覆盖了全市 90% 以上的灌木林和天然林，涵盖了 95% 以上的大型水库、干流及一级水源保护区。通过划定生态控制线，结合城市组团间的大面积绿化隔离带、郊野公园以及地表河流等自然地形（图 4、图 5），一方面为城市提供了通风、换气的作用，有效地改善了城市空气环境，更有益于遏制病毒的蔓延；另一方面，确定了战略储备空间及预留远景用地，以满足灾后应急空间场所及未来重大项目建设的需要，提高国土空间保障能力。此次深圳参照"小汤山"模式临时建设的应急医院，就是利用预留的开敞空间，既保证了建设效率，又远离城市集中建成区，取得良好效果。

3.3　片区层面——化繁为简，逐一击破

深圳通过对外实施交通管控，对内集中隔离救治等措施，全面筑牢疫情防控防线，最大程度切断疫情传播途径、降低疫情传播风险，保障了城市内部居民的健康安全。在此基础上，政府将复杂的城市治理工作分解下沉到各个城市组团，并以各个组团为单位，对疫情进行分区分级的精细化管控，使之更加有的放矢、精准施策。

3.3.1　因地制宜，制定防疫标准

深圳市各行政区根据国家、省、市上级有关部门关于疫情防控相关文件要求，

❶ 2011 年，深圳市规划和国土资源委员会对基本生态控制线进行局部优化调整，编制了《深圳市基本生态控制线局部优化调整草案》。

图 4　大沙河公园
摄影：梁浩
资料来源：城 PLUS

图 5　华侨城内湖湿地公园
摄影：龚志渊
资料来源：城 PLUS

结合实际情况，及时组织编写疫情防治工作指引。以深圳市福田区为例。福田区位于深圳中心城区，目前共有 27 个城中村，其中城中村出租屋 23 万余间（套），居住着 54 万多来自全国各地的务工人员，吸纳了全区 45% 以上的人口。考虑到城中村与商业小区并存的情况，福田区政府率先制定出台《福田区筑牢城中村新型冠状病毒感染的肺炎疫情工作指引》《福田区物业管理区域疫情防控五项规定》《福田区物业小区疫情防控工作标准配备》等标准条例，前瞻性地提出辖区内的小区、城中村要实施封闭围合管理的规定及若干操作性强的详细防疫措施，如开展体温超标人员的应急处置，规范小区防疫消杀工作标准等。不仅如此，福田区还根据疫情防控形势，不断升级完善标准手册，如在整合前述标准、规定的基础上，发布全国首个针对住宅小区疫情防控的综合性标准化手册《福田区住宅小区疫情防控工作标准化手册》，内容包括卡口管理、楼栋管理、隔离管理、内控管理、达标机制、特殊处理等六个方面，为住宅小区疫情防控的各个环节提供了系统化、标准化、集成化的指引。

3.3.2　发挥基础医疗体系

深圳作为一个建市只有 40 年，常住人口已突破 1300 万（深圳市统计局，

2019）的特大城市，卫生医疗资源总量不足。根据《2018 年深圳市卫生统计提要》（2019），深圳三甲医院仅为 18 家，国家级医学重点学科也只有 14 个，每千人口床位为 3.65 张，每千人口医生 2.79 人，医院病床数 4.35 万余张，医疗资源不管是质或量都远低于北京、上海等其他一线城市，甚至低于全国城市平均水平。然而，这座"医疗短板"城市，却通过"小米加步枪"——以市三医院为主力集中救治，其他医疗资源灵活配合的方式，全力完成救治任务。

深圳通过防控体系改革，解决了疫情期间医疗资源不足的问题。深圳市卫生健康委发布《关于深入推进优质高效的整合型医疗卫生服务体系建设的实施意见》（2019），将 23 家市属公立医院和 50 家区属公立医院"一分为二"，即市属公立医院牵头建区域医疗中心，区属公立医院牵头联合其他若干家医院、公共卫生机构、社区健康服务机构、护理院、专业康复机构，共同组成紧密型医疗联合体，即基层医疗集团。区域医疗中心与基层医疗集团互相配合，共同组成"整合型医疗卫生服务体系"。面对新冠肺炎疫情，各区医疗集团以行政区或若干个街道为服务网格，与上下级医院建立一体化的应急机制，形成"市级医院—区级医院—社康机构"三级联动的医疗救治应急模式，为市民提供综合性、连续性、系统性的基本医疗卫生服务，有力提升了基层医疗卫生机构疫情防控工作效率，极大地强化了基层防疫力量。

3.4　社区层面——基层疫情防控工作思路多样性

社区治理构成了防疫和恢复的基本空间单元。在当前防疫趋势下，封闭小区是应急措施，必须结合实际情况，分类施测，才能有效开展疫情防控工作。深圳针对城中村和商业住宅小区的特点，提出了两种迥然有别的社区疫情防控工作思路。

3.4.1　筑牢城中村社区的"防控墙"

对于没有成熟物业管理基础以及稳定居住人群的城中村社区，其防控重点在于筑牢"防控墙"，把控好外来人口输入。如位于深圳市南山区的白石洲城中村，在面积仅为 0.6 平方千米的土地上承载了近 5 万套的出租房，容纳了近 15 万人口，建筑、人口密度极高，人均市政公用设施不足，是疫情防控的重点。白石洲东社区针对城中村和无物业小区开放布局、出口多的特点，提出"设点围合"和"封片隔离"。通过自下而上社区自组织的力量，强化社区自我管理、自我组织、互相支持、互相救助的机制，一方面组织人员关闭多余出入口，在社区外围设置 1.2 千米长的隔离网，进出口由原来的 31 个缩减为 2 个，有效解决了城中村和无物业小区防控力量不足的难题；另一方面将白石洲东社区内的楼栋划分为 11 个片区，用隔离网进行围隔，形成社区内的 11 个封闭式小单元，并设置防控监测点，实现社区疫情管控无死角。

3.4.2 "一核多元"的商业住宅社区治理模式

对于功能完善的以商业住宅为主体的社区，则多是通过"一核多元"的社区治理模式，促成社区防控的良好治理。"一核多元"是以社区党组织为核心，通过党建的方式，将社区各类多元主体纳入管理和服务范畴，形成统筹社区各类组织的区域化党建工作新格局。如位于深圳福田区的侨香村社区，创新实施"ACT"防控模式。"A"（Administration），即党委、政府严密组织，实施小区封闭式管理，建立春节期间外出人员、临时来深人员、14 日内到过疫情发生地人员、与确诊或疑似病例密切接触者重点人员等"四个台账"，确保防疫工作全面到位。"C"（Community Health Service Center），即社康中心巩固阵地，设立发热预检分诊台，及时发现发热病人和疑似患者并做好隔离和转诊；为居家隔离医学观察人员提供上门测量体温、居家防护指导等服务；配合做好密切接触者转运集中隔离观察等卫生筛查工作。"T"（Trinity Mechanism），即社区工作者、社康医务人员、社区民警三位一体组建"三人小组"，联合防控，构筑起社区群防群控严密防线。

3.4.3 "网格化 + 大数据"助力疫情精准防控

社区层面的疫情防控还体现在基层"网格化"管理与大数据联合抗疫的有力支撑上。在组建社区网格方面，按照"街巷定界、规模适度、无缝覆盖、动态调整"的原则，以平均 1000 套（间）房屋为标准，全市划分为 15000 个基础网格，相应配备 15000 名网格信息采集员，以解决基层服务管理工作中信息空白、重复、实效等问题，实现信息及时更新共享；在大数据收集整合层面，深圳通过微信小程序"深 i 您""i 深圳"公众号等自主申报平台采集小区居民信息，迅速建立起与公众连接和信息沟通的渠道。当社区网格员采集到出行人员体温异常时，能及时将异常消息通知到卫健委、街道处和政法委等线下三人小组，为社区疫情有效防控提供重要的信息支撑。

在此次疫情防控中，深圳多年来一直坚持的多中心组团式空间结构表现出了良好的容纳与恢复能力，为应对突发公共卫生事件提供了非常好的空间基础。在此基础上，深圳充分利用营城优势，通过切断外来病例输入，减少组团间人员流动，社区封闭管理的措施，践行"外防输入，内防传播"的指导方针。在当前医疗资源不足的情况下，通过集中设置定点医院，优化基础医疗体系，为医疗资源正常运转争取了时间和空间。截至 2020 年 5 月 27 日，深圳累计报告新冠肺炎病例 462 例，在国内一线城市中确诊病例最少。作为一个管理人口超过 2000 万，人口密度为 6522 人 / 平方千米的超大型、高密度城市，深圳在此次疫情防控中交出了一份令人满意的答卷。

4 结语

新冠肺炎疫情的突然爆发与蔓延暴露出我国城市治理方面存在的主要问题和短板，然而"知耻而后勇"，相信疫情过后，城市应急管理体系、公共卫生以及城市环境治理等都将迅速建立并完善。然而，城市并不是固若金汤的堡垒，而所有的应对措施和手段也不应是"马后炮"。当危机来临时，如何通过城市系统自有的组织和协调能力，吸收和缓冲外部施加于城市的影响，并通过系统各组成部分间的优化、协调和重新组合来消减危机，最终恢复城市的正常运转，是更值得思考的问题。

参考文献

[1]　深圳市卫生健康委员会. 2018 年深圳市卫生统计提要 [EB/OL].[2020-05-29]. http：//wjw.sz.gov.cn/
　　　xxgk/ylfwxxgk/ylfwxxgk/content/post_3122213.html.

[2]　深圳市人民政府关于进一步规范基本生态控制线管理的实施意见 .[Z/OL] 深圳：深圳市规划和国土资源委
　　　员会（市海洋局）. p.10.[2020-06-19]. http：//www.sz.gov.cn/attachment/0/77/77256/1899141.pdf.

[3]　突发公共卫生事件应急条例 [Z/OL].[2020-06-19]. http：//www.gov.cn/zwgk/2005-05/20/content_145.
　　　htm.

[4]　Hendriks F. Understanding Good Urban Governance：Essentials，Shifts，and Values[J]. Urban Affairs
　　　Review，2014，50（4）：553-576.

[5]　National Incident Management System[Z/OL]. 3rd ed.. 2017.[2020-05-29]. https：//www.fema.gov/
　　　media-library-data/1508151197225-ced8c60378c3936adb92c1a3ee6f6564/FINAL_NIMS_2017.pdf.
　　　0378c3936adb92c1a3ee6f6564/FINAL_NIMS_2017.pdf.

[6]　刘堃，仝德，金珊，等 . 韧性规划·区间控制·动态组织——深圳市弹性规划经验总结与方法提炼 [J]. 规划师，
　　　2012，5：41-46.

[7]　华侨城内湖湿地公园 [Z/OL]. 2017.[2020-06-29]. http：//majia.caup.net/core/attachment/attachment/
　　　img?url=http：//mmbiz.qpic.cn/mmbiz_jpg/36RibRqVRbNzQOYagUlQuKkcaIQBgLeacBpD6aAInxySsr
　　　oVAqFr5KyZaicTFUpdd1FAqsBOUibZ1T6lnxhzhY8Xw/0?wx_fmt=jpeg.

[8]　大沙河公园 .[Z/OL]. 2017.[2020-06-29]. http：//majia.caup.net/core/attachment/attachment/img?url=http：//
　　　mmbiz.qpic.cn/mmbiz_jpg/36RibRqVRbNxiclPibTPcuEHutnnVOBzZ0Ow8t5atJZgibalqwkyIt7HFoxeytuU0Q
　　　07cHNHcqfvou2WZHX23aicJiaA/0?wx_fmt=jpeg.
[9]　张衔春，单卓然，许顺才，等 .（2016）. 内涵·模式·价值：中西方城市治理研究回顾、对比与展望 . 城
　　　市发展研究，v.23；No.174（02），90-96+110.
[10]　彭阳 . 深圳市第三人民医院二期工程应急院区工程实景图 [Z/OL]. [2020-06-19]. http：//www.chinajsb.cn/
　　　pic/202003/02/5e5cb26f4457d.png.
[11]　深圳市卫生健康委员会 . 所有深圳市民，包括武汉来深者，可到这 29 家医院测核酸！[EB/OL].[2020-
　　　06-02]. http：//www.sz.gov.cn/szzt2010/yqfk2020/szzxd/content/post_7132704.html.
[12]　欧阳恩一 . 城乡统筹视角下的基本生态控制线规划策略研究 [D]. 武汉：华中科技大学，2012.
[13]　深圳市统计局，国家统计局深圳调查队 . 深圳统计年鉴 2019[M/OL] p.3.[2020-05-29]. http：//tjj.sz.gov.
　　　cn/attachment/0/418/418268/6765070.pdf.
[14]　深圳经济特区总体规划（1986—2000）[Z/OL]. 2020.[2020-05-29]. http：//www.szcaupd.com/project-
　　　ztgh-i_12639.htm.

冷红，中国城市规划学会学术工作委员会副主任委员，哈尔滨工业大学建筑学院、黑龙江省寒地城乡人居环境科学重点实验室，教授，博士生导师

闫天娇，哈尔滨工业大学建筑学院，黑龙江省寒地城乡人居环境科学重点实验室，博士研究生

冷红
闫天娇

公众健康视角下的公共空间治理 *

　　2020 年伊始，新型冠状病毒肺炎使中国乃至全球如临大敌。面对日趋紧张的环境危机和突发卫生事件对公众健康的威胁，公共空间作为公众健康的重要支持载体，其治理的整体性和弹性亟待提高。

　　联合国世界卫生组织（WHO）将"健康"的概念界定为"不仅是没有疾病或虚弱的状态，而是生理、心理和社会适应都达到平衡的状态"。健康是人的基本生存权利，公众健康则是个体健康的总和，是"接近城市的权利（the Right to the City）"（Northridge M E, et al., 2003）。随着城市现代化的急速发展和城市空间的无序扩张，居民的生活环境和生活方式随之改变，"健康"的含义也早已从公共卫生问题转化成公众健康和城市空间的"体检报告"，研究内容拓展为健康因素的提取与评价、政策制定与管理、公共空间治理闭环构建、突发公共卫生事件的防控等多方面问题（范春，2009）。

　　早期公共空间被定义为有责任提供和管理诸如市议会或政府之类的公共实体，治理仅限于行使政治权力来管理国家事务（Madanipour A，2003）。随着公共空间的概念及类型不断拓展，公共空间作为公众共享共有的空间使用载体，类型上主要包括道路空间、广场、绿地开放空间等，层级上包括城市、地区和社区三个尺度。公共空间承载的行为活动受空间使用管理规则的约束，而公共空间治理就是为提供公共服务而制定和执行的规则。"治理"不同于"管理"，其治理能力的重点不在于单纯依靠政府主导的强制控制，而是强调平衡不同利益群体的多元主体共治（Koohsari M J et al., 2015；王伊倜，2020；Fukuyama F，2013）。

＊　基金项目：国家自然科学基金项目（51978192）。

1　公共空间及其治理对公众健康的支撑作用

公众生活方式、社会和物质环境等要素对公众健康水平的影响能力已远远超出医疗部门对其的影响（Pradinie K，et al.，2016）。美国致力于健康与卫生保健研究的 RWJF 基金会在行为与健康研究中予以证实，人的行为对健康的影响作用约占 35％，环境、社会和行为因素对健康的共同影响占 65％以上（刘滨谊，等，2006）。公共空间是公民开展户外活动、营造积极的生活方式与社会交往的重要载体，是建设健康环境不可或缺的空间构成要素（陈竹，等，2009；王兰，等，2016）。公共空间通过物质空间和社会环境等中介因素对公众健康发挥支持作用（图 1）。健康的环境可以引导公众选择健康的生活方式，有益于公众达到生理、心理和社会健康平衡，而空间治理过程会对环境品质和空间弹性起到决定性作用（张松，2020）。一方面，研究表明，积极开展体力活动和社会活动可以一定程度缓解和治疗公众慢性病和精神类疾病。"善治"下优质的开放空间可以激发公众积极参与体力活动，对人体机能产生有益影响，促进和调节免疫功能，有效地预防心脑血管疾病等慢性病，还可以为人们提供缓解精神压力的场所，通过鼓励社会活动和应用园艺疗法等方式缓解和疗愈某些精神类疾病，降低犯罪率。另一方面，在应对突发性公共卫生事件时，如非典型性肺炎、新型冠状病毒肺炎等传染类疾病的爆发，由于公共空间的特征和变化会影响带菌者通过近端或远端环境进行传播和扩散，因此通过对公共环境的改善和治理可以达到一定程度的防预和控制（Koohsari M J，et al.，2015；赵瑞样，2009；马明，等，2016；Wheeler B W，et al.，2010）。

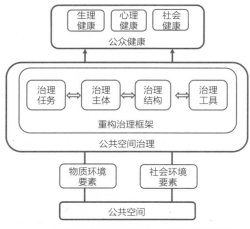

图 1　公众健康与公共空间、公共空间治理关系

图片来源：作者自绘

2　公众健康视角下我国公共空间治理问题

目前关于空间治理的研究大部分着眼于城市尺度,对公共空间视角的关注不够,面向公众健康的空间治理研究更少。面对公众日益增长的健康需求和疫情的突然来袭,让单纯重视空间设计的业内学者开始反思对治理工作的忽视,其治理问题可以总结为以下几点:

(1)公共空间治理弹性缺失。首先,缺乏针对公共空间体系弹性恰适的法律法规编制,致使公共空间品质不佳,对健康促进明显不足;其次,健康的公共空间必须有遏制和阻断突发传染类疾病的应急能力,例如在此次疫情爆发时出现的应急场所和设施、防控战略物资储备欠足、监测评估实施机制欠完善的问题,使公共空间治理体系的响应和防控效果无法达到最佳。

(2)公众参与不足。面向公众健康的公共空间治理既要关注空间品质的提升,还要考虑到不同群体参与深度的重要性。目前我国公众在规划、建设、评估等各个环节中的参与不足直接导致了公共空间的功能服务不完善、配置效率低下、空间形象不突出等问题,因此无法吸引公众驻足停留并开展积极运动,构建完善的及时反馈机制,形成有力的健康导向和治理的正向循环。

(3)权责分配模糊。不厘清和界定好政府、组织、社区市民等利益群体的责任分配,会导致治理过程价值导向不明、治理责任流失、效率低下等问题。在后疫情时代的背景下,公众的健康响应更依赖于基层的精细化治理,如明确基层组织、社区等基本构成单元的权责,避免"一刀切"和粗放管制。

(4)治理手段滞后。虽然在大数据时代我国"互联网+"技术不断发展,空间监测和相关线上平台也较为普及,但在疫情的挑战下,我国个别城市和地区依然存在空间和数据匹配不够精准、线上平台应急响应不够及时的现象,为精准落位和施策增加难度。

3　公众健康视角下公共空间治理框架重构

基于上述公众健康视角下公共空间的治理问题,为全面提升公共空间治理能力和效率,其框架的重构十分必要。公共空间治理框架(PSGF)主要包括治理任务、治理结构、治理主体和治理工具(Zamanifard H, et al., 2018),四个组成部分共同影响公共空间的治理能力。在公众健康的背景下,公共空间质量和弹性的提升是诸多目标中的终极任务。因此,该框架基于"治"和"防"两大健康导向,厘清各治理要素——明确治理任务、协调治理主体、改革治理

结构、创新治理工具，"四位一体"全面加快健康导向下公共空间治理体系的重
构和治理能力的提升（图2）。

3.1　明确治理任务

公共空间治理是个多维度复杂系统，从不同治理环节和不同公共空间类型两
个视角明确和解读治理任务转变，有利于公共空间治理框架面向公众健康的根本
性改善（图3）。①在治理环节维度，城市公共空间治理任务包括规划、设计、建
设、运营和管理等环节，这也构成了城市公共空间的生成逻辑。其中，规划、建设、
管理三大环节在2015年中央城市工作会议中被再次强调，三者的协调性是提高空

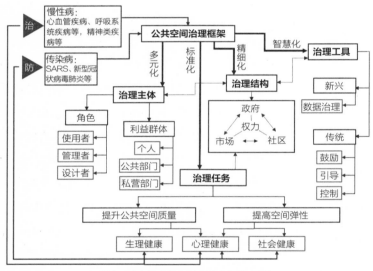

图2　公众健康视角下公共空间治理框架
图片来源：作者自绘

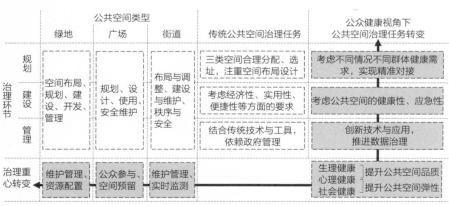

图3　公众健康视角下公共空间治理任务转变
图片来源：作者自绘

间系统整体性和治理合理性的重要保障。随着 WHO 在第八届国际健康促进大会中提出"将健康融入所有政策"（Health in All Policies，简称 HiAP），公共空间治理任务开始关注公众健康，考虑不同群体的健康需求，制定完善的治理流程和体系，推进标准化治理。②不同类型的公共空间治理任务应由传统的仅注重空间布局、设计、开发、建设转向重视资源配置、维护管理、安全预留等问题。公众健康视角下的公共空间治理任务并非完全摒弃传统治理重心，而是在此基础上通过协调和干预措施实现空间重塑和善治，一方面通过提升空间质量支持和促进公众身心健康的生活方式，提高公众健康水平，减少健康不平等；另一方面考虑空间预留和互联，以及时应对突发公共卫生事件，实现城市空间的社会健康和弹性发展，做到高效防控。

3.2　协调治理主体

公共空间治理的利益相关者是公民（个人）、公共部门（例如地方政府）和私营部门（例如零售商），扮演的角色包括使用者、管理者和设计者，这些角色是暂时的、可变的，也可能会重叠（Salamon L M, et al., 2002）。公共空间的塑造是由多个参与者和利益相关者影响的，公民参与的有效性和持续性是基于公民的实际需求达到的共同价值目标。因此，面向公众健康的公共空间塑造和治理应同时满足公众日常健康需求和突发健康事件的及时响应。在日常治理中将健康的价值导向渗透进不同层次的社会组织，搭建居民参与载体，将参与主体的年龄分布、职业等要素考虑进来，促进体力活动和社会活动的参与。在突发的疫情中，我们更容易看出，"公众"并不是一个模棱两可的可量化概念，而是精确的老年人或儿童的"易感人群"，是外来务工的"高危人群"，是有着具体的不同特征和需求的个体，其需求必须得到满足和重视。

3.3　改革治理结构

治理结构是影响治理能力最重要的组成部分。公共空间治理结构的重点可以理解为协调"权力—分配方式—利益群体"三者之间关系。Carmona 提出治理结构有四种：①传统的治理结构，权力完全集中在政府，政府部门为空间提供融资、开发和管理，而私营部门或地方社区不会获得任何干预权；②新自由主义下的市场治理，公共服务被假定为可买卖商品，鼓励服务提供商之间的竞争；③新公共管理（NPM），最初是对传统、等级制和官僚主义的对抗，可以将部分职责下放给管理部门；④加入社区合作的网络治理，利益相关者建立信任关系，权力被分解在利益相关者之间，形成自合作、自组织的治理系统（Carmona M, 2016; Johnston, et al.，2000）。我国传统的公共空间治理是以政府为中心，市场和资本对资源配置和政策制定起决定作用，导致公共空间的品质和弹性无法从本质上改善。无论是公众日常健康水平的提升还是突发健康问题的应急和防控，都需要治理结构和管理体制的根本改革。"管理""投资""维护"和"协调"是任何管理体制的特征，权力的平衡与下放是治理结构改革的重点，社区公民参与度的提高也是解决治理问题的主要途径（Carmona M，et al.，2008；Manzo L C，et al.，2006）。在新型冠状病毒肺炎疫情的控制中，政策如何精准落位、物资如何精准对接的难题突出了合理下放权责和构建治理单元的关键，也体现了后两种治理结构的合理性。

3.4　创新治理工具

治理需要共识、基本规则、法律和执法手段来实现其目标，传统的治理工具包括激励、指导和控制，这些工具可以转换为公共场所的总体规划、法律法规等，也可以通过参与者的协作共识和权力机构共同定义（Carmona M，2016）。传统治理工具是治理过程中不可或缺的组成部分，但单纯依靠传统治理工具已经不能满足公众健康需求，尤其是在应对突发性公共卫生事件的情况下。时间、空间、数据互通互联是空间系统发展的必然选择，新兴技术可以联动空间政策编制、规划审批、项目实施、突发情况预警等环节，实现实时监控、响应空间健康状况，从根本上提高空间应急响应能力。

4　公众健康视角下公共空间治理实施路径

公众健康视角下公共空间治理框架的重构为制定行之有效的实施路径提供了坚实的基础和依据。在此框架下，明确全民健康目标，以提升空间品质和空间应急防控能力为落脚点，提出"四化"路径，包括空间管控标准化、公众参与多元化、制度机制精细化和技术驱动智慧化，完善公共空间治理体系的韧性、实施性、协调性和战略性（图4）。

4.1　空间管控标准化

面向公众健康的公共空间治理是系统性和协作性过程，这包括公共空间治理流程的标准化、健康评估规则的标准化和规划治理中政策编制的标准化。其一，公共空间治理流程的标准化是协同纵向规划、建设、审查、管理环节和横向监测评估预警反馈的治理闭环，并将公众健康贯穿于整个治理流程，充分利用新兴技术和信息平台，形成上下联通、横向协同的整体性治理体系（图5左）。纵向联通

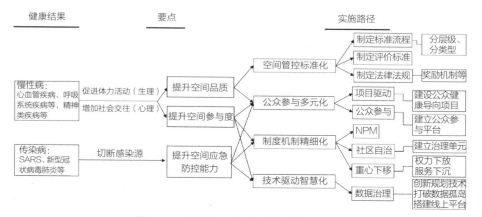

图 4 公众健康视角下公共空间治理的实施路径
图片来源：作者自绘

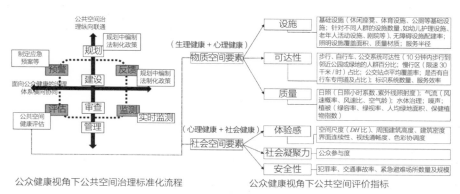

图 5 公众健康视角下公共空间治理标准化流程及公共空间评价指标
图片来源：作者自绘

上，在原有的公共空间治理流程中增加审查环节，通过公共空间的不同层级开展"体检"工作，与管理事权柔和衔接，打通公众健康目标传导；横向协同上，通过公共空间类型的划分，便于规划行政部门落实控制性指标，建立完善的治理系统，保证对突发公共卫生事件和灾害的及时响应；同时将健康目标贯穿在各治理环节和响应阶段，既可以通过提高公共空间质量促进居民体力活动和社会交往活动，实现公众生理和心理健康，又可以通过提高空间防疫能力实现空间弹性发展，应对突发公共卫生事件。

其二，公共空间健康评估是治理中的重要环节，其测度的选择会直接影响治理的反馈机制，从而影响治理体系的治理能力。结合北美都市区的健康影响评估（HIA）、旧金山的健康发展测度工具和"戴维森为生活而设计"项目（DD4L），将面向健康的公共空间评价要素提炼为物质空间和社会空间要素（图 5 右）。空间场所的塑造包括对空间进行前期策划，中期规划、开发，后期管理、维护行为，其中更重要的是如何安排资源（林雄斌，等，2015；Carmona M，2014）。物质环境要素涵盖设施、交通和自然环境资源，直接影响公众的生理和心理健康。其中，设施作为核心要素，关注基于不同群体的设施数量、品质和配置；可持续和安全的交通是影响公众接触公共空间的关键要素，关注步行、自行车、公交出行的相关配置要素的可达性；环境质量是影响公众活动的最直观表征要素，包括日照、空气质量和植被等。社会空间要素包括体验感、社会凝聚力和安全性，考虑居民参与度、满意度和空间治理体系的韧性发展。

其三，政策编制是空间管控的有力手段，在健康的新视角下，公共空间的评估、规划乃至管理的程序、方法和思维应有所转变。规划者不再是按照规划原理、规范进行简单的物质空间设计，而是将健康影响评价融入公共空间政策措施，关注资源配置、环境质量、社会互动、安全防控等要素，通过"抗辩和判例"制定合理适配的法律法规。①在政策机制方面，要推动有针对性的奖励机制，一方面是对空间建设管理的奖励机制，如杭州出台的《钱江新城公共空间奖励措施》将公共空间的界定、计算和换算方法等加入其中，提高公共空间建设的合理性和规范性；另一方面是鼓励加大调查和治理过程的投资力度，例如南加州地区会每年花费 146 亿和 22 亿美元用在治理空气污染和空气质量调查，由此全面改善建成环境和健康状况，减小灾害事件发生的概率。②在指标要素方面，细化环境噪声标准、空气质量、配置比例、活动容量等参考指标的确定及其阈值的设置，并对城市家具、广告牌、沿街立面控制等空间设计要素提出具化要求，精准管控不同设施，提高公共空间品质。③除此之外，空间和设施都要考虑平战结合，在预留应急空间和隔离区同时，可利用相应的广场、绿地，甚至闲置的商铺作为应急救援场所。如日本 2017 年要求 24 小时便利店为"指定公共机关"，在关键时刻帮助城市生命线的恢复，防止政策的过度"刚性"，避免空间浪费，提高防控效率（邓兴栋，2020；俞顺年，2012；黄怡，2020）。

4.2　公众参与多元化

公众参与是利益共同体价值的回归，是善治的前提，应被渗透进公共空间规划建设和审批管理等各个环节，避免浮于表面、流于形式（张松，2020；许景权，2018）。①首先，基层社会组织较政府和企业在公益服务能力上有难以企及的比较优势。为此可由政府或基层组织主导开展公众健康项目，鼓励各方投资共建，从政府到公共卫生部门、规划部门、线上教育机构网站都加大宣传力度，如蓉江社区开展的"健康扶贫"项目，将健康服务送到每个居民身边，为治理主体建立参与精神和责任精神，推进基层公共卫生服务的全面覆盖。②其次，应建立开放的公众参与平台。鼓励公众深度参与空间规划的各个环节，提高公众参与意识，推进不同治理主体的良性互动，使居民提高认同感、归属感和幸福感，达到身心健康的平衡，还可以完善公众意见表达机制，及时响应突发情况，迅速达成共识、统一战线。

4.3　制度机制精细化

要真正为空间治理增质提效，应催生基于精细化结构的治理体系。精细化治理重点在于权力下放和社区自治，结合管理和服务"提供精准化服务"。①采用新公共管理（NPM）的治理形式，将干预和控制的责任精细化，增设管理机构，例如政府的独立组织或政府设立的半私人实体，充分利用自身资源，并结合市场需求，旨在提高公共服务效率和效益（Johnston，et al.，2000）。在这种模式下，可以做到治理重心下移精准，治理权力下放精确，治理服务下沉精细。②社区是公共服务和产品抵达的终端，也是化解危机的前端。划分街道、社区的治理单元，既可以实现治理主体的共建共享，又可以通过上下联动整合城市公共空间。以此次疫情为鉴，建立自组织空间单元是社会基层治理和应急响应链条的关键所在。将防灾减灾内容下沉到社区生活圈，由网格化单元分布形成网络化数据管理，形成联防联控体系，有效改善生产物资供应、社区生活管理、交通枢纽控制、医疗设施、隔离观察设施、环保环卫设施配置和维护等问题，提升公共空间系统应对突发健康状况的自组织性。

4.4　技术驱动智慧化

为使规划空间可以促进日常公众健康并可以及时响应未知的突发事件，应改善我国空间规划的"虚化"问题，创新规划技术，推动数据治理。数据标准的制定、贯彻和衔接应向信息化转变，以互联网为基础搭建智慧平台，实现监测、评估、预警、反馈全闭环治理。例如利用跨学科技术、模拟系统和"大智移云"等技术，搭建线上"健康空间"监测、评估平台，建立"社区应急预案模板"，如云医院、"社区大脑"、预案演习等。日常生活中整合评估现有设施资源，为基层居民提供健康普及、"自助、互助"技能宣传、定点咨询等服务；突发事件发生时可供实时监控反馈，实现交通监测、物资输送过程中虚拟数据和空间要素的精准对接，为规划者提供准确的空间设施分布和及时的线上化公共服务，为应急响应提供数据支撑，形成平战结合、共谋共建的弹性治理体系。

5　结语

公共空间治理是一个不断完善的过程，在这个过程中健康既是目的也是手段。

健康视角下公共空间治理的终极目标是提高公众健康程度和公共空间免疫力。公共空间的抵抗力不仅包括对既有健康问题的"治"，也包括对未知突发公共卫生事件的"防"，是对城市公共空间治理体系整体性和弹性的考验。以国内外相关研究作为支撑，本研究初步完成：①重构了系统性公共空间治理框架，包括明确治理任务、协调治理主体、改革治理结构和创新治理工具；②提出了具体的公共空间治理实施路径，从四个维度实现全民健康。空间管控方面，完善公共空间治理流程闭环，制定新健康评估标准，编订弹性法律法规；公众参与方面，结合项目驱动和平台激发多元主体深度参与；制度机制方面，治理重心下沉，构建治理单元，实现空间防控效率高效提升；技术驱动方面，推动数据治理，提高公共空间治理能力。本次研究为公众健康视角的公共空间治理研究提供了一定的线索和思路，具体的实施策略还需进一步细化研究和验证。

参考文献

[1]   Carmona M，De Magalhães C，Hammond L. Public space：The management dimension[M]. London：Routledge，2008.

[2]   Carmona M. The formal and informal tools of design governance[J]. Journal of Urban Design，2016，22（1）：1-36.

[3]   Carmona M. The place-shaping continuum：A theory of urban design process[J]. Journal of Urban Design，2014，19（1）：2-36.

[4]   陈竹，叶珉. 什么是真正的公共空间？——西方城市公共空间理论与空间公共性的判定 [J]. 国际城市规划，2009，24（3）：44-49，53.

[5]   邓兴栋. 从"全民抗疫"看城市精细化治理 [J]. 城市规划学刊，2020（02）.

[6]   范春. 公共卫生学 [M]. 厦门：厦门大学出版社，2009.

[7]   Fukuyama F. What is governance?[J].Governance，2013，26（3）：347-368.

[8]   黄怡. 城市精细化治理的内涵与社区立场 [J]. 城市规划学刊，2020（02）.

[9]   Johnston，Judy. The new public management in Australia[J]. Administrative Theory &Praxis，2000，22（2）：345-368.

[10] Koohsari M J，Mavoa S，Villanueva K，et al.. Public open space，physical activity，urban design and public health：Concepts，methods and research agenda[J]. Health and Place，2015，33：76-82.

[11] 林雄斌，杨家文. 北美都市区建成环境与公共健康关系的研究述评及其启示 [J]. 规划师，2015，31（06）：12-19.

[12] 刘滨谊，郭璁. 通过设计促进健康——美国"设计下的积极生活"计划简介及启示 [J]. 国外城市规划，2006（02）：60-65.

[13] Madanipour A. Public and Private Spaces of the City[M]. London：Routledge，2003.

[14] Manzo L C，Perkins D D. Finding common ground：The importance of place attachment to community participation and planning[J]. Journal of Planning Literature，2006，20（4）：335-350.

[15] 马明，蔡镇钰. 健康视角下城市绿色开放空间研究——健康效用及设计应对 [J]. 中国园林，2016,32（11）：66-70.

[16] Northridge M E，Sclar E D，Biswas P. Sorting out the connections between the built environment and health：a conceptual framework for navigating pathways and planning healthy cities[J]. Journal of Urban Health，2003，80（4）：556-568.

[17] Pradinie K，Navastara A M，Erli Martha K D. Who's own the public space? The adaptation of limited space[J].Procedia-Social and Behavioral Science，2016，227：693-698.

[18] Salamon L M，Elliott O V. The Tools of Government Action：A Guide to the New Governance[M]. Oxford：Oxford University Press，2002.

[19] Wheeler B W，Cooper A R，Page A S，et al.. Greens-pace and children's physical activity：A GPS/GIS analysis of the PEACH project[J]. Prev Med，2010（2）：148-152.

[20] WHO. The Helsinki Statement on Health in All Policies[R]. Helsinki，Finland：World Health Organization. 2013.

[21] 王兰，廖舒文，赵晓菁. 健康城市规划路径与要素辨析 [J]. 国际城市规划，2016，31（4）：4-9.

[22] 王伊倜，王雅雯，李昕阳，等. 治理精细化背景下的城市公共空间规划管理实施路径 [J]. 城市观察，2020（01）：100-109.

[23] 许景权. 基于空间规划体系构建对我国空间治理变革的认识与思考 [J]. 城乡规划，2018（05）：14-20.

[24] 俞顺年. 钱江新城 CBD 城市公共空间系统规划研究及实践 [C]// 中国城市规划学会. 多元与包容——2012 中国城市规划年会论文集（04. 城市设计）. 中国城市规划学会，2012，11：731-741.

[25] Zamanifard H，Alizadeh T，Bosman C. Towards a framework of public space governance[J]. Cities，2018，78，155-165.

[26] 张松. 规划作为社会治理的过程和工具 [J]. 城市规划学刊，2020（02）.

[27] 赵瑞样. 景观疗养因子对机体作用的研究 [J]. 中国疗养医学，2009（03）：190-195.

袁媛，中国城市规划学会青年工作委员会副主任委员、学术工作委员会委员，中国地理学会城市地理专业委员会副主任委员，中山大学地理科学与规划学院教授、博士生导师，中山大学城市化研究院副院长

何灏宇，中山大学地理科学与规划学院博士研究生

陈玉洁，中山大学地理科学与规划学院博士研究生

谭俊杰，中山大学地理科学与规划学院博士研究生

谭
俊
杰

陈
玉
洁

何
灏
宇

袁
媛

多类型的健康社区治理研究
—— 兼顾突发疫情和常态化防控背景 *

1 引言

今年伊始，新冠肺炎疫情肆虐。该疫情传染性强、传播面广，潜伏周期长，疫时防控与疫后常态化防控工作的成效均极大影响我国居民的健康，影响"健康中国"的构建。

疫情期及常态化防控期防治工作的重心均是以社区为载体的面源进行管控，以基层社区为抓手落实隔离管控工作。管控思路自上而下和向自下而上并举，管控重心下移，是对国家、城市和社区治理体系的一场严峻考验，同时也是创新共建共治共享的社会治理格局、推进国家治理体系现代化的重要契机。社区是实现"健康中国"战略的基本单元，如何调动多方主体参与，建立协作治理机制，共建健康社区？因公共健康而起源的城乡规划学科、深入社区工作的规划师，又如何在突发性公共卫生事件中发挥专业的作用？本文在总结健康社区治理内涵基础上，以疫情期和常态化防控期广州市的典型社区为案例，尝试初步回答上述问题。

2 疫情期与常态化防控期社区治理存在的难题

社区是我国防疫的第一线，在疫情防控、初期治疗、监督核查方面发挥重要作用（袁媛，2020）。然而疫情期间大多基层社区缺乏应对经验，大多社区均未实现真正意义上的治理，仍沿用传统的管理思维和模式，导致了以下问题：

---

* 本文在《面向突发公共卫生事件的健康社区治理》（《规划师》2020/6）的基础上，进行了补充和完善。

（1）人力上：民间力量与社区力量较为缺乏，不足以应对数量众多的社区（曾晨，2020）；基层干部、网格员、物业人员、医护人员等社区工作者数量较少，承担着巨大的工作压力。

（2）物资上：医疗和生活资源匮乏，社区基本需求难以及时保障。

（3）管控上：部分社区对流动人口的排斥性管理，对于疫情期间的"弱势群体"缺乏充分的关注和保护。部分老旧小区组织管理化水平较低，空间管制松散且社群关系复杂，难以实现封闭管理和病情排查（唐燕，2020）。

（4）居民意识上：在疫情及其衍生的社会问题所致的心理压力下，部分社区居民对社区工作者缺乏信任，沟通断层，不仅对社区疫情防控工作造成不便，还可能加剧社群的心理隔离。

疫情在国内得到控制，但全球疫情仍大流行，存在着境外输入、境内反弹的风险，需对疫情进行常态化防控。社区是外防输入、内防反弹的重要防线，需兼顾"应急防控"与"日常工作"，一方面有序推进全社会有序复工复产，另一方面将疫情防治工作常态化，确保疫情不反弹。社区常态化防控可能存在以下问题：

（1）人力上：社区基层的人力资源仍然不足，难以满足各社区常态化防控的诉求。

（2）管控上：缺乏不同风险社区的管理措施体系化建议，各社区的管控力度难把握。

（3）居民意识上：经历疫情期长时间高强度的防控要求后，居民难免会有对防控任务的懈怠、厌倦心理，易消极应对常态化防控工作。

不同社区组织建设、管理水平、人口结构及关系网络存在较大差异，在非常时期，传统管理思路不仅无法实现社区的差异化和精细化管理，而且在疫情期与常态化防控期的处理上也存在缺陷。本文关注面向疫情期及常态化防控期的社区治理模式，试探讨健康社区治理的范式。

3　健康社区治理理论构建

健康社区指所有组织（正式/非正式）都能有效合作，进而提高居民生活质量和健康水平的社区，强调健康理念对社区建设的重要性，涵盖了社区的规划、建设和治理全过程（Boothroyd, Eberle, 1990；杨立华，等，2011；孙文尧，等，2017）。

健康社区治理成为一项关乎防控传染病爆发、维护社会稳定的综合性行动战略与过程（袁媛，2020）。其内容涉及范围广，不仅包含社区软文化的培育，还包

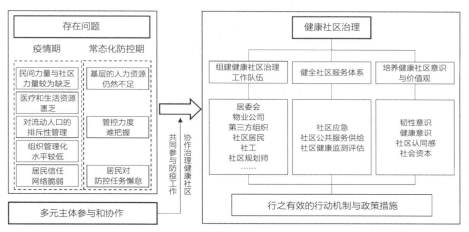

图 1　健康社区治理理论构建

括健康社区服务功能的建构。本文在多元主体协作视角下，从健康社区治理主体、
健康社区治理服务体系、健康社区的文化培育与社会资本促进三方面出发，提出
健康社区治理的内容框架（图 1）。

3.1　多元协作的健康社区治理

社区治理是在社区内依托于政府组织、服务组织、社会组织和居民自治组织
以及个人等各种网络体系，应对社区内的公共问题，共同完成和实现社区社会事
务管理和公共服务的过程（夏建中，2010）。社区治理的主体是多元的，囊括第一、
第二、第三部门。多元主体是平等与独立地通过沟通平台参与到社区事务决策中
（Ansell，Gash，2008），通过积极互动与资源互补，建立多元主体间"伙伴关系"
（刘杰，2019），并形成系列治理的规范、准则与流程。

多元协作的治理工作队伍是实现健康社区治理的重要基础。通过社区居民、
居委会、物业公司、第三方组织及其他社区工作者沟通协作、各司其职，将实现
健康社区治理的效率最大化和成效最优化，并建立起长效的协作机制，提升社区
的自组织能力。

3.2　社区治理的服务体系

社区健康治理的服务功能体系由社区应急、社区公共服务供给和社区健康监
测评估三者构成，可满足社区疫情期与常态化防控期不同的服务诉求（图 2）。参
考危机管理的 PPRR 模型，疫情期是该模型中的反应、恢复阶段；常态化防控期
则是预防、准备阶段。

健康社区应急指建设和完善社区疫情应急管理的平时预防机制、资源动员机

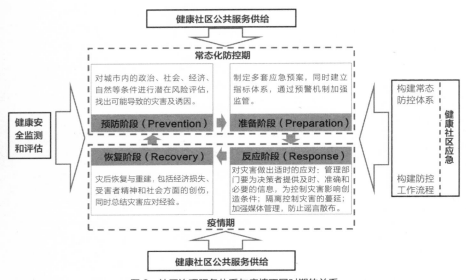

图2　社区治理服务体系与疫情不同时期的关系

制、参与机制、灾害防救能力建设机制，以及灾害后的伤害评价、安全监测和修复机制（刘佳燕，2020）。疫情期间，应急服务应构建完善的防控工作流程，包括政策宣传和消息采集、社区封闭和消杀防疫、资源保障和社区照顾、患者排查和就医安排、情绪安慰和心理辅导等环节（吴莹，2020）。常态化防控期间，应急服务应构建常态化防控体系，包括社区治理中的权责关系及动员机制、构建公共空间平疫结合的转换预案、加强社区工作者的专业知识培训等内容（梁思思，2020）。

健康社区公共服务供给是社区治理的基本保障，包括医疗资源、生活资源和健康理念（包括防疫咨询）等方面，在疫情期与常态化防控期均起重要作用。社区医疗具有患者信息收集和上报、初期诊疗设施供给等重要作用，实现社区疫情风险的精准排查；社区治理对接城市应急物资保障体系，根据本社区具体情况结合大数据预测需求，申请物资的种类和数量的调配，有针对性地提供医疗生活物资等服务；开展疫情认知与自我防范、防疫消毒、卫生习惯、垃圾分类和保洁等宣传和咨询工作，同时注重疏解和安抚居民因长时间的居家隔离和疫情相关消极信息而产生的情绪压力，尤其是向弱势群体适当倾斜。

社区应形成健康安全监测和评估，主要依托网格化管理、云服务平台、大数据等信息技术，构建健康安全监测和防控管理信息技术平台；重点保障疫情、防护、医疗就诊和民生保障这四类信息的更新和公开；整合信息采集与更新、综合评估、病例跟踪、数据预测等功能，加强数据动态监测、风险评估，辅助疫情防控工作。常态化防控期更要重视健康安全检测评估系统的建设。

3.3　社区健康文化与社会资本

社区的行为准则与规范等具有示范作用，通过群体效应能影响个人的健康行为选择（Oberwittler，2007；Pearce，et al，2012），进而影响居民健康。此外，治理进程中主体间的持续接触有助增进多方的相互信任，形成默许规范、准则，有助于积累社区社会资本（燕继荣，2010），进而促进个体间实现合作和克服集体行动困境（奥斯特罗姆，2003），实现更高的健康社区治理绩效，如通过组织集体活动能解决社区问题，为居民营造有利于健康的居住环境，进而提高居民身心健康（Mcneill，et al，2006）。社区认同则是推进公众参与，促进居民参与社区建设和治理的因素之一（唐有财，胡兵，2016）。

疫情期间社区健康文化主要通过韧性社区教育来构建。加强社区疫情及重大安全事件防控意识和应急处理救助能力等的宣传和培训，将其纳入社区教育的常规内容。常态化防控期，在韧性社区教育的同时，社区还应通过建立积极的健康文化和价值取向，引导居民养成健康的生活方式和理念。通过社区教育，形成健康社区治理与居民个体健康的良性互动，增进社区认同感（刘佳燕，2020）。同时，通过上述多元参与的过程培育出充足的社区社会资本，提高健康社区治理的绩效。

4　多元主体协作的健康社区治理——以广州市为例

4.1　基于居委会主导的健康社区治理案例

广州市北京街都府社区以居委会主导，主要负责摸查居民健康现状，并动员社区工作者、在职党员参与健康社区治理。首先，居委会充分利用该社区党员和社区工作者的数量优势，积极调动社区内部民间力量，组建专业治理队伍参与社区疫情排查。其次，采用"微治理"模式，提高组织管理化水平，健全社区"微服务"体系。社区采用网格化管理，划分6个社区健康支部网格，在每个网格支部分别安排社区医生、社区民警和居委会工作人员组成"社区力量三人组"，上门走访网格居民，及时了解居民需求并反馈至居委会，该模式得到广东省卫健委的高度肯定。再次，对流动人口进行差异化管理，进行健康监测与评价。居委会按照越秀区的要求实施防控工作，为湖北来穗人员分发含健康服务卡的《致广大来穗的湖北、武汉朋友的一封信》，并派居委会、派出所、社卫中心组成三人入户小组（图3）进行上门健康情况监测排查，主动为湖北来穗人员发放建档立册二维码，引导居民主动上网申报健康状况（陈育柱，胡苇杭，2020）。

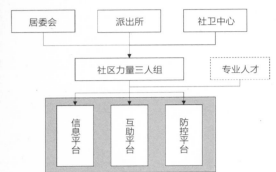

图3　都府社区"社区力量
三人组"关系图

4.2　基于第三方组织的健康社区治理案例

在社区治理的语境下，第三方组织是以市民社会为基础的中立组织，一般由不同知识背景但追求共同利益的人群组成，在参与治理过程中以解决问题为目标，以协调和监理为手段，合理平衡各方利益（Ross MG, et al, 1967）。社区中常见的第三方组织有社区有限公司、基金会等社区社会组织等（Bajracharya, et al, 2010；Reggers, et al, 2016；Butler W H, 2009；Reardon, et al, 2009）。本文以广州市社会服务发展促进会为案例探讨这一模式。

广州市社会服务发展促进会（简称社促会）作为链接居民和社会组织、企业的桥梁平台，在疫情期，不仅发挥自身价值帮助社区中的弱势群体，而且联动更多社会组织和企业共同参与社区防治治理工作。

社促会的社工站协助居委会工作，为社区居民尤其是居家隔离人士和部分行动不便的居民提供线上线下的社区服务，解决物资匮乏等问题，优化了社区服务功能。如在黄埔穗东街，社工线上对湖北来穗人员及有关接触者进行每日电访慰问和心理疏导（苏赞，等，2020），线下则有针对性地解决线上沟通所收集的居民需求，如联系街道寻找医生为有需求的居民上门服务、为独居老人申请米油物资紧急援助等。

社促会联动多方社会力量，向企业和社会征集社区工作所需要的口罩、酒精等防护物资和生活物资，如广州市慈善会资助各社工站5000元购置防疫物资，爱心企业为居家隔离的居民提供午餐送餐。另外，社促会还推动广州市社会工作协会制定《广州市社工站新型冠状病毒感染的肺炎预防控制指引（第一版）》，倡导社工行业开展"广州社工红棉守护行动"，促进了社会力量参与社区治理的制度化。

4.3　基于居民自发参与的健康社区治理案例

居民是社区防疫工作最主要的群体，其积极主动参与社区防疫，为社区工作建言献策，能够为防疫工作的优化提供最切实可行、符合民意的建议，有利于加强防疫工作团队与社区居民之间的友好协作。如天河区的信华花园小区成立"微信群指挥部"，该微信群成员中除社区居民外还包括街道、居委会、物管、业委会、各职能部门的代表等。小区业主在微信群主动反馈防疫工作的不足和优化建议，如停车场出入口体温检测把关不严等现象（胡晓倩，2020）。居民意见可直接反馈到各个管理层级，极大提高了信息双向传递的效率，同时居民的合理建议也能及时有效地落实到具体工作中。

此外，部分居民还主动申请成为社区志愿者，协助社区防疫团队的日常工作，特别是外籍人士较多的社区，如天河区猎德街誉城苑社区的多国籍多语种志愿者队伍，负责对外籍人士进行健康情况登记、心理疏导、防疫防控知识宣讲和咨询援助等工作，成为日常健康管理和政策宣传工作中的关键一环（赵小满，2020）。居民的主动参与，强化了居民的主人翁意识和公共参与热情，体现了广州的人文关怀与城市包容性。

4.4　基于多元主体协作的健康社区治理案例

在常态化防控期，广州市海珠区珠江御景湾社区的多元主体通过组织各类活动，增强居民的健康意识，培育社区的健康文化，推进常态化时期社区治理（陈敏强等，2020）。御景湾社区居委会联合街道社会工作站，开展志愿者防疫培训，讲解了新型冠状病毒肺炎传播途径、特点、个人防护注意事项等，提高志愿者对疫情常态化防控的了解。社区居委会亦开展"防疫有我，爱卫同行"的宣传活动，派发垃圾分类、预防登革热、控烟等宣传手册资料及灭蚊片，动员社区居民开展环境卫生清洁，清理卫生死角和积水，清除蚊虫孳生地，营造健康的社区环境，培育居民的卫生习惯。

同时，多元主体还就新型冠状病毒肺炎外的其他健康主题展开活动，如社区卫生服务中心和中山大学孙逸仙纪念医院神经科在该社区联合开展无烟日和预防卒中义诊咨询活动，提高居民对脑卒中等健康问题的认识和自我保健能力。街道计生办则开展以"幸福母亲、幸福家庭"为题的宣传活动，向居民普及优生优育和生殖健康等知识。社工与禁毒志愿者开展"同心远离毒品、共享美好人生"禁毒宣传活动，向居民发放禁毒宣传资料及礼品，提高居民对毒品危害的认识，营造健康的社区文化。

4.5　初步建构"多元协作主体"和"外围协同系统"的社区治理机制

面对突发公共卫生事件，社区治理要以人为本，满足居民尤其是弱势群体的物资保障、卫生健康、社区安全等需求；疫情、物资调度等信息公开透明有助于协助居民实现有效的自我预警与防控（李丹，2019）。而这一切需要拥有专业治理能力或丰富社区生活经验的多元主体协作，及时且有针对性地做出防疫响应（Ross MG，et al，1967；Raciti A，et al，2015；秦波，焦永利，2020）。建构"多元协作主体"和"外围协同系统"的社区治理机制能够有效缩短时间成本，是推进社区疫情防控的重中之重（图4）。

4.5.1　多元协作主体

根据广州案例，参与社区治理的多元核心主体有居委会、第三方组织、居民、物业公司等。目前，社区规划师尚未发挥一线作用，但作为社区治理的专业力量，应当承担起协助疫情防控的社会责任，在未来可运用自身专业技能，为社区疫情防控建言献策，实现健康社区治理的科学化和高效化。

在协作工作中，疫情期居委会按卫生部门和街道的要求，在社区中组建社区疫情防救组织并组织和监督应急管理工作，动员居民参与社区治理，同时及时向上级反馈居民诉求。常态化防控期居委会则联合社区志愿者、社工等，在社区中开展打扫卫生、健康知识普及、义诊等健康文化相关活动，培育社区健康文化，推进健康社区治理。在大多社区中,第三方组织在政府购买服务的基础上参与治理，提供治理相关服务并引导更多的社会资本支持政府的社区治理工作。疫情期第三方组织协助居委会进行疫情防控，并深入居民群体，共享疫情相关信息，协调治理工作中的诉求冲突。在常态化防控期，第三方组织则与居委会合作，共同举办健康治理的相关活动，培育社区健康文化。随着协作进程，第三方组织也在居委

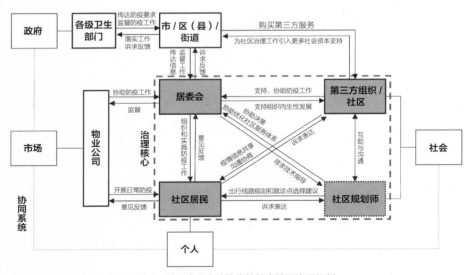

图4　基于多元主体协作的健康社区治理机制

会的支持下逐渐成为社区治理的内生性组织力量。而居民个人是疫情防控的关键，疫情期需自觉居家隔离和配合应急管理工作，常态化防控期则积极参与治理活动，增强对社区防疫治理的认同感和对生活的安全感（周奕佳，2020）。此外，在商品房社区中，物业公司可在居委会监督下协助开展常态化防控工作，并充当居委会和居民间的沟通桥梁，传递疫情信息和居民诉求。

在常态化防控期疫情预警、决策制定方面，需专业力量的参与，其中城市规划领域可以发挥作用（秦波，焦永利，2020）。社区规划师可运用专业技能，在健康社区评估、初期决策、协作沟通方面为健康社区治理建言献策，具体为：

（1）预判传染病传播的时空趋势和评估社区感染风险。利用 LBS 大数据精准预判传染病传播的时空趋势和评估社区感染风险，进而为疫情监测预判、人员识别与分类管理、信息发布等提出建议，辅助决策。

（2）协调社区间需求，科学划定物资和公共服务供应的服务半径，并提供均等化、全覆盖的临时物资和公共服务供应点空间布局方案。

（3）在充分掌握疫情空间数据和信息的基础上，为居民的必要性出行提供路线规划，提供就诊点的最优选择，以降低接触性感染风险。

4.5.2　外围协同系统

除治理核心主体外，其外围协同系统在社区疫情期与常态化防控期的防控工作中均发挥了基础性作用。根据广州案例，政府、街道、社区均为健康社区治理提供了实施保障。政府及卫健委层面，建立常住人口外出台账、来穗人员台账、14 天内往返湖北重点人群台账三本台账（罗仕，等，2020），为后续工作摸清底数。街道层面，建立服务机制、加强人员保障，采取"街道村居干部 + 卫生健康工作人员 + 民警三人小组"全面入户排查模式（胡钊，2020）。政府各部门还积极与社区合作，开展各类社区健康活动，培育社区健康文化。社区层面，根据不同社区类型，形成因"社区"制宜的灵活而完善的工作模式。城中村外来人口集聚且人员构成复杂，街道和村委会提出"7 步工作法"，通过"摸、筛、劝、找、隔、罚、暖"7个步骤全面防疫（胡晓倩，2020）。在商品房社区，政府则发挥指引者和监督者的作用，指导街道和社区制定工作方案，组建巡回指导组定期走访和检查保障防疫工作的成效（罗仕，等，2020）。物业公司发挥市场组织在资金和资源获取和调配方面的优势，主导防疫物资和服务的供给。在老旧社区，人口密度大且居民构成复杂，街道办在其防疫中发挥引领作用，提出"六个疫情防控网络"法（胡晓倩，2020），通过网格化管理的方式严格排查社区疫情。在外籍人士聚居社区，街道建立服务机制、强化人员配备、夯实保障基础和提供柔性服务。居民自发形成的社会关系网络对社区防疫具有重要意义，本土或外籍居民主动报名成为社区志愿者，参与社区防疫工作，极大提高沟通效率。

在多元核心治理主体和外围协同系统的共同参与下，将联动政府—市场—个人—社会多元力量形成完整而高效的协作机制，推动疫情期与常态化防控期中健康社区治理的全系统协同参与。

5 结语

针对社区防疫在疫情期与常态化防控期暴露出的系列问题，广州多个社区基于多元核心治理主体与外围协同系统的社区治理交出了广州答案：多元主体间高效率、高品质的协作，在疫情期建构了基于社区单元的治理系统，保障社区在突发公共卫生事件时的服务体系顺利运转。在常态化防控期，多元主体协作开展健康文化活动，促进居民形成健康的生活方式，提升常态化防控的质量。外围协同系统则为社区单元的全时期防控提供实施保障。

多元协作的方法为提升健康社区治理质量与效率提供了新范式，外围协同系统提供其实施保障。健康社区治理的核心在于通过各方力量高效优质的协作，建构基于社区单元的治理系统，保障社区在常态化防控期兼顾日常工作与防控任务，在疫情期紧急应对、有序恢复。这对"健康中国"目标的实现具有一定的参考价值。

本文案例具有一定的代表性，但不足以囊括中国城市健康社区治理的所有类型；对协作主体与其他参与主体的影响机制探讨较浅，这也与实践时间较短有关。未来研究中，需扩充健康社区治理的实证研究，进一步探讨协作类型及实用性，另外需继续深化治理方法在健康社区中的研究，将重点放在制度化建设、预防体系拓展等方面。

参考文献

[1]　Ansell C., Gash A. Collaborative Governance in theory and Practice[J]. Journal of Public Administration Research and Theory, 2008 (18): 543–571.

[2]　Boothroyd P, Eberle M. Healthy communities: what they are, how they're made[Z]. 1990.

[3]　Gunderson G R. Backing onto sacred ground[J]. Public Health Reports, 2000, 115 (2–3): 257.

[4]　Lee P. Healthy communities: a young movement that can revolutionize public health[J]. Public Health Reports, 2000, 115 (2–3): 114–115.

[5]　Mcneill L H, Kreuter M W, Subramanian S V. Social Environment and Physical activity: A review of concepts and evidence[J]. Social Science & Medicine, 2006 (63): 1011–22.

[6]　Norris T, Pittman M. The healthy communities movement and the coalition for healthier cities and communities[J]. Public Health Reports, 2000, 115 (2–3): 118–124.

[7]　Oberwittler D. The Effects of Neighborhood Poverty on Adolescent Problem Behaviors: A Multi-Level Analysis Differentiated by Gender and Ethnicity[J]. Housing Studies, 2007 (22): 781–803.

[8]　Pearce J, Barnett R, Moon G. Sociospatial inequalities in health-related behaviors Pathways linking place and smoking[J]. Progress in Human Geography, 2012 (36): 3–24.

[9]　Raciti A, Lambert-Pennington KA, Reardon K M. The struggle for the future of public housing in Memphis, Tennessee: Reflections on HUD's choice neighborhoods planning program[J]. Cities, 2015, 57: 6–13.

[10]　Ross MG, Lappin, Ben W. Community organization; theory, principles, and practice[J]. Harper & Row, 1967.

[11]　白波，吴妮娜，王艳芳. 健康社区的内涵研究 [J]. 中国民康医学，2016，28 (20): 47–49.

[12]　陈敏强，卢琪英，李淼，等. 新时代文明实践 | 珠江御景湾社区开展系列科普宣传活动 [EB/OL]. (2020–06–01). http: //haizhu.xxsb.com/content/2020–06/01/content_103162.html.

[13] 陈育柱，胡苇杭．直击广州社区防控：用坚守筑起疫情防控的一道"墙"[EB/OL]．（2020-01-30）．http：//gd.people.com.cn/n2/2020/0130/c123932-33750374.html.

[14] 胡晓倩．广州社区：多措并举创新防疫摸索出一套 7 步工作法 [EB/OL]．（2020-05-25）．http：//ycpai.ycwb.com/ycppad/content/2020-02/11/content_649870.html.

[15] 胡钊．广州多措并举做好社区村居防疫防控 [EB/OL]．（2020-02-12）．http：//special.chinadevelopment.com.cn/2020zt/xgfyjjz/yqzj/2020/02/1609726.shtml.

[16] 奥斯特罗姆．流行的狂热抑或基本概念 [M]// 走出囚徒困境．上海：三联书店，2003：24.

[17] 秦波，焦永利．面对传染病危机，应急管理视角下的规划应对 [EB/OL]．（2020-02-25）．https：//mp.weixin.qq.com/s/ist4-uO6eT6H7WiFNM7lwQ.

[18] 梁思思，刘志林，刘永泉．疫情防控常态化下社区治理提升的难点及思考 [EB/OL]．（2020-06-03）．http：//www.planning.org.cn/news/view?id=10712.

[19] 李丹．以人民为中心的社区治理：价值意蕴、时代内涵和实现路径 [J]. 行政与法，2019（12）：67-72.

[20] 刘佳燕．重新发现社区：公共卫生危机下的社区建设 [EB/OL]．（2020-02-04）.https：//mp.weixin.qq.com/s/Q1OhWT_jTuX1yQCh8DThng.

[21] 刘杰,李国卉."伙伴关系"何以可能？——关于社区居委会与社区社会组织关系的案例考察 [J]. 江汉论坛，2019（11）：123-127.

[22] 罗仕,周聪,李焕坤．返程高峰社区防疫怎么做？广州市卫健委：做好三本台账 [EB/OL]．（2020-02-09）．https：//www.sohu.com/a/371631192_120046696.

[23] 孙文尧，王兰，赵钢，等．健康社区规划理念与实践初探——以成都市中和旧城更新规划为例 [J]. 上海城市规划，2017（3）：44-49.

[24] 苏赞，杨欣，陈雅诗. 社区疫情防控，社工成为街坊的"暖宝宝"[EB/OL].（2020-02-06）. http：// news.dayoo.com/gzrbyc/202002/06/158752_53089125.htm.

[25] 唐燕. "社区治理"防控新肺炎疫情的挑战与建议 [EB/OL].（2020-02-07）. https：//mp.weixin.qq.com/ s/V1SntWYgU7WWXC-i7EYAtw.

[26] 唐有财，胡兵. 社区治理中的公众参与：国家认同与社区认同的双重驱动 [J]. 云南师范大学学报（哲学社 会科学版），2016，48（02）：63-69.

[27] 吴莹.【疫情思考】突发公共卫生事件时期的城市社区治理应对 [EB/OL].（2020-02-21）. https：// mp.weixin.qq.com/s/xx18aK0EGo3XcFQBVdgfNw.

[28] 夏建中. 治理理论的特点与社区治理研究 [J]. 黑龙江社会科学，2010（02）：125-130+4.

[29] 杨立华,鲁春晓,陈文升. 健康社区及其测量指标体系的概念框架 [J]. 北京航空航天大学学报：社会科学版， 2011，24（3）：1-7.

[30] 燕继荣. 社区治理与社会资本投资——中国社区治理创新的理论解释 [J]. 天津社会科学，2010，3（03）： 59-64.

[31] 袁媛. 加强健康社区建设，应对新冠肺炎流行 [EB/OL].（2020-01-31）. https：//mp.weixin.qq.com/s/ xNUxE3PXA7pLhP-AuJwZiQ.

[32] 曾晨. 疫情防控是基层社区建设和治理的契机 [EB/OL].（2020-02-20）. https：//mp.weixin.qq.com/s/ GP_P-x9d8JHNl5p_SXklBA.

[33] 赵小满. 战"疫"之下，"国际社区"广州样本这样炼成 [EB/OL].（2020-05-16）. https：//mp.weixin. qq.com/s/osXXsG1_gZE7EbkEtp2JzA.

[34] 周奕佳. 献智战疫（四）疫情防控关键期，医工社科齐建言 [EB/OL].（2020-02-25）. https：// mp.weixin.qq.com/s/SJJ0umpXHv_Qy-R8pLr0Aw.

武廷海，清华大学建筑学院教授、博士生导师

张能，清华大学建筑学院博士研究生，北京同衡城市规划设计研究院规划师

张能 武廷海

城镇化、风险应对与面向城市治理的城市规划

1 中国城镇化与风险应对

城镇化（城市化）的本意是指人口由农村向城市转移，从而导致城市人口比例增加、农村人口比例下降，以及社会发生相应转变的现象。改革开放以来，中国城镇化的规模和速度都举世瞩目。从中国城镇化的动力机制看，在中国特色社会主义市场经济体制下，城镇化进程明显受到国家意志的影响而主动调节，因而，城镇化的节奏与经济社会发展中的风险形成了联系。

总体看来中国城镇化进程中，存在"风险爆发/需求不足——快速推进城镇化/扩大内需——风险转化/积累过度——主动调节城镇化/促进转型"这样的内在逻辑和周期（图1）。城镇化战略是扩大内需的强大动力，也是国家应对风险的强大政策工具。如果应对得当则会化危为机，为中国城镇化的转型升级带来重大契机。当然，城镇化不是万能的，实施城镇化战略必须把握其进程和节奏，否则将导致经济和社会发展出现投资过度、债务过高、产能过剩等严重后果，酿成新的风险。

我国经济总量不断增大，与世界经济的联系不断加强，据麦肯锡全球研究院预测，到2040年受中国与世界之间经济联系的价值将相当于全球GDP的26%。❶在中国融入世界经济的过程中，国内经济发展遇到的瓶颈，也往往始于国际上出现的重大经济危机和风险，而应对风险为中国经济社会发展和城镇化提供了重要的机遇。从风险应对的角度看，1993年以来的中国城镇化政策及其效果可以分为五个发展阶段（表1）。

---

❶ 麦肯锡全球研究院（2019）。

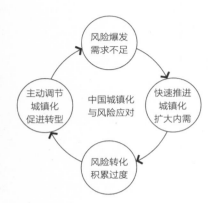

图 1　中国城镇化与风险应对的历史周期性循环

1993 年以来我国经济形势与城镇化转型　　　　　　表 1

发展阶段	国际背景	国内态势	经济发展政策	城镇化战略
1993—1997 年	世界多极化和经济全球化趋势不断发展，国际资本转移加速	国民经济持续、快速发展，但总量不高、基础薄弱	经济稳中求进	小城镇建设
1998—2002 年	亚洲金融危机蔓延，国际市场需求萎缩	有效需求不足，就业压力增大，相当一部分企业经营困难	把扩大国内需求作为促进经济增长的主要措施	实施城镇化战略，走中国特色城镇化道路
2003—2007 年	世界经济复苏，世界多极化和经济全球化的趋势继续深入发展	非典疫情爆发，暴露了经济发展和社会发展、城市发展和农村发展还不够协调	转变经济增长方式，促进城乡、区域、经济社会的协调发展	有效引导城镇化健康发展，合理把握城镇化进度
2008—2012 年	国际金融危机爆发，全球经济进入大萧条阶段	受国际金融危机严重冲击，我国经济社会发展遇到严重困难	把经济增长的基本立足点放在扩大国内需求上	把推进城镇化作为保持经济平稳较快发展的持久动力
2013—2017 年	国际金融危机进入深度调整期，总体复苏态势疲弱	经济社会发展进入新常态，经济增长下行压力和产能相对过剩的矛盾加剧	推进供给侧结构性改革	推进新型城镇化，把推进农业转移人口市民化作为首要任务

1.1　经济稳中求进和鼓励小城镇建设（1993—1997 年）

这一阶段，我国国民经济总体上面临着总量不高和基础薄弱的问题，但保持着持续、快速、健康发展态势。国家的经济引导主要在于加强和改善宏观调控，抑制通货膨胀，保持国民经济发展的好势头。1993 年召开的党的十四届三中全会明确了我国经济体制改革的目标是建立社会主义市场经济体制，在全会通过的《中共中央关于建立社会主义市场经济体制若干问题的决定》这份纲领性文件中，虽然没有提到"城镇化"这个概念，但已经包括了城镇发展的若干重要问题。夯实农业基础地位、发展农业和农村经济是国家关注的重点问题，城镇化问题尚没有独立于农村问题成为战略。1995 年，国家体改委、建设部、公安部、国家计委等 11 部委联合制定了《小城镇综合改革试点指导意见》，在户籍制度改革、土地制度改革等方面取得了历史性突破，为城镇化创造了重要条件，但城镇化对于经济的作用尚未在国家政策中得到充分体现。1997 年党的十五大报告中明确要求"搞好小城镇规划建设"，也提到了"发挥中心城市的作用"，但没有提及"城镇化"这一概念。

1.2　持续扩大内需和走中国特色城镇化道路（1998—2002 年）

受 1997 年爆发的亚洲金融危机蔓延、国际市场需求萎缩的影响，我国经济产生了一定的困难。面对危机，中央果断转变经济发展方针，明确提出把扩大国内需求作为促进经济增长的主要措施，持续性地推行积极的财政政策并加强基础设施建设。认识到城镇化对于拉动内需的重要作用，1998 年我国城镇化领域取得重要政策突破，当年 10 月召开的党的十五届三中全会通过了《中共中央关于推进农村改革发展若干重大问题决定》，第一次提出"坚持走中国特色城镇化道路，发挥好大中城市对农村的辐射带动作用，依法赋予经济发展快、人口吸纳能力强的小城镇相应行政管理权限，促进大中小城市和小城镇协调发展，形成城镇化和新农村建设互促共进机制"，同年召开的中央经济工作会议中首提"建设小城镇"。

1998 年后，城镇化作为国家战略的趋势进一步加强：1999 年中央经济工作会议更加明确地提出"发展小城镇是一个大战略"；2000 年中央经济工作会议第一次使用了"实施城镇化战略"这一表述；2001 年公布的《国民经济和社会发展第十个五年计划纲要》，首次在国家发展规划中提出"实施城镇化战略"，要求"走符合我国国情、大中小城市和小城镇协调发展的多样化城镇化道路，逐步形成合理的城镇体系"；2002 年党的十六大报告正式提出"要逐步提高城镇化水平，坚持大中小城市和小城镇协调发展，走中国特色的城镇化道路"，当年的中央经济工作会议明确要求"加快城镇化进程"。

1.3　引导经济社会协调发展和城镇化健康发展（2003—2007 年）

经过若干年的经济高速增长和大规模快速城镇化，发展中的负面问题系统显现，包括投资和消费关系不协调、能源资源消耗过大、环境污染加剧、城乡及区域发展差距持续扩大、社会事业发展滞后等突出问题。这一阶段我国城镇建设出现了"投资结构不合理、盲目追求城镇化率、住房供应结构不合理、资源能源不够节约利用"❶ 等不良趋势。2003 年非典型性肺炎疫情大规模爆发警醒人们重视经

---

❶ 此为 2004 年年底举行的全国建设工作会议上，时任建设部部长汪光焘直言城镇建设中出现的问题。报道见：http://www.people.com.cn/GB/shizheng/1027/3087971.html。

济发展方式。胡锦涛同志在 2003 年 7 月 28 日召开的全国防治非典工作会议上发表讲话指出，"通过抗击非典斗争，我们比过去更加深刻地认识到，我国的经济发展和社会发展、城市发展和农村发展还不够协调"；年底召开的中央经济工作会议则适时提出了"切实转变经济增长方式，促进城乡、区域、经济社会的协调发展"。2004 年起，中央经济工作会议的基调从以往强调扩大内需转变为实行稳健的财政政策和货币政策，在城镇化方面则提出了"有效引导城镇化健康发展""合理把握城镇化进度"的方向。2006 年出台的"十一五"规划纲要针对促进城镇化健康发展，提出了分类引导人口城镇化、形成合理的城镇化空间格局、加强城市规划建设管理、健全城镇化发展的体制机制等重要方向，标志着我国城镇化战略走向系统和成熟。特别是，纲要中提出"把城市群作为推进城镇化的主体形态"，标志着中国城镇化的战略重心已经发生了空间跃迁。

1.4　国际金融危机爆发和城镇化建设快速推进（2008—2012 年）

2008 年国际金融危机爆发，全球经济进入大萧条阶段，主要发达经济体的投资、就业以及家庭的消费急剧下降，也拖累了中国经济，中国当年 GDP 增速降到 10% 以内。面对来自国际国内的严峻挑战，我国经济政策适时地将保增长作为经济发展的核心任务，强调加快形成主要依靠内需特别是消费需求拉动经济增长的格局。城镇化战略经历了前一阶段的缓和调整，重新回归了以城镇化拉动内需的路线。2009 年的会议则要求"要以扩大内需特别是增加居民消费需求为重点，以稳步推进城镇化为依托，优化产业结构"；2009 年年底中共中央　国务院《关于加大统筹城乡发展力度进一步夯实农业农村发展基础的若干意见》提出，把推进城镇化作为保持经济平稳较快发展的持久动力。2008 年 11 月出台的四万亿经济刺激计划客观上促进了城镇建设和基础设施建设的突飞猛进，并对今后我国经济发展产生了长期性的巨大影响。2011—2013 年间，资本大举进入房地产、地方融资平台及城建相关领域，城市建设的资源消耗大量增长，地方政府债务不断提高，"国四条""国十条""国八条""国五条"等房价调控政策不断出台，但仍然难以抑制房价持续上扬。

1.5　经济发展新常态和推进新型城镇化（2013—2017 年）

这一阶段宏观经济仍处于国际金融危机的长期影响之下，经济增速面临较大的下行压力；由四万亿经济刺激计划引发的问题，已经严重威胁到我国国民经济的健康和平稳发展。面对较为复杂的局面，2013 年年底开始，我国经济方针和城镇化战略同步做出了重大调整。在经济方面，2013 年 10 月出台的《国务院关于化解产能严重过剩矛盾的指导意见》（国发〔2013〕41号）指出了在加快推进工业化、城镇化的发展阶段出现了盲目投资、产能过剩的现象，要求适应城镇化深入推进的需要，挖掘国内市场潜力，消化部分过剩产能，引导经济发展进入了加快转型调整阶段；2014年11月，我国在亚太经合组织（APEC）工商领导人峰会上做出了"中国经济呈现出新常态"的重要判断；2014年年底的中央经济工作会议则系统表述为"经济发展进入新常态，正从高速增长转向中高速增长，经济发展方式正从规模速度型粗放增长转向质量效率型集约增长"；2015年11月召开的中央财经领导小组第十一次会议围绕应对新常态提出了"加强供给侧结构性改革"的总体思路。

在城镇化方面，2013年11月召开了中央城镇化工作会议，提出了新型城镇化，将解决好人的问题作为推进新型城镇化的关键，把推进农业转移人口市民化作为首要任务，这标志着城镇化战略由注重规模与速度转向以质量为重；2014年发布了《国家新型城镇化规划（2014—2020年）》，标志着我国继提出城镇化战略以来的又一次重大战略转型。总体看来，新型城镇化战略的提出与我国推进供给侧结构性改革的时代背景是紧密联系的，国家专门制定综合性的城镇化战略来促进经济发展转型，这意味着城镇化在战略全局中的地位和作用进一步提升。新型城镇化规划实施至今以来，各项举措与我国经济转型升级的战略步骤是紧密联系的。例如，2015—2016年，中央经济工作会议要求把房地产去库存和促进人口城镇化结合起来，《国务院关于深入推进新型城镇化建设的若干意见》则适时地将放宽落户条件、推进棚户区改造等作为重点内容，为人口向中小城市城镇转移和置业创造条件。

总体看来，1998—2017年的20年间，我国经历了两次较为严重的外部危机，一次是1997年的亚洲金融危机，另一次是2008年的国际金融危机，这两次危机均在一定程度上导致经济发展面临有效需求不足、投资增速下降。为释放内需，国家在这两个时期相应地做出了"实施城镇化战略""推进城镇化"的重大部署，发挥了稳投资、保增长的作用。释放城镇化战略的巨大威力，经过5年左右，经济发展由动力不足转向投资过热，国家2003年提出科学发展观矫正1998年后刺激内需的副作用，2013年起提出化解过剩产能、供给侧结构性改革，应对2008年四万亿投资导致的系统性风险；相应地，2003、2013年，国家分别提出了"有效引导城镇化健康发展"和"新型城镇化"。因此，城镇化发展呈现出"五年一阶段、十年一周期"的特点。对应两次危机和风险，中国城镇化也经历了两个相对完整的战略性周期，带动了投资增速的周期性起伏变化，进而影响经济增长（图2）。

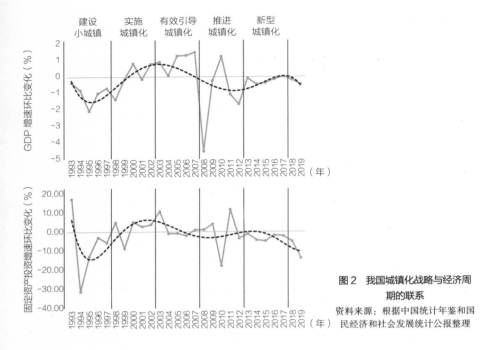

图 2　我国城镇化战略与经济周期的联系

资料来源：根据中国统计年鉴和国民经济和社会发展统计公报整理

2　新型冠状病毒肺炎疫情的风险与影响

2008 年以来，国内外经济发展长期处于国际金融危机的深度调整阶段，表现出经济增长持续放缓。国际金融危机造成全球经济增长动力不足，其影响长期存在。危机后的 2008—2017 年，全球 GDP 年均增速仅为 2.4%，较上一个十年下降了 1 个百分点；我国的 GDP 增速也从 2008 年开始持续放缓，从 2007 年的 14.2% 下降到 2019 年的 6.1%❶。

2018 年，美国总统签署备忘录，要求美国贸易代表对从中国进口的商品征收 500 亿—600 亿美元的新关税，挑起中美贸易摩擦。世界发展呈现出全球化退潮、国际摩擦和纠纷升级的趋势，不同社会阵营和发展理念之间的对立与竞争加剧，严重影响了世界经济的健康发展。受此影响，2019 年全球经济增速降至 2008 年金融危机以来最低的水平，也进一步拖累中国经济成长。中央对于国内外风险十分警惕，2018 年的中央经济工作会议指出我国的形势外部环境复杂严峻，经济面临下行压力，特别强调保持经济持续健康发展和社会大局稳定；2019 年的中央经济工作会议则将"稳"字作为关键词，重点提出稳就业、稳金融、稳外贸、稳外资、稳投资、稳预期的"六稳"。

---

❶　数据来源：世界银行。

2020 年年初，突如其来的新型冠状病毒（简称"新冠"）肺炎疫情对全世界人民的生命健康和生存状况造成了严重影响，这次疫情堪称"百年一遇的大流行病"（Once-in-a-century Pandemic）[1]，进入 2020 年 6 月，在各国累计发现的病毒感染人数已超过 600 万例[2]。联合国开发计划署发布报告《2020 人类发展报告：观点》——2019 冠状病毒病疫情与人类发展：评估危机与展望复苏，指出2019 新冠肺炎疫情导致通过全球教育、健康和生活水平等综合指标进行衡量的人类发展指数，自 1990 年引入以来首次出现衰退[3]（图 3）。世界经济也蒙受了巨大损失，疫情先后造成了美股多次熔断、石油价格崩盘。国际货币基金组织发布的《世界经济展望》认为，疫情将导致全球经济出现"大封锁"（The Great Lockdown），2020 年和 2021 年全球 GDP 的累计损失可能达到 9 万亿美元左右，大于日本和德国经济之和；2020 年全球经济预计将急剧收缩 3%，这将是 20 世纪 30 年代大萧条以来最大的经济萎缩，远超 2008 年金融危机的影响[4]（图 4）。世贸组织（WTO）则预测，预计 2020 年全球贸易将下降 13%—32%[5]。

新冠肺炎疫情也是 1949 年以来我国面对的最为重大的突发公共卫生事件，对国内经济社会健康发展造成了巨大冲击。根据国家统计局核算，2020 年一季度我国 GDP 同比增长 –6.8%，环比增长 –9.8%（图 5），出现了 1978 年以来极为罕见的经济负增长。国内消费、投资、进出口贸易都不同程度地受到了疫情的冲击，特别是，疫情封锁期间人们减少了非生活必需品的消费和外出旅行，使得占我国

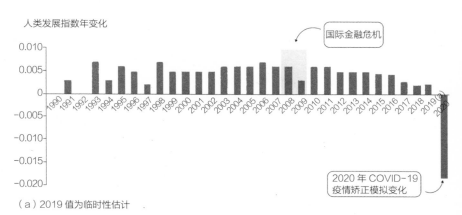

（a）2019 值为临时性估计

图 3　人类发展受到了 1990 年概念提出以来前所未有的冲击
资料来源：United Nations Development Programme（2020）

---

[1] Gates B（2020）。
[2] 数据来源：百度疫情实时大数据报告。
[3] United Nations Development Programme（2020）。
[4] International Monetary Fund（2020）。
[5] 报道见：https://www.wto.org/english/news_e/pres20_e/pr855_e.htm。

（实际 GDP 增长，年变化百分比）

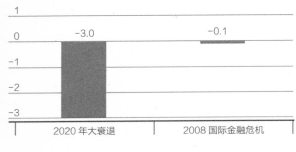

图4· 2020 年世界经济衰退程度远
超 2008 年国际金融危机
资料来源：International Monetary Fund
（2020）

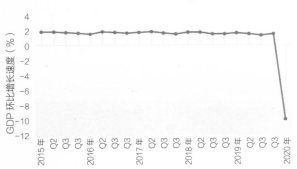

图5　疫情对中国经济的平稳增长产
生了巨大冲击
资料来源：国家统计局

GDP 总量近 60% 的消费领域成为"重灾区"❶❷。疫情对民生和就业的影响成为焦点问题，2020 年 2 月，全国城镇调查失业率达到 6.2%，较 1 月份增加了 0.9%，这意味着 1—2 月间全国新增城镇失业人员 400 万人（图6）。目前，新冠疫情的后续发展及其对政治经济可能造成的后果，仍存在很多的不确定性，中国和世界需要经过多久才能走出疫情的阴霾尚未可知。"面对严峻复杂的国际疫情和世界经济形势，我们要坚持底线思维，做好较长时间应对外部环境变化的思想准备和工作准备"❸。

　　人们已经认识到，疫情的爆发传播既是重大的公共卫生问题，也是重要的都市问题。目前，人类社会发展正在经历"都市革命"（Urban Revolution）❹，在全球尺度上进行着"星球城市化"（Planetary Urbanization）❺。近十年来，全球性重大疫情的爆发与全球快速城镇化过程紧密相关，疫情往往爆发于城市化进程最快的地区❻，城市人口快速增加、高密集聚居、全球城市生产生活广泛联系等都市社会的客观条件，为流行性疾病的大规模快速传播创造了机会❼。就新冠肺炎疫情而言，

---

❶ McKinsey & Company（2020）。
❷ 普华永道（2020）。
❸ 中央党校（国家行政学院）习近平新时代中国特色社会主义思想研究中心（2020）。
❹ Lefebvre H（2003）。
❺ Brenner N，et al（2014）。
❻ Alirol E，Getaz L，Stoll B，et al（2010）。
❼ Connolly C，Keil R，Ali S H（2020）。

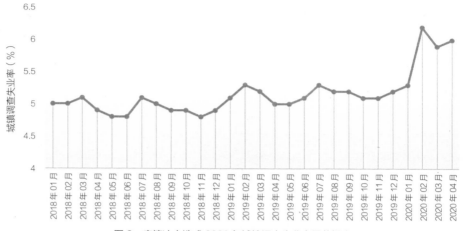

图 6　疫情冲击造成 2020 年城镇调查失业率显著提高
资料来源：根据国家统计局发布信息整理

世界上 95% 以上的病毒感染病例分布在全球近 1500 个城市的城市区域 ❶。同时，病毒蔓延的影响也会引发新的都市问题。例如，疫情干扰正常的城市生活，零售餐饮、住宿旅游、交通运输、文化娱乐等城市服务业成为受冲击最大的行业 ❷；疾病传播和救助凸显城市社会发展中的公平问题，缺乏适当的住房和基本服务的城市社区尤其容易受到威胁 ❸，城市中非正规社区居民、城市贫民、城市流动人口和劳工、老人和社会弱势群体等成为对疫情最为敏感的人群 ❹。基于上述原因，新冠肺炎疫情激发了人们对于城市和城镇化进程重新进行思考 ❺。

疫情表明，都市社会酝酿着风险，但也是危机解决的社会基础。应对和化解疫情，有赖于社会对于人的艰难处境加以关怀和帮助，以及一定程度上对自由社会的不利因素加以规制和引导，因此，应对疫情为新形式的城市组织和集体智慧提供了一个前所未有的舞台 ❻，城市保障、社区治理和集体行动成为应对疫情中的关键环节。可以看到，不少西方国家的政府部门主动大规模开展社会救济和社会干预，一些城市和地区向公众提供廉价或免费的服务，或向疫情中的弱势群体提供免费的空间保障 ❼；很多城市的包容性政策得以加快落实，通过新的方式和技术手段，公民网络、社区互助协作在疫情期间得到了更加充分的发挥 ❽。这些

❶ 联合国人居署（2020）。
❷ 毕马威中国（2020）。
❸ Connolly C，Keil R，Ali S H（2020）。
❹ World Health Organization（2020）。
❺ Robin E，Chazal C，Acuto M，Carrero R（2019）。
❻ Ribet L（2020）。
❼ Acuto M（2020）。
❽ Ribet L（2020）。

政治行动，在应对疫情的过程中发挥了积极作用，也引发了国际社会对资本主义及其命运的广泛讨论，甚至激发了改造资本主义社会的社会主义想象（Socialist Imagination）❶。

　　新冠疫情的爆发和蔓延也是中国都市社会发展的重要时期。2017年10月，党的十九大做出了"中国特色社会主义进入新时代"的重大判断，从城镇化的角度看来，新时代是都市中国的时代。2019年年末，我国城镇化水平已达到60%，进入城镇化快速发展的后期阶段，预计到2030年，中国城镇化水平将到达70%以上，2050年将达到75%左右❷❸。持续近三十年的大规模快速城镇化进程，在我国广域空间中有节奏地推进与布展，拉动内需（经济），成为空间生产的工具，实质上是一种"空间生产"（Production of Space），也带动了经济发展和城市扩大，相应地，也出现了城市公共卫生和公共服务不足、基础设施水平不高、人的城镇化落后、城市生态环境破坏等问题。当前的疫情进一步暴露了中国城市在安全、韧性、健康、宜居等方面的短板，也为重新思考中国城镇化和城市发展提供了一个重要的历史契机。

　　中国是一个社会主义国家，中国城镇化是社会主义城镇化，推进中国城镇化的战略就是建设社会主义的空间战略，做得好国家发展会取得巨大成就，一旦有偏差国家发展也会出问题。在疫情初期爆发的阶段，中国展现了在组织集体行动和调动社会资源方面的社会主义优势，也采取了"封城"等特殊的城市管理方式。在疫情的后续阶段，应对疫情的主要任务，将逐步由防止病毒传播扩散转向重建社会经济的正常秩序。城市是应对疫情后续风险的主战场，城市如何应对疫情，就是关于新时期如何建设中国城市、发展中国城市、治理中国城市的历史考验，也是未来在都市中国中发展社会主义的实践探索问题。

3　未来城镇化与化危为机

　　危与机是一对矛盾，克服了危即是机。经验表明，中国城镇化与城市发展是国家应对风险、调节国民经济和内需的战略工具，危机和挑战越大，意味着我们对于危机的应对就要越积极、越充分。应对2018年以来国际危机频繁爆发和风险积累，以及应对新冠肺炎疫情的冲击，有可能促进我国城镇化和城市发展领域发生重大创新和转型，呈现出新的活力。事实表明，新冠肺炎疫情及疫情期间所采取的封城、

---

❶　Harvey D（2020）。
❷　顾朝林，管卫华，刘合林（2017）。
❸　乔文怡，李玏，管卫华，王馨，王晓歌（2018）。

管制、隔离等特殊时期的非常举措，是对中国城镇化与城市发展的一次重要历史性
考验。走出疫情的中国城市，将更具韧性，也将更加具有开放、包容、共享的品质。

　　能否在新一轮的城镇化过程中开启新的"化危为机"，将直接关系着中国城镇
化的前途，甚至决定我们的成败。新冠肺炎疫情的严重性及其影响的深远性，决
定了现阶段中国城镇化与城市发展的任务之重，也迫切需要把握中国城镇化的进
程与未来方向。当前，中国新型城镇化已处于由速度型向质量型转型的分水岭上，
亟待自觉地思考未来的城镇化道路，并采取相应的对策。因此，后疫情时代的中
国城镇化虽然仍具有拉动内需、带动经济发展的作用，但不能简单重复扩大投资
的历史经验，而需要在疫情倒逼下加快相关领域的改革与创新（表2）。

应对新冠肺炎疫情对于促进新型城镇化的推动性作用　　　表2

	传统城镇化	新型城镇化	疫情应对中的机遇
主要目的	带动经济增长	满足人民的美好生活需求	发挥城市的保障性作用
重点任务	扩大增量	提高质量	着力改善城市空间质量
动力机制	投资驱动	扩大服务需求，增强创新活力	创新要素市场化配置方式
治理手段	缺乏有效治理手段	提升城市社会治理水平	推进城市共建共治共享

　　第一，进一步发挥城市的保障性作用。《说文解字》云："城，以盛民也"。"盛
民"是指城市作为人所处的空间和场所，此乃城市的本质。在计划经济时代，我
国城市建设为社会主义工业化服务，国家资源大量倾斜于重工业生产环节，先生
产后生活，压抑了城市的生活和消费，阻碍了人民生活水平的提高。改革开放以来，
中国转向了以经济建设为中心的社会主义市场经济体制，快速城镇化成为工业化
和现代化的引擎，城镇化战略很大程度上仍然是为扩大生产服务。党的十九大指出，
我国社会主要矛盾已经转化为人民日益增长的美好生活需要和不平衡不充分的发
展之间的矛盾。在都市时代的中国，人民日益增长的美好生活需要，很大程度上
就是对于美好都市生活的需求。面向全面满足人民的美好生活需求，城镇化战略
也应当适时地将满足人民的美好生活需求放在优先的地位，城市空间生产将从以
生产优先，进一步转向强调其民生保障作用。

　　社会主义的空间生产，其目的在于满足人们的空间需求，使用优于交换，面
向满足人民美好生活需求的城市空间生产就是对社会主义城镇化本质的回归❶。以
住房为例，2016年中央经济工作会议提出"房子是用来住的、不是用来炒的"，"用
来住"强调了住房的保障性作用；"不炒"则是指抑制住房的资本化态势。"房住

❶　武廷海，张能，徐斌（2014）。

不炒"的提出，标志着房地产业在我国国民经济中的作用和地位发生了根本性的变化，从 1998 年的《关于进一步深化城镇住房制度改革加快住房建设的通知》提出"促使住宅业成为新的经济增长点以来"以来，以住房为代表的城市空间重新回归民生保障。

针对控制疫情和恢复社会经济，2020 年 4 月，中央提出了保居民就业、保基本民生、保市场主体、保粮食能源安全、保产业链供应链稳定、保基层运转的"六保"，作为国民经济和社会发展中的重要任务。2020 年 5 月，第十三届全国人民代表大会第三次会议上的《政府工作报告》则明确要求引导各方面集中精力抓好"六稳""六保"，作为经济工作的着力点。相应地，城市发展建设也要强调最大限度地发挥其保障性作用，将系统保障供给、保障安全、保障健康、保障民生、保障就业等，作为城市发展建设的核心目标。

在城市的保障性功能中，系统保障人民的居住权，占据核心的位置。2018 年，我国城镇居民人均住房建筑面积达 39 平方米，农村居民人均住房建筑面积达 47.3 平方米[1]，当前全国城乡人均住房面积已基本达到发达国家的水平[2]。因此，未来城镇化建设中，保障居住权的重点并不是继续扩大住房规模，而是要提供"适足住房"，也就是更加重视住房供给是否能满足人民群众的实际需求，以及居住环境是否有利于人的全面健康发展。一是要扩大保障范围，将在疫情中受到严重影响的外来务工人员、城困难群众等纳入城市住房和公共服务的保障体系；二是针对各类弱势群体，尽可能地为各类群体提供多样的保障性空间，充分调动和综合利用公共住房、租赁性住房、城中村、郊区空间等不同空间的保障性作用；三是对于困难群众和提供就业的中小企业，采取减租、降费、货币化补贴等创新的保障性政策支持，千方百计地减轻他们在城市中生存和发展的负担；四是更加灵活和精细地处理城市空间利用和土地（建筑）用途转变，为城市生活和就业提供更多的立足之地，避免简单粗暴的城市管理降低城市活力。

第二，着力改善城市空间质量。在过去 30 年间，中国城镇化保持了巨大的建设体量和惊人的速度，与城镇化相关的大规模建设堪称世界奇观。2008—2017 年的 10 年间，中国共生产了超过 210 亿吨水泥，这相当于美国 1901—2000 年百年间水泥用量的 4.7 倍[3]。2017 年我国城乡建成区面积已增长为 1990 年的 3 倍，人

---

[1]　国家统计局（2019）。

[2]　2011 年，欧盟 28 国的人均住房面积（Housing space per person）为 42.56 平方米，见：https：//ec.europa.eu/energy/content/housing–space–person_en。2013 年，日本人均住宅面积约为 45 平方米，统计自：https：//www.stat.go.jp/english/data/nenkan/65nenkan/1431–21.html.

[3]　邹蕴涵（2017）。

均建成区面积已经超过日本 35%❶。《国家新型城镇化规划》指出,传统的依靠劳动力廉价供给和依靠土地等资源粗放消耗推动城镇化建设的模式不可持续。

面对疫情带来的严重危机,城市空间发展和建设,仍然需要为扩大投资和增加内需提供出路,但中国的现实情况已经不允许简单重复 2008 年金融危机爆发后的大规模城市建设。未来的城市建设,应围绕满足人民的美好生活需求这个核心目标,将宜居城市作为主线,将高质量城市空间作为建设的重点领域,特别是注重补足原来的短板。通过建设宜居城市,把经济发展成果拓展到公共生活领域,在优化市民生活品质、居住品质、精神文化品质方面,达到城与人之间的和谐,既要不断满足老百姓对水更绿、山更青、天更蓝、地更净、亲近自然的需求,也要适应人们追求健康、绿色生活方式的追求,提升城市的硬、软空间环境。一是改善棚户区和老旧小区,提高城中村等非正规空间的环境健康水平;二是改善基础设施质量等传统领域,特别是加大公共卫生服务、应急物资保障领域投入;三是加强与居民基本生活需要相关的服务类和消费类空间建设,充分发展养老、托幼、零售、餐饮、家政等多样服务,完善便民设施,让城市更宜业、宜居;四是加强公共空间和开敞空间的建设,满足人民群众对于休闲、健身、娱乐的空间需求;五是加快布局 5G 网络、数据中心等新型基础设施建设,使健康城市、智慧城市、未来城市更加贴近人们的生活。

第三,创新要素市场化配置方式。中国的社会主义市场经济建设过程,就是通过不断促进生产力发展和增强党和国家生机活力的历史进程。遇到经济增长动力和社会需求不足,国家会适时地将市场化改革扩大到新的领域、推向新的高度,从而释放新的社会需求和市场流动性。应对新冠肺炎疫情,国家加快实施促进要素自由流动的市场化改革。历史上形成的限制性的户籍制度、城乡二元土地制度以及不尽合理的投融资机制等长期制约中国城镇化发展的因素,正在加快走入历史,城镇化有望获得新的活力。

2020 年 5 月,中共中央 国务院印发《关于新时代加快完善社会主义市场经济体制的意见》(以下简称《意见》),全面部署了创新要素市场化配置方式的改革,包括加快建设城乡统一的建设用地市场,深化户籍制度改革,加快建立规范、透明、开放、有活力、有韧性的资本市场,也就是抓住土地、人口、资本三大要素,系统推进市场经济的进一步改革。其中,针对土地要素的改革,涉及缩小政府土地征收范围,健全工业用地多主体多方式供地,以及为农村集体土地公平有序进入市场建立制度条件等。针对人口要素的改革,涉及进一步放松户籍限制,特别是

❶ Gong P,Li X C,Zhang W(2019)。

放开大城市落户限制，以及实行城市群内户口通迁、居住证互认制度。针对资本要素的改革，涉及加强股票市场建设的相关制度性保障，这有助于经济发展动力更加依赖股权融资，进而化解以政府债券为主体的地方政府举债融资机制，为空间资本化松绑。值得注意的是，《意见》创新性地提出"加快培育发展数据要素市场"，将数据作为一种新的生产要素，与土地、人口、资本相并列，形成了鼓励四大生产要素开放共享、交易流通的改革局面（表3）。

创新要素市场化配置方式的领域及其对城镇化的促进意义　　　表3

重点领域	改革内容	对城镇化的促进意义
土地	缩小征地范围，健全工业用地多主体多方式供地，促进农村集体土地公平有序入市	为城市更新和城乡一体化发展提供制度支撑
人口	放松户籍限制，放开大城市落户限制，实行城市群内户口通迁、居住证互认制度	适应城市发展，促进人口和公共资源合理配置
资本	加快建立规范、透明、开放、有活力、有韧性的资本市场，促进股权融资	化解过度依赖债务的融资机制，为城镇化提供新的资本保障
数据	加快培育发展数据要素市场，发挥社会数据资源价值	为智慧城市建设和管理提供基础

随着各种限制性政策的逐步取消，个人、集体、企业有望获得更多的自主选择权，以城市空间为舞台的生产要素自由流通，以及人与人的广泛联系，将形成构建都市社会的重要力量。特别是，不断放开大城市的落户限制，为大城市发展创造有利局面。2018年国家发改委要求中小城市和建制镇要全面放开落户限制；2019年则要求城区常住人口100万—300万的Ⅱ型大城市全面取消落户限制，城区常住人口300万—500万的Ⅰ型大城市则要全面放开放宽落户条件；2020年则提出督促城区常住人口300万以下城市全面取消落户限制，以及推动城区常住人口300万以上城市基本取消重点人群落户限制，这为未来人口和资源向大城市进一步优化配置扫清了制度障碍。与之配套的是，加速推进以大城市为中心的都市圈的规划建设将进一步在城市化进程中发挥引领性的作用。

第四，推进城市共建共治共享。党的十九届四中全会《中共中央关于坚持和完善中国特色社会主义制度 推进国家治理体系和治理能力现代化若干重大问题的决定》要求，坚持和完善共建共治共享的社会治理制度，强调构建基层社会治理新格局。我国社会主要矛盾已经发生转化，人民对于民主、法治、公平、正义、安全、环境等方面的要求日益增长，只有加强和创新社会治理，才能满足人民日益增长的美好生活需要。针对城市，2019年中央明确做出了"人民城市人民建，人民城市为人民"的重要论断。2020年4月打响疫情防控阻击战期间，中央进一步指出，推进国家治理体系和治理能力现代化，必须抓好城市治理体系和治理能力现代化。

重大社会危机和自然灾害，容易唤起人们的集体意识和互助的意识。在本次疫情中，社会力量发挥了巨大的作用，社会组织、志愿者成为社会支持和救助中不可或缺的力量。社区在疫情中，也成为联防联治的前沿阵地和一线战场，社区居民成为休戚与共的命运共同体，这为全面推进城市社会共建共治共享，提供了新的机遇❶。这次疫情防控，也切实地提高了社区管理、治理的覆盖面，很多过去社区治理的死角，都因为疫情防控工作而纳入了覆盖范围❷。这些社会力量和社区力量的涌现，为城市常态化运行过程中推进共建共治共享创造了有利条件。在后疫情时代，中国城镇化战略宜顺势进一步推进共建共治共享，充分发挥人民群众在城市规划建设管理过程中的积极性和主动性。一是在城市规划、公共空间建设、城市管理、社区治理等不同层面，建立公众参与意见和决策的机制，更好地表达人民群众对于美好生活环境的诉求。二是进一步促进公共资源和公共治理能力向基层下沉，以及高质量公共服务向社区扩散。三是进一步加强完整社区建设，不仅在物质层面保障社区的各项服务功能的完善性，也要在社区管理、社区组织、社区互助层面发挥社区网络的积极作用。四是充分发挥先进技术手段在信息采集、信息发布、信息沟通之中的作用，大力推进基于互联网的社会管理、社会互助、社会教育、社会组织，极大提升治理效能。

4 面向城市治理的城市规划

城市规划，从本质上讲，是国家控制城镇化实践的一种法律手段和技术工具，不仅要使空间生产的外部物质形态合理化，而且还要维持或调整已经形成的社会关系。

城市规划建设与城市治理能力问题息息相关，必须立足提高治理能力抓好城市规划建设。2018 年 11 月 6 日，中央再次强调，"城市治理是国家治理体系和治理能力现代化的重要内容"。将城市规划与提高城市治理能力联系起来，作为国家治理体系和治理能力现代化的重要内容，实际上提出了面向城市治理的城市规划这个时代命题。在提高城市治理能力、推进国家治理体系和治理能力现代化的时代背景上，重新审视城市规划，可以对城市规划的作用及其未来发展获得新的认知。

---

❶ 刘佳燕（2020）。
❷ 相关报道见：http://house.people.com.cn/n1/2020/0416/c164220-31676695.html。

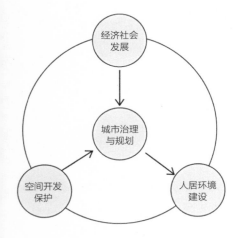

图 7　新时期城市规划的作用
资料来源：武廷海（2020）

　　近年来党中央、国务院先后出台了《关于进一步加强城市规划建设管理工作的若干意见》《关于统一规划体系更好发挥国家发展规划战略导向作用的意见》《关于建立国土空间规划体系并监督实施的若干意见》，指明了规划体系改革的方向。要在深化和细化国家规划机制和体系中，进一步改革完善城市规划。在当前及未来一定时期内，城市规划，更严格地说，面向城市治理的城市规划，将成为社会经济发展、国土空间格局、人居环境建设的共同需求（图 7）。

　　通过规划协调空间生产与使用中的人民内部矛盾，保障空间共建共治共享，这是新时代我国社会主要矛盾赋予城市规划的新使命。城市规划如果真正能够面向人民的空间需求，协调城乡空间利益，发挥"社会规划"的功能，那么，在社会主义城镇化进程中，城市规划将真正成为调节和规范空间行为、优化空间利用、化解城镇化风险的有力武器。在社会主义建设全局中，城市规划也将发挥至关重要的"龙头"作用。

参考文献

[1]   Acuto M. COVID-19：Lessons for an Urban（izing）World. One Earth[J]. 2020-04-15. doi：10.1016/
       j.oneear.2020.04.004. Epub ahead of print. PMCID：PMC7159854.

[2]   Alirol E，Getaz L，Stoll B，et al. Urbanisation and infectious diseases in a globalised world[J]. Lancet
       Infectious Disease，2010，10：131-141.

[3]   Brenner N，et al. Implosions—Explosions：Towards a Study of Planetary Urbanization[D]. Berlin：
       Jovis，2014.

[4]   Connolly C，Keil R，Ali S H. Extended urbanisation and the spatialities of infectious disease：
       Demographic change，infrastructure and governance[J]. Urban Studies，2020，3. https：//doi.
       org/10.1177/0042098020910873.

[5]   Gates B. Responding to Covid-19 — A Once-in-a-Century Pandemic?[J]. N Engl J Med. 2020-04-
       030，382（18）：1677-1679. doi：10.1056/NEJMp2003762.

[6]   Gong P，Li X C，Zhang W. 40-Year（1978-2017）human settlement changes in China reflected
       by impervious surfaces from satellite remote sensing[J]. Science Bulletin，2019，64. https：//doi.
       org/10.1016/j.scib.2019.04.024.

[7]   Harvey D. We Need a Collective Response to the Collective Dilemma of Coronavirus[R/OL].（2020-04-
       24）[2020-06-01]. https：//jacobinmag.com/2020/4/david-harvey-coronavirus-pandemic-capital-
       economy.

[8]   International Monetary Fund. World Economic Outlook，April 2020：The Great Lockdown[R/OL].
       （2020-04）[2020-06-01].https：//www.imf.org/en/Publications/WEO/Issues/2020/04/14/weo-
       april-2020.

[9]   Lefebvre H. The Urban Revolution[D]. Minneapolis，MN：University of Minnesota Press，2003.

[10]   McKinsey，Company. 护生命，保生计：当前最紧迫的双重任务 [R/OL].（2020-04）[2020-06-01].
       https：//www.mckinsey.com.cn/.

[11]   Ribet L. How will the pandemic change urban life[R/OL].（2020-04-28）[2020-06-01].https：//blogs.
       lse.ac.uk/covid19/2020/04/28/how-will-the-pandemic-change-urban-life/.

[12]   Robin E，Chazal C，Acuto M，et al.（Un）learning the city through crisis：lessons from Cape
       Town[J]. Oxford Review of Education，2019，45：242-257.

[13]   United Nations Development Programme. COVID-19 and Human Development：Assessing the Crisis，
       Envisioning the Recovery[R/OL].（2020-05）[2020-06-01]. http：//hdr.undp.org/en/hdp-covid.

[14] World Health Organization. Strengthening preparedness for COVID-19 in cities and other urban settings: interim guidance for local authorities[R]. Geneva: World Health Organization, 2020 (WHO/2019-nCoV/ Urban_preparedness/2020.1). Licence: CC BY-NC-SA 3.0 IGO.

[15] 普华永道. 疫情对中国宏观经济影响及政策建议 [R/OL]. (2020-02) [2020-06-01]. https: //mp.weixin.qq.com/.

[16] 中央党校（国家行政学院）习近平新时代中国特色社会主义思想研究中心. 做好较长时间应对外部环境变化的准备 [N]. 人民日报, 2020-05-13 (09).

[17] 毕马威中国. 新冠肺炎疫情的行业影响和未来发展趋势 [R/OL]. (2020-03) [2020-06-01].https: //assets.kpmg/content/dam/kpmg/cn/pdf/zh/2020/02/how-novel-coronavirus-affects-various-industries-and-future-development-trends.pdf.

[18] 国家统计局. 建筑业持续快速发展城乡面貌显著改善——新中国成立 70 周年经济社会发展成就系列报告之十 [R/OL]. (2019-07-01) [2020-06-01]. http: //www.stats.gov.cn/tjsj/zxfb/201907/t20190701_1673407.html.

[19] 顾朝林, 管卫华, 刘合林. 中国城镇化 2050: SD 模型与过程模拟 [J]. 中国科学: 地球科学, 2017, 47 (07): 818-832.

[20] 李铁. 从小城镇到城镇化战略, 我亲历的改革政策制定过程 [J]. 中国经济周刊, 2019 (18): 135-136.

[21] 联合国人居署. 联合国人居署针对全球最脆弱的社区启动新冠肺炎应急计划和城市运动 [R/OL]. (2020-04-23) [2020-06-01]. https: //news.un.org/zh/story/2020/04/1055812.

[22] 刘佳燕. 重新发现社区 [N]. 北京日报, 2020-02-17 (10).

[23] 乔文怡, 李玏, 管卫华, 等 .2016—2050 年中国城镇化水平预测 [J]. 经济地理, 2018, 38 (02): 51-58.

[24] 武廷海, 张能, 徐斌. 空间共享: 新马克思主义与中国城镇化 [J]. 北京: 商务印书馆, 2014.

[25] 武廷海. 国土空间规划体系中的城市规划初论 [J]. 城市规划, 2019, 43 (08): 9-17.

[26] 武廷海. 中国城市规划的历史与未来 [J]. 人民论坛·学术前沿, 2020 (04): 65-72.

[27] 徐林. 建言"十四五"规划: 合理目标与全方位创新 [R/OL]. (2019-05-27) [2020-06-01]. http: //opinion.caixin.com/2019-05-27/101420283.html.

[28] 邹蕴涵. 中国主要工业品供需状况分析 [R/OL]. (2017-06-28) [2020-06-01]. 国家信息中心: http: //www.sic.gov.cn/News/455/8172.htm.

审图号：粤 S（2020）11–047 号

图书在版编目（CIP）数据

治理·规划 = Planning for Good Governance／孙施文等著；中国城市规划学会学术工作委员会编．—北京：中国建筑工业出版社，2020.9

（中国城市规划学会学术成果）

ISBN 978–7–112–25532–0

Ⅰ．①治… Ⅱ．①孙…②中… Ⅲ．①城市管理－文集②城市规划－文集 Ⅳ．① F293–53 ② TU984–53

中国版本图书馆 CIP 数据核字（2020）第 185857 号

责任编辑：杨　虹　尤凯曦
书籍设计：付金红
责任校对：芦欣甜

中国城市规划学会学术成果

治理·规划

Planning for Good Governance

孙施文　等　著

中国城市规划学会学术工作委员会　编

＊

中国建筑工业出版社出版、发行（北京海淀三里河路 9 号）

各地新华书店、建筑书店经销

北京雅盈中佳图文设计公司制版

北京雅昌艺术印刷有限公司印刷

＊

开本：889 毫米 × 1194 毫米　1/16　印张：22¹/₂　字数：427 千字

2020 年 9 月第一版　2020 年 9 月第一次印刷

定价：108.00 元

ISBN 978–7–112–25532–0

（36511）